DAS ALL!

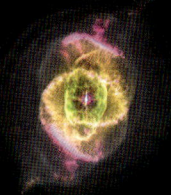

DAS ALL!

UNENDLICHE WEITEN

VON
MARY K. BAUMANN
WILL HOPKINS
LORALEE NOLLETTI
MICHAEL SOLURI

ASTRONOMISCHER BERATER
RAY VILLARD

MIT EINEM VORWORT VON
STEPHEN HAWKING

HERBIG

DAS ALL!

Dieses Buch widmen wir Mark Levine, Andre, Patrick und Gabriel Soluri.

Die Originalausgabe erschien 2005 unter dem Titel „What's Out There" bei Duncan Baird Publishers, London. Alle Rechte vorbehalten.

Copyright © 2005 Hopkins, Baumann, Soluri & Nolletti
Das Copyright der Bilder siehe S. 182–183, die als Erweiterung dieses Copyrights zu sehen sind.
Text © 2005 Stephen Hawking (Vorwort) und © 2005 Ray Villard („Das Universum der Farben", S. 172–173)

© 2005 für die deutschsprachige Ausgabe F.A. Herbig Verlagsbuchhandlung GmbH, München.
Alle Rechte vorbehalten.

Besuchen Sie uns im Internet unter
www.herbig-verlag.de

Produktion: Print Company Verlagsgesellschaft mbH, Wien
Übersetzung: agentur commintern

Printed in China by Imago

ISBN 3-7766-2446-9

GALAXIE IM STERNBILD SCHWAN (CYGNUS)
DIE GLÜHENDEN FILAMENTE SIND WOLKEN AUS GAS UND STAUB, IN DEN HELLEN, KOMPAKTEN REGIONEN ENTSTEHEN NEUE STERNE
INFRAROT-MOSAIK (FARBKODIERT ZUR VERDEUTLICHUNG DER TEMPERATURBEREICHE)
MSX SATELLIT (IN FAST SONNEN-SYNCHRONER UMLAUFBAHN)
SOMMER, HERBST 1996
8.000 LICHTJAHRE VON DER ERDE ENTFERNT

7
VORWORT VON STEPHEN HAWKING
Unsere Suche wird niemals enden

8
URSPRUNG
Unsere Heimat-Galaxie, die Milchstraße

10
NEBEL
Anfang und Ende der Sterne

30
STERNE
Gebündelte Energie

54
DIE SONNE
Ball aus Feuer

76
PLANETEN
Sie folgen einem Stern

116
MONDE
Im Bannkreis der Planeten

142
GALAXIEN
Die Anziehungskraft der Sterne

160
IN DEN WEITEN DES ALLS
Wie alles begann

172
DAS UNIVERSUM DER FARBEN
Die Technik hinter den Bildern
von Ray Villard

174
DIE ENTSTEHUNG DER BILDER
Meilensteine in
der Erforschung des Universums

178 Glossar

180 Index

182 Bildnachweis

183 Dank

184 Erdenschein

VORWORT

UNSERE SUCHE WIRD NIEMALS ENDEN

Ich glaube fest daran, dass wir auf jeden Fall versuchen müssen, das Universum zu erforschen und zu verstehen, selbst wenn wir dabei Gefahr laufen, das Schicksal des Prometheus zu erleiden, der den Göttern das Feuer stahl, um es uns Menschen zu bringen. Unser Wissen über das Weltall wächst unaufhörlich, nicht zuletzt dank der steten Entwicklung der Technik.

In den letzten hundert Jahren haben wir in unserem Wissen über das All spektakuläre Fortschritte gemacht, sind tiefer und tiefer in den Weltraum eingedrungen und haben neue Erkenntnisse erworben.

Wir haben Menschen auf den Mond gebracht, Roboter auf dem Mars gelandet und Sonden in die entferntesten Regionen unseres Sonnensystems gesandt. Voyager 1 zum Beispiel ist bereits 27 Jahre unterwegs und sendet heute Bilder aus einer Entfernung von mehr als 13 Milliarden Kilometern zur Erde. Diese Suche nach Wissen ist der Schlüssel zum Fortschritt. Und jene Daten, die uns von Sonden und Satelliten erreichen, erweitern nicht nur unser Wissen, sie beflügeln auch unsere Fantasie.

Die Fotos in diesem Buch zählen zu den aktuellsten und technisch besten Aufnahmen, die man heute erhalten kann. Doch so spektakulär sie auch sein mögen, repräsentieren sie nur jenes winzige Segment des Alls, das der Mensch bislang erforschen konnte. Nach heutigem Wissensstand besteht das Universum aus bis zu 150 Milliarden Galaxien – und die Mehrheit der Bilder stammt nur aus einer einzigen – der unseren.

Ich glaube nicht, dass am Ende unserer Suche je ein umfassendes und vollständiges Verständnis des Universums stehen wird – und darüber bin ich eigentlich sogar glücklich. Wissenschaftliche Forschung würde nach Beantwortung der letzten Fragen wohl in etwa so sein wie Bergsteigen, nachdem man den Mount Everest bezwungen hat. Die Menschheit braucht intellektuelle Herausforderungen. Es wäre mehr als langweilig, gäbe es nichts Neues zu entdecken.

Stephen Hawking
Cambridge, Grossbritannien
Herbst 2004

Stephans Quintett
Galaxien sind durch Gravitationskräfte aneinander gebunden
Echtlicht-Aufnahme
Gemini Observatorium
8M Spiegel
12. August 2004
300 Millionen Lichtjahre von der Erde entfernt

URSPRUNG
UNSERE HEIMAT-GALAXIE, DIE MILCHSTRASSE

Die Milchstrasse ist unsere himmlische Heimat, eine Art riesige Großstadt, die aus 200 Milliarden Sternen besteht. Und sie ist nur eine von vermutlich 150 Milliarden Galaxien im All. Hier lebt unsere solare Familie, die Erde, die Sonne und unsere acht Geschwisterplaneten.

Wir sind relativ neu hier. Unser Sonnensystem entstand

PANORAMABILD DER MILCHSTRASSE, VON DER ERDE AUS GESEHEN
MONTAGE AUS INFRAROT-AUFNAHMEN
2MASS-PROJEKT
APRIL 1997 – MÄRZ 2001
25.000 LICHTJAHRE VOM ZENTRUM DER GALAXIS ENTFERNT

vor kaum 4,5 Milliarden Jahren. Es gibt Sterne, die weit älter sind als die Sonne, die meisten davon liegen nahe der Aufwölbung im Zentrum der Milchstraße. Im Innersten dieser Aufwölbung befindet sich ein Schwarzes Loch mit einer Masse von drei Millionen Sonnen – eine Region so hoher Gravitation, dass nicht einmal das Licht von dort wieder entweichen kann. Um das Zentrum herum verläuft eine spiralförmige Scheibe aus Sternen mit einem Durchmesser von über 100.000 Lichtjahren (1 Lichtjahr = 9,5 Billionen km).

Wir und unsere Sonne leben weit vom Zentrum der Metropole entfernt, in einer Art Vorort, auf einem Spiralarm unserer Galaxie. Hier ist die Aussicht großartig, wir können sowohl ins Zentrum schauen als auch in die Tiefe des Raums, nur begrenzt vom Stand der Technik der Telemetrie. Die scheinbar unendliche Zahl der Sterne, die wir mit bloßem Auge sehen, umfasst unsere Nachbarn, Mitbewohner in der Milchstraße.

Es gibt Galaxien (griechisch „Gala" – Milch) verschiedenster Größe und Form. Sie alle bestehen nicht nur aus Sternen, sondern auch aus Gasen, Staub und unsichtbarer, so genannter „dunkler Materie", die – obwohl für uns unsichtbar – 90% der Milchstraße ausmacht.

Die Milchstraße ist in diesem Teil des Weltalls keineswegs allein, sie gehört zu einem kleinen System von Galaxien, der „Local Group", von der bisher rund drei Dutzend Mitglieder bekannt sind.

NEBEL
ANFANG UND ENDE DER STERNE

Das All ist nicht leer. Es ist von „interstellarer Materie" erfüllt, einem Gemisch aus Gasen – vorwiegend Wasserstoff und Helium – und Staub – hauptsächlich Kohlenstoff und Silizium. Die interstellare Masse ist jener Stoff, aus dem Sterne und Galaxien entstehen. Diese interstellare Masse kann sich zusammenballen und Gas- und Staubwolken bilden, die als Nebel (lat. „nebula") bezeichnet werden. Ein solcher Nebel kann Materie für zehntausende von Sternen enthalten.

Nebel werden nach ihrem Erscheinungsbild klassifiziert: Die dichten und kompakten „Dunkelwolken" zum Beispiel sind am Nachthimmel kaum zu erkennen. Wir sehen sie nur, weil sie das Licht von Sternen oder glühenden Gaswolken hinter sich verdunkeln.

Andere Nebel strahlen hell. „Reflexionsnebel" spiegeln das Licht benachbarter Sterne. „Emissionsnebel" leuchten von innen, weil ihre Gasmoleküle von Sternen zur Strahlung angeregt werden.

Nebel spielen bei der Geburt von Sternen die entscheidende Rolle. Der Prozess beginnt mit der Kontraktion einer dunklen Wolke innerhalb des Nebels. Irgendwann hat sich diese Wolke so weit komprimiert, dass sie unter der Gewalt der eigenen Schwerkraft in sich zusammenbricht: Ein Stern wird geboren.

Wenngleich Emissionsnebel mit der Geburt von Sternen verbunden sind, künden andere leuchtende Nebel von ihrem Tod: Man nennt sie planetarische Nebel. Sie bestehen aus Gasen und Staub untergegangener Sterne von der Größe unserer Sonne. In fünf Milliarden Jahren, wenn die Lebensspanne unserer Sonne enden wird, wird ein planetarischer Nebel zu sehen sein.

DIE NEBEL DES ORION

Orion, eines der bekanntesten und markantesten Sternbilder, ist der Erde relativ nah – nur 1500 Lichtjahre entfernt – und ist gut zu sehen. Der rote Überriese Betelgeuse bildet die Schulter des mythologischen Kriegers, der strahlende blaue Überriese Rigel seinen linken Fuß, drei beinahe ebenso helle, deutlich erkennbare Sterne seinen Gürtel.

Gas- und Staubwolken hüllen das Sternbild ein, in dessen Umfeld zahlreiche, als Nebel des Orion zusammengefasste Nebel zu beobachten sind. In diesem Komplex, der für viele galaktische Sternentstehungsgebiete typisch ist, wurden in den letzten 10 Millionen Jahren zehntausende Sterne geboren.

Der Pferdekopf-Nebel, nahe dem Gürtel des Orion (etwas rechts von der Mitte), ist der bekannteste. Der dunkle Pferdekopf zeichnet sich gegen den roten Glanz eines riesigen Emissionsnebels ab. Links davon liegt Alnitak, der südlichste Stern im Gürtel des Orion. Unter Alnitak ist der flammende Baum, ein Emissionsnebel, zu sehen, dessen verborgene Sterne ihn in eigenartigem Gelb erstrahlen lassen.

Der Große Orion-Nebel selbst (Seite 12) liegt im Schwert des Orion: ein Emissionsnebel, so hell, dass er mit bloßem Auge sichtbar ist. Zum Leuchten bringen ihn mehrere große, heiße Sterne in seinem Inneren, die Trapezsterne (die vier hellsten davon bilden ein Tapez). In seinem Zentrum gibt es an die tausend junge Sterne.

NEBELSCHWADEN IM GÜRTEL DES ORION
ECHTLICHT-AUFNAHME
ANGLO-AUSTRALISCHES OBSERVATORIUM/KÖNIGLICHES OBSERVATORIUM EDINBURGH
OKTOBER 1979
1.400 LICHTJAHRE VON DER ERDE ENTFERNT

**GROSSER
ORION-NEBEL (M 42)**
(OBEN)

DER EMISSIONSNEBEL
LEUCHTET DURCH HEISSE
STERNE IM ZENTRUM

ECHTLICHT-AUFNAHME

KANADISCH-
FRANZÖSISCHES-
HAWAII TELESKOP (CFHT)

2003

1.500 LICHTJAHRE
VON DER ERDE ENTFERNT

STERNBILD DES ORION
(LINKS)

NEBEL UMFLUTEN DIE STERNE
DER KONSTELLATION

ECHTLICHT-AUFNAHME

VON BILL UND SALLY FLETCHER
PENTAX 6X7 CM KAMERA MIT 90 MM OPTIK

24 OKTOBER 1998

1.600 LICHTJAHRE
VON DER ERDE ENTFERNT

PFERDEKOPF-NEBEL
(BARNARD 33)

DER GIGANTISCHE
DUNKELNEBEL
VERDECKT DAS LICHT
DES EMISSIONSNEBELS
IC 434

ECHTLICHT-AUFNAHME

KANADISCH-
FRANZÖSISCHES-
HAWAII TELESKOP
(CFHT)

2001

1.500 LICHTJAHRE
VON DER ERDE
ENTFERNT

GLOBULEN

Die Geburt neuer Sterne beginnt in einer großen, kalten, dunklen Wasserstoffwolke mit der Bildung eines Masseknotens, eines Globulen. Irgendeine Störung – etwa eine explodierende Supernova – bringt die Dinge ins Rollen: Der Globule zieht sich unter dem Einfluss der Schwerkraft zusammen. Er wird in seinem Kern so dicht und heiß, dass eine Kernfusion startet, deren Hitze den Kollaps stoppt – ein Stern ist geboren.

Globulen sind in Größe und Aussehen sehr unterschiedlich. Manche Riesen erstrecken sich über dutzende von Lichtjahren, kleinere Globulen sind bloß kleine schwarze Bläschen vor dem Hintergrund des Sternenhimmels oder eines Emissionsnebels. Die Globulen rechts wurden 1950 von dem Astronom A. D. Thackeray im Sternbild des Stiers, einem der aktivsten Sternentstehungsgebiete, entdeckt. Sie heben sich deutlich von Gas- und Staubwolken ab, die von Sternen, die um vieles größer und heißer sind als unsere Sonne, hell zum Strahlen gebracht werden.

In der Oberfläche mancher Nebel sieht man lange, schmale Spalten, so genannte „Elefantenrüssel". Diese fantastischen Gebilde, wie auch der Pferdekopf-Nebel, entstehen, wenn harte UV-Strahlung naher Sterne das Gas aus den Nebeln zum Verdampfen bringt. Dichte Globulen widerstehen diesem Prozess und schirmen die interstellare Materie dahinter ab. Der Globule verschmilzt mit den Gasstaubwolken dahinter zum Bild eines Rüssels.

THACKERAYS GLOBULE IM AKTIVEN STERNENTSTEHUNGSGEBIET IC 2944

JEDER DER GIGANTISCHEN GLOBULEN HAT EINEN DURCHMESSER VON 1,4 LICHTJAHREN

ECHTLICHT-AUFNAHME

HUBBLE-WELTRAUMTELESKOP (IN ERDUMLAUFBAHN)

FEBRUAR 1999

5.900 LICHTJAHRE VON DER ERDE ENTFERNT

EMISSIONSNEBEL

Emissionsnebel sind die hellsten aller Nebel. Sie erzeugen ihr eigenes Licht. Tatsächlich sind die meisten der am Firmament sichtbaren Nebel Emissionsnebel. Sie bestehen aus heißen Gaswolken, hauptsächlich aus Wasserstoff, dessen Strahlungsenergie sie leuchten lässt. Die Wasserstoffatome werden durch Sterne in oder unmittelbar neben den Nebeln ionisiert. Emissionsnebel leuchten vorwiegend rot – jene Wellenlänge des Lichts, das ionisierte Wasserstoffatome abgeben.

Dort, in diesen Kinderstuben des Alls, können neugeborene Sterne und Sterne in ihrer Entstehung beobachtet werden. Die Aufnahmen oben zeigen einen langgestreckten Globulen (den Elefantenrüssel-Nebel) innerhalb eines Emissionsnebels im Sternbild des Zepheus, 2.450 Lichtjahre von der Erde entfernt. Das linke Foto ist eine Echtlicht-Aufnahme, das rechte wurde mit einer Infrarot-Kamera aufgenommen. Das Infrarot-Bild enthüllt, dass sich an der Spitze des Elefantenrüssels ein Sternembryo bildet.

Ebenso deutlich erkennbar ist der leere Bereich am Kopf des Globulen und die beiden jungen Sterne, die die interstellare Masse weggefegt haben.

Das erste Bild auf Seite 18 zeigt N 44C, einen sonderbaren Emissionsnebel, der von einem außergewöhnlich heißen Stern erhellt wird. Die intensive Hitze dürfte entweder durch einen Neutronenstern oder durch ein Schwarzes Loch, das regelmäßig pulsierende Röntgenstrahlen produziert, erzeugt werden. Die fadenförmigen Gebilde an der Oberseite umgeben einen Wolf-Rayet, einen seltenen Stern, für den heftige Winde geladener Teilchen typisch sind. Die mit Gaspartikeln kollidierenden Winde bringen diese zum Glühen.

Darunter sieht man die sonderbare Form des Schlüsselloch-Nebels innerhalb des

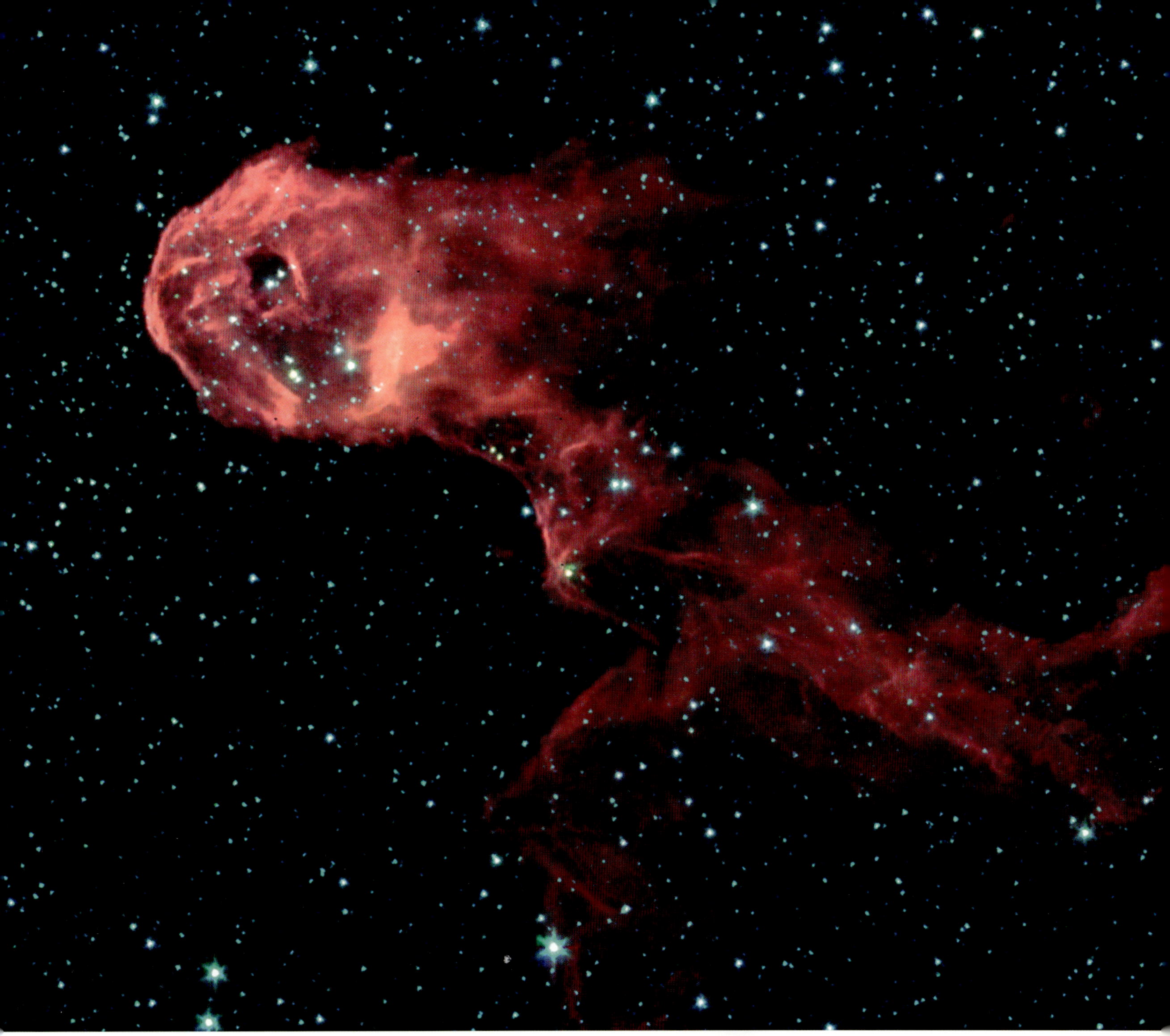

Eta-Carina-Nebels, einem der hellsten Nebel am Firmament. Im kreisrunden Schlüsselloch ist heißes, fluoreszierendes Gas zu erkennen, das sich mit kalten Molekül- und Staubwolken mischt. Deutlich sieht man auch viele kleine, dunkle Globulen, möglichweise im Stadium der Kontraktion vor der Geburt eines Sterns.

Das große Bild zeigt den Blasen-Nebel im Sternbild Kassiopeia, 7.100 Lichtjahre von der Erde entfernt. Der strahlend helle Stern innerhalb der blauen Blase hat vierzig Mal mehr Masse als unsere Sonne. Stellare Winde schleudern mit einer Geschwindigkeit von 2000 Kilometern pro Sekunde Material von seiner Oberfläche. Dichte Gaswolken formen dieses Material zu der charakteristischen Blase des Nebels. Der Nebel hat einen Durchmesser von sechs Lichtjahren und dehnt sich mit einer Geschwindigkeit von 6,5 Millionen Kilometern in der Stunde aus.

ELEFANTENRÜSSEL-NEBEL ECHTLICHT-AUFNAHME (LINKS)

DUNKLE GLOBULEN, WIE DER ELEFANTENRÜSSEL-NEBEL, SIND CHARAKTERISTISCH FÜR GROSSE EMISSIONSNEBEL

KANADISCH-FRANZÖSISCHES-HAWAII TELESKOP (CFHT)

2000

2.450 LICHTJAHRE VON DER ERDE ENTFERNT

ELEFANTENRÜSSEL-NEBEL INFRAROT-AUFNAHME (RECHTS)

DER GLOBULE AUS KONDENSIERTEM GAS WIRD VON DER IONENSTRAHLUNG EINES NAHEN STERNS HIN- UND HERGEZOGEN

SPITZER WELTRAUM-TELESKOP (IN ERDNAHEM SONNENORBIT)

5. NOVEMBER 2003

2.450 LICHTJAHRE VON DER ERDE ENTFERNT

**EMISSIONSNEBEL N 44C IN DER
GROSSEN MAGELLAN´SCHEN WOLKE**

STELLARE WINDE KOLLIDIEREN
MIT GASTEILCHEN UND BRINGEN DIE
WEHENDEN FÄDEN ZUM
STRAHLEN

ECHTLICHT-AUFNAHME

HUBBLE-WELTRAUM-
TELESKOP (ERDUMLAUFBAHN)

13. NOVEMBER 1996

160.000 LICHTJAHRE
VON DER ERDE ENTFERNT

**DER SCHLÜSSELLOCH-NEBEL
IM CARINA-NEBEL (NGC 3372)**

HELLE FÄDEN HEISSEN FLUORES-
ZIERENDEN GASES UND DUNKLE
STAUBWOLKEN IN SCHNELLER,
CHAOTISCHER BEWEGUNG

MONTAGE VON 4 ECHTLICHT-AUFNAHMEN
MIT 6 VERSCHIEDENEN FILTERN

HUBBLE-WELTRAUMTELESKOP
(IN ERDUMLAUFBAHN)

APRIL 1999

8.000 LICHTJAHRE
VON DER ERDE ENTFERNT

BLASENNEBEL (NGC 7635)

DER HELLSTE STERN (UNTEN)
BILDET EINE GIGANTISCHE BLASE
AUS ENTWEICHENDEN GASEN

MONTAGE AUS
ECHTLICHT-AUFNAHMEN

HUBBLE-WELTRAUMTELESKOP
(IN ERDUMLAUFBAHN)

OKTOBER, NOVEMBER 1997
UND APRIL 1999

7.100 LICHTJAHRE
VON DER ERDE ENTFERNT

REFLEXIONS-NEBEL

ANDERS ALS EMISSIONSNEBEL, die ihr eigenes Licht erzeugen, sind Reflexionsnebel vom Licht anderer Sterne abhängig. Sie sind nur dann von der Erde aus zu sehen, wenn sie das Licht eines nahen Sterns reflektieren können. Das helle Licht des Sterns wird vom Staub des Nebels in alle Richtungen abgelenkt, gestreut. Reflexionsnebel sind meist blau, da der blaue Teil des Spektrums stärker gestreut wird als der rote.

Reflexionsnebel sind ebenfalls häufig in Sternentstehungsgebieten zu finden und liegen oft dicht bei Emissionsnebeln. Zum Beispiel liegt der Reflexionsnebel zur Linken nahe beim Orion-Nebel. Er wird durch einen hellen Weißen Riesen beleuchtet, dessen Oberflächentemperatur zweimal höher ist als die unserer Sonne.

Das große Bild verdeutlicht die Fragilität von Nebeln. Es ist das Licht des Merope, eines der größten Sterne im Sternhaufen der Pleiaden, das den Reflexionsnebel beleuchtet. Gleichzeitig wird er von der Strahlung zerstört, während der Sternhaufen durch den Nebel treibt.

EIN REFLEXIONSNEBEL IM STERNBILD DES ORION
DIE WOLKEN VON NGC 1999 WERDEN VON EINEM HELLEN, JUNGEN STERN ERLEUCHTET. DIE SCHWARZE WOLKE IST EIN GLOBULE.
ECHTLICHT-AUFNAHME
HUBBLE-WELTRAUMTELESKOP (IN ERDUMLAUFBAHN)
DEZEMBER 1999
1.500 LICHTJAHRE VON DER ERDE ENTFERNT

BARNARDS MEROPE (NEBEL IC 349) IM STERNHAUFEN DER PLEIADEN
EIN REFLEXIONSNEBEL, VON DEN STRAHLEN DES STERNS MEROPE ERLEUCHTET (OBEN RECHTS)
ECHTLICHT-AUFNAHME
HUBBLE-WELTRAUMTELESKOP (IN ERDUMLAUFBAHN)
19. SEPTEMBER 1999
380 LICHTJAHRE VON DER ERDE ENTFERNT

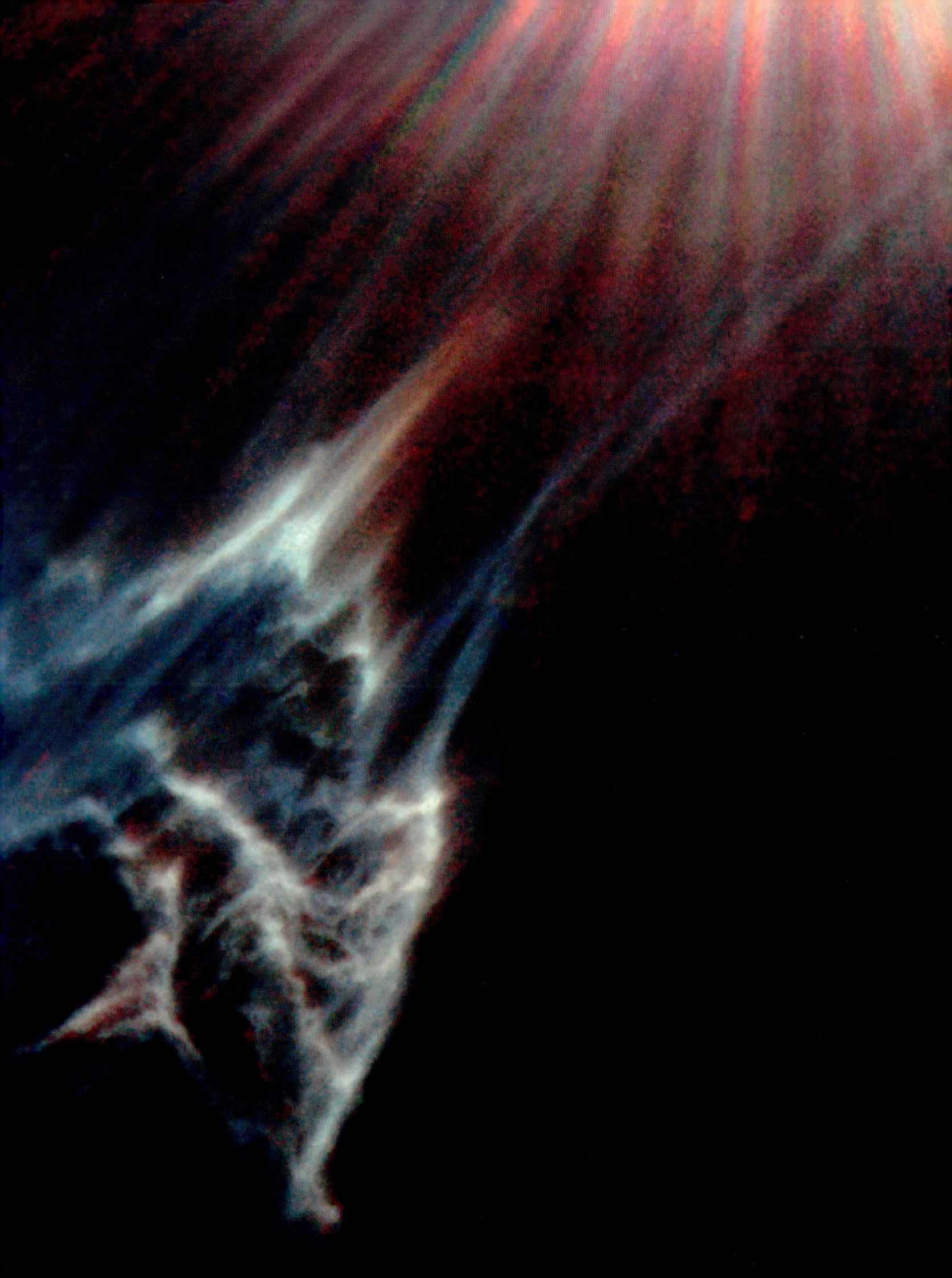

DUNKELNEBEL

Dunkelnebel und Reflexionsnebel sind Gaswolken ohne interne Lichtquelle. Wir sehen Reflexionsnebel im Licht der Sterne, das von ihren Staubpartikeln reflektiert wird. Wir erkennen Dunkelnebel durch das Fehlen von Licht – durch die dunklen Gebiete, die sie schaffen, da sie die Strahlung jeder hinter ihnen liegenden Lichtquelle blockieren.

Das sinusförmige Gebilde rechts ist der Schlangen-Nebel, eine Kette von Wolken im Sternbild des Schlangenträgers (Ophiuchus). Interstellare Staubkörner – überwiegend aus Kohlenstoff – absorbieren in diesem dichten, dunklen Nebel das sichtbare Sternenlicht und erzeugen eine schlangenförmige Struktur scheinbarer Leere.

Die Lichtshow zur Linken lässt uns die Spitze des Konus-Nebels, einer riesigen sieben Lichtjahre langen Säule im sehr aktiven Sternentstehungsgebiet im Sternbild des Einhorns sehen. Die Strahlung eines heißen jungen Sterns in dieser Region dürfte den Nebel im Lauf mehrerer Millionen Jahre erodiert haben. Der rote Lichthof um die Säule wird von glühenden Wasserstoffionen erzeugt, die von hartem, ultraviolettem Sternenlicht verdampft werden.

KONUS-NEBEL (NGC 2264)
GAS- UND STAUBSÄULEN SIND GROSSE KOSMISCHE GEBURTSSTATIONEN. DIESER KONUS WURDE MÖGLICHERWEISE DURCH DIE WINDE EINES NAHEN STERNS GEFORMT.
ECHTLICHT-AUFNAHME
HUBBLE-WELTRAUMTELESKOP (IN ERDUMLAUFBAHN)
2. APRIL 2002
2,5 LICHTJAHRE VON DER ERDE ENTFERNT

SCHLANGEN-NEBEL (BARNARD 72)
DIESER GROSSE KOMPLEX AUS GAS UND STAUB BLOCKIERT DAS LICHT DER DAHINTER LIEGENDEN STERNE
ECHTLICHT-AUFNAHME
KANADISCH-FRANZÖSISCHES-HAWAII TELESKOP (CFHT)
2000
500 LICHTJAHRE VON DER ERDE ENTFERNT

PLANETARISCHE NEBEL

Nebel spielen beim Tod von Sternen eine ebenso große Rolle wie bei ihrer Geburt.

Wenn ein Stern altert und die Kernfusion von Wasserstoffverbrennung zu Verbrennung von Helium wechselt, schrumpft sein Kern, während die äußeren Schichten expandieren. Der Stern wird zum Roten Riesen, er kann bis zum Hundertfachen seiner bisherigen Größe wachsen. Seine Gravitation nimmt ab, Gas und Staub entweichen und formen eine Hülle interstellarer Materie um den bloß liegenden Kern. Diese Schale aus Gasen nennt man „planetarischen Nebel", obwohl sie nicht das Geringste mit Planeten zu tun hat, doch den Astronomen, der das Phänomen benannte, erinnerten die kreisförmigen Objekte an Planeten.

Planetarische Nebel leuchten. Die Erscheinung wird auch erst dann als planetarischer Nebel bezeichnet, wenn sie zu leuchten begonnen hat: dann, wenn sich der Kern des sterbenden Sterns auf dem Weg zum Weißen Zwerg zusammenzieht. Die gravitationsbedingte Kontraktion erzeugt Hitze, die UV-Strahlung emittiert. Die Strahlung ionisiert Gase in den Schalen weggeschleuderter Materie, die zu fluoreszieren beginnen: entsprechend den enthaltenen Elementen in grün (Stickstoff), rot (Wasserstoff) und gelb (Schwefel). Planetarische Nebel haben unterschiedlichste Formen, wie den Eier-Nebel (oben) und das Rote Rechteck (rechts). Viele ihrer Namen verweisen auf ihre Gestalt. Auf den Seiten 26/27 sind der Eskimo-Nebel, der an ein Gesicht mit pelzverbrämter Kapuze erinnert, und der nach seiner Form benannte Stundenglas-Nebel abgebildet.

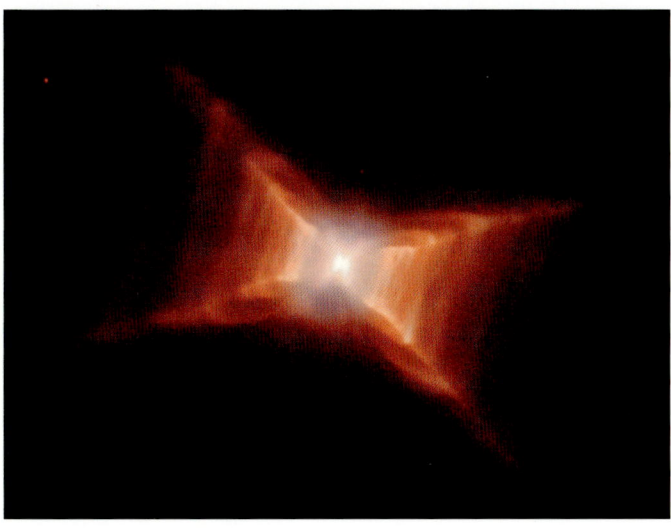

DER ROTE-RECHTECK-NEBEL (HD 44179) UMGIBT EINEN STERBENDEN STERN (LINKS)

DIE SPROSSENARTIGEN STRUKTUREN KÖNNEN VON MASSENERUPTIONEN DES STERNS HERRÜHREN

ECHTLICHT-AUFNAHME

HUBBLE-WELTRAUMTELESKOP (IN ERDUMLAUFBAHN)

17.–18. MÄRZ 1999

2.300 LICHTJAHRE VON DER ERDE ENTFERNT

DER EIER-NEBEL (CRL 2688) (OBEN)

POLARISATIONSFILTER ENTHÜLLEN STAUBSCHALEN UND LICHTSTRAHLEN, DIE VON EINEM VERSTECKTEN STERN AUSGESANDT WERDEN

ECHTLICHT-AUFNAHME

HUBBLE-WELTRAUMTELESKOP (IN ERDUMLAUFBAHN)

SEPTEMBER – OKTOBER 2002

3.000 LICHTJAHRE VON DER ERDE ENTFERNT

PLANETARISCHE NEBEL

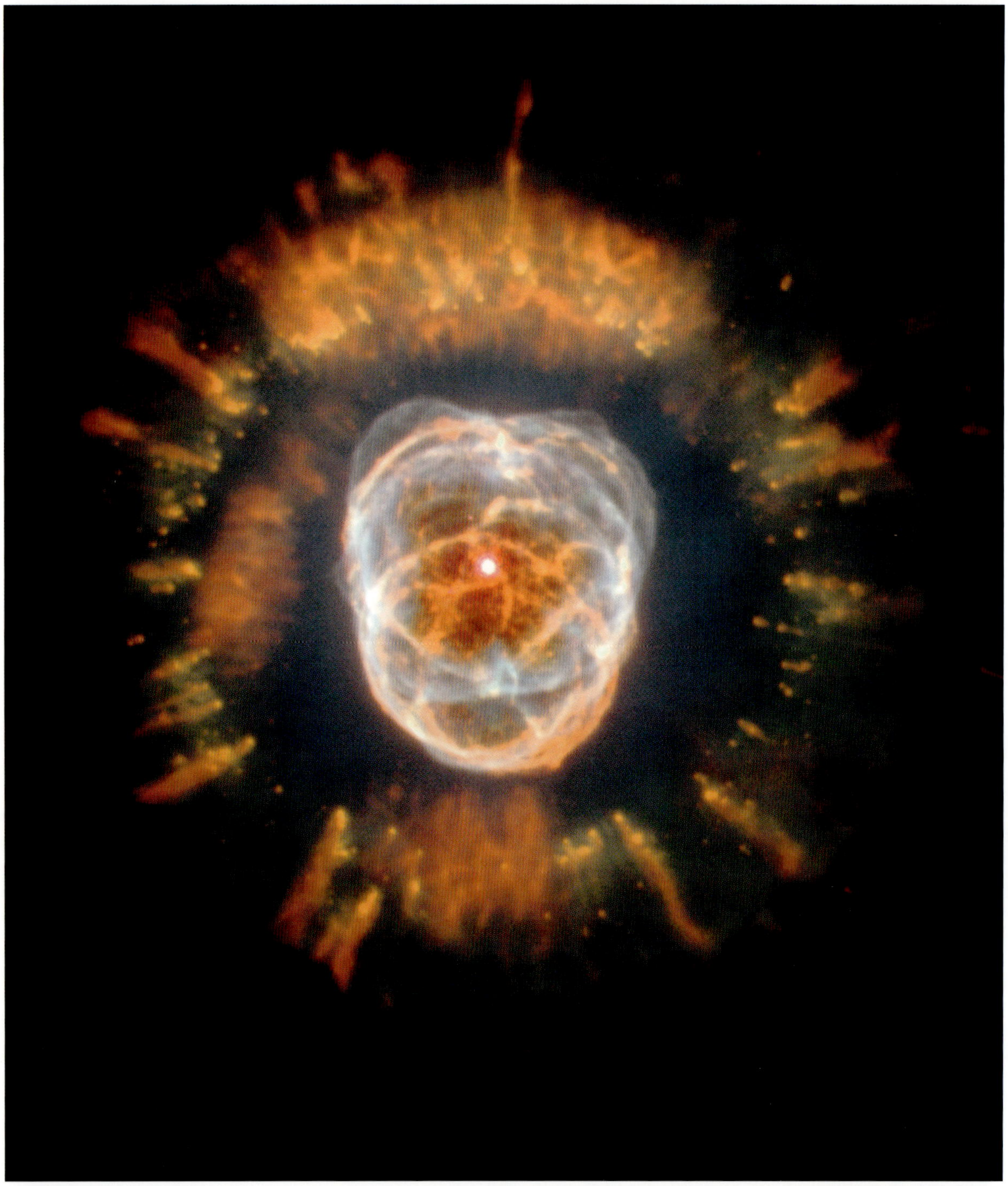

ESKIMO-NEBEL (NGC 2392)

DAS MUSTER DER „PELZKAPUZE", AUS KOMETENARTIGEN STREIFEN GEBILDET, BESTEHT AUS GASEN, DIE VOM ZENTRALGESTIRN WEGGESCHLEUDERT WURDEN. DIE BLASEN IM INNEREN BESTEHEN AUS MATERIAL, DAS EIN STARKER STERNENWIND ZU GESICHTSFORM VERWIRBELT

ECHTLICHT-AUFNAHME

HUBBLE-WELTRAUMTELESKOP (IN ERDUMLAUFBAHN)

10. – 11. JANUAR 2000

5.000 LICHTJAHRE VON DER ERDE ENTFERNT

STUNDENGLAS-NEBEL (MYCN 18)

DIE FORM DES NEBELS ERKLÄRT MAN DURCH DIE ANNAHME HEFTIGER STELLARER WINDE IN EINER LANGSAM EXPANDIERENDEN GASWOLKE, DIE IN ÄQUATORNÄHE DICHTER IST ALS AN DEN POLEN

ECHTLICHT-AUFNAHME

HUBBLE-WELTRAUMTELESKOP (IN ERDUMLAUFBAHN)

30. JULI 1995

8.000 LICHTJAHRE VON DER ERDE ENTFERNT

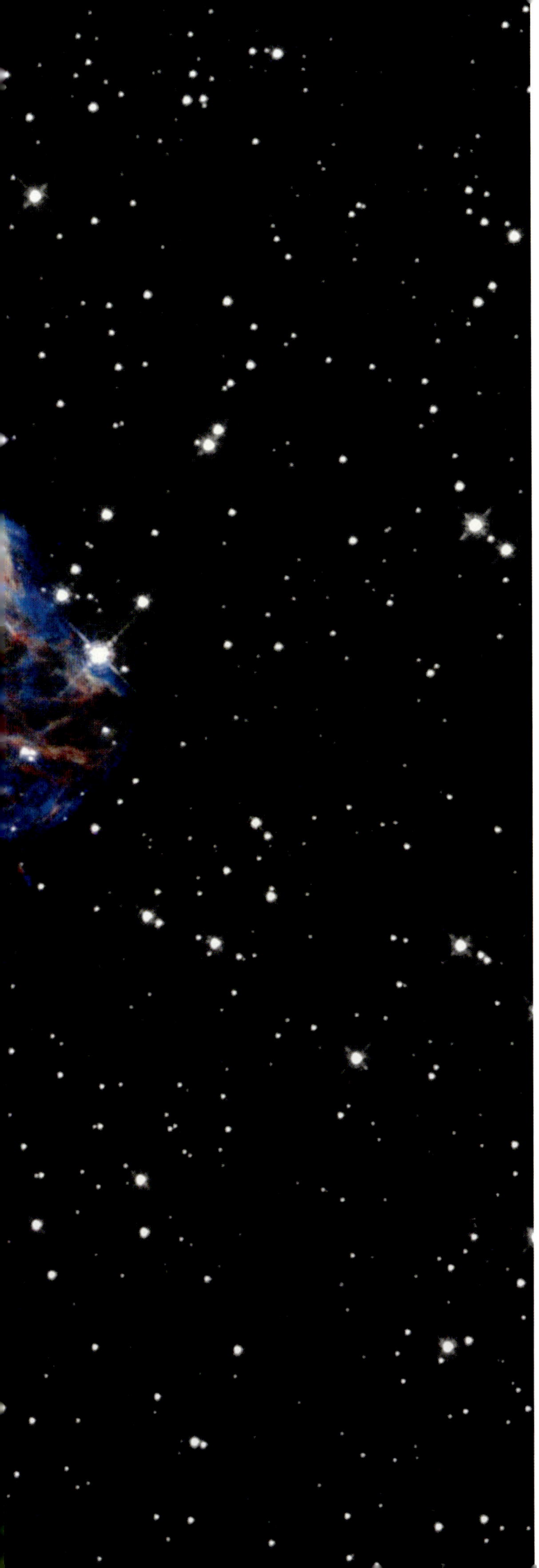

SUPERNOVA REMNANT

Je grösser ein Stern, desto tiefer sein Fall. Blaue Überriesen – die größten, hellsten und heißesten Sterne am Himmel – fallen am tiefsten von allen. Ist ihr Wasserstoff verbraucht und ihr Helium verbrannt, beginnt der Kern zu kollabieren. Dabei werden enorme Energiemengen frei, die Temperatur steigt auf hunderte Millionen Grad – heiß genug, um Kohlenstoff und Sauerstoff zu schwereren Elementen zu verschmelzen.

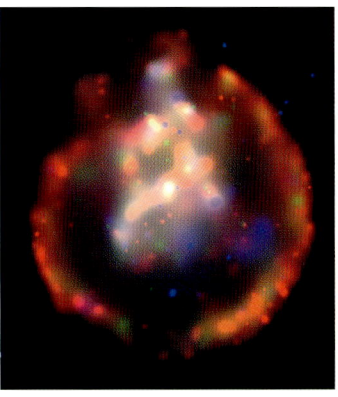

Die Fusion kommt zum Stillstand, wenn der Kern zu massivem Eisen geworden ist. Sekundenbruchteile später kollabiert dieser Kern endgültig in einer gewaltigen Energiewelle, einer Supernova, die die Reste des Sterns hinwegfegt, wobei eine Unzahl neuer Elemente entsteht. Zurück bleibt nach der katalytischen Explosion eine Gas- und Staubwolke, welche sich langsam ausdehnt. Man nennt sie Supernova Remnant (SNR) – Supernovaüberrest. Sie reißt die schweren Elemente, die bei der Fusion im Kern und bei dessen Explosion entstanden sind, mit sich.

Die SNR beginnt eine Reise durch die interstellare Materie. Mit sich trägt sie Material für eine ganze Generation neuer Sterne und für die Erschaffung von Planeten. Es ist anzunehmen, dass die Schockwelle einer Supernova vor 4,5 Milliarden Jahren die Entstehung unseres Sonnensystems ausgelöst hat.

**SUPERNOVA REMNANT LMC N 49
IN DER GROSSEN MAGELLAN´SCHEN WOLKE**
(LINKS)
MÖGLICHERWEISE WERDEN AUS DEN
GAS- UND STAUBWOLKEN NEUE STERNE
ENTSTEHEN
ECHTLICHT-AUFNAHME
HUBBLE-WELTRAUMTELESKOP
(IN ERDUMLAUFBAHN)
NOVEMBER 1998,
APRIL 1999,
JULI 2000
160.000 LICHTJAHRE
VON DER ERDE ENTFERNT

**SUPERNOVA REMNANT SNR 0103-72.6
IN DER KLEINEN MAGELLAN´SCHEN WOLKE**
(OBEN)
SAUERSTOFF UND NEON WEISEN DARAUF
HIN, DASS DER
EXPLODIERENDE
STERN ZEHN MAL GRÖSSER
WAR ALS UNSERE SONNE
RÖNTGEN-AUFNAHME
CHANDRA RÖNTGEN OBSERVA-
TORIUM (IN ERDUMLAUFBAHN)
27. AUGUST 2002
190.000 LICHTJAHRE
VON DER ERDE ENTFERNT

STERNE
GEBÜNDELTE ENERGIE

Die Menschheit ist seit jeher fasziniert von den Sternen. In der Antike hielt man Sterne für Löcher im Dach der Welt, durch die man das Feuer sah, das außerhalb brannte. Im antiken Griechenland wurden alle Himmelskörper außer Sonne und Mond „Stern" genannt. Planeten waren „wandernde Sterne" und Kometen „Sterne mit Haaren".

Heute wissen wir, dass Sterne Sonnen sind – wie die unsrige –, Gasbälle, die Energie produzieren und Strahlung absondern. Es gibt sie in allen Größen. Rote Zwerge können zum Beispiel nur ein Zehntel, Überriesen hingegen ein Hundertfaches der Masse unserer Sonne haben. Die meisten Sterne unserer Galaxie, der Milchstraße, sind Rote Zwerge.

Bei einem Stern bestimmt seine Masse, die Menge seiner Materie, sein Schicksal. Je größer seine Masse, desto heißer und heller leuchtet er, wobei die Temperatur auch für seine Farbe verantwortlich ist. Die heißesten Sterne (heißer als 25.000° C) sind blau.

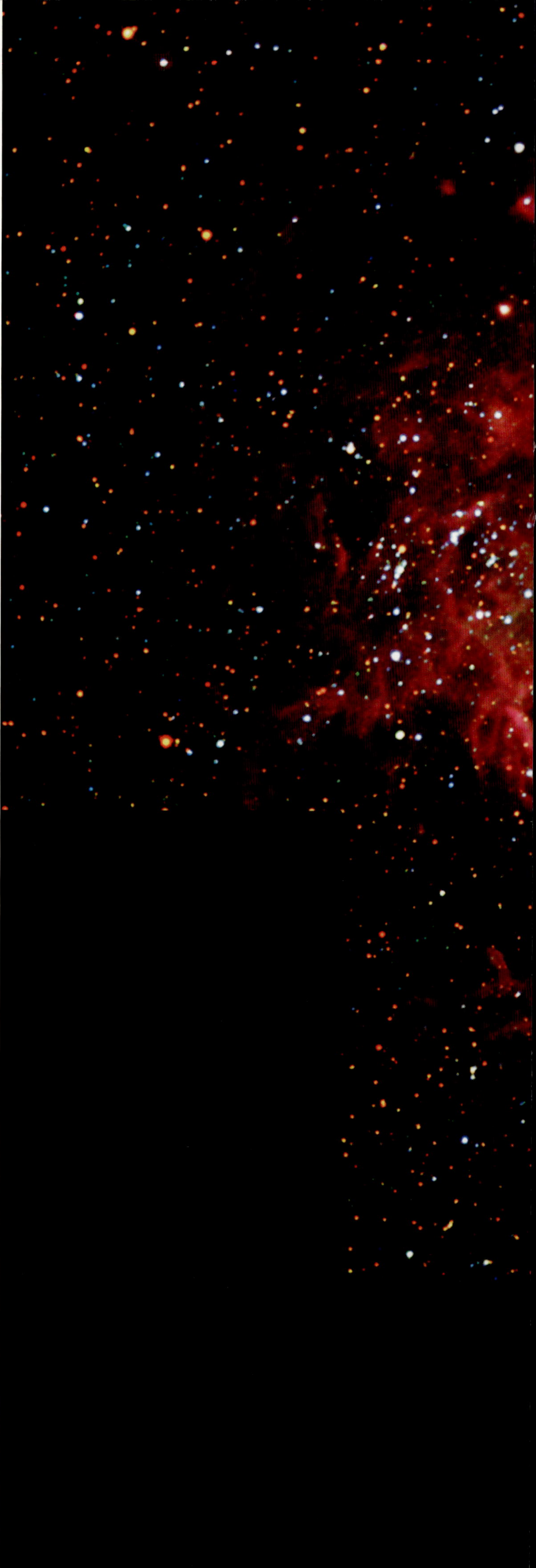

DER FEUERSTURM-NEBEL (NGC 604)
DAS GRÖSSTE BEKANNTE STERNENTSTEHUNGSGEBIET
ECHTLICHT-AUFNAHME
HUBBLE-WELTRAUMTELESKOP (IN ERDUMLAUFBAHN)
JULI 1994, JANUAR 1995, DEZEMBER 2001
2,7 MILLIONEN LICHTJAHRE VON DER ERDE ENTFERNT

Blaue Überriesen sind sogar noch heißer, da sie Wasserstoff mit hoher Geschwindigkeit verbrennen. Die kältesten Sterne (kühler als 3.200° C) sind rot. Andere wiederum, wie unsere Sonne, strahlen gelb. Die Masse gibt auch die Länge des stellaren Lebenszyklus vor. Je massiver ein Stern, desto heftiger „brennt" er und desto schneller ist sein Brennstoff verbraucht.

Sterne mit „kühlem Temperament" leben länger.

Ein junger Stern beginnt sein Leben in Kälte und Finsternis. Er wird in einem Gobule geboren, einer dichten Wasserstoffwolke, wie sie in Nebeln zu finden ist. Unter dem Einfluss der Schwerkraft schrumpft und kollabiert der Globule, ein Protostern entsteht. Der Protostern verdichtet sich weiter, bis Druck und Temperatur für eine Kernfusion ausreichen: Ein Stern ist geboren.

Das Protostern-Stadium ist nur ein kurzer Moment im Leben eines Sterns. Einmal erwachsen, bleiben Sterne die meiste Zeit stabil. Die Wasserstoff-zu-Helium-Fusion im heißen Kern des Sterns produziert Unmengen von Energie. Doch irgendwann ist aller Wasserstoff im Kern verbraucht, die Fusion setzt aus. Der Kern zieht sich zusammen, doch der Stern wird größer, der Wasserstoff in der äußeren Hülle wird verbrannt. Die Kernfusion setzt wieder ein, dieses Mal schmilzt jedoch statt Wasserstoff Helium.

Was passiert, wenn auch das Helium aufgebraucht ist, hängt wiederum von der Masse ab.

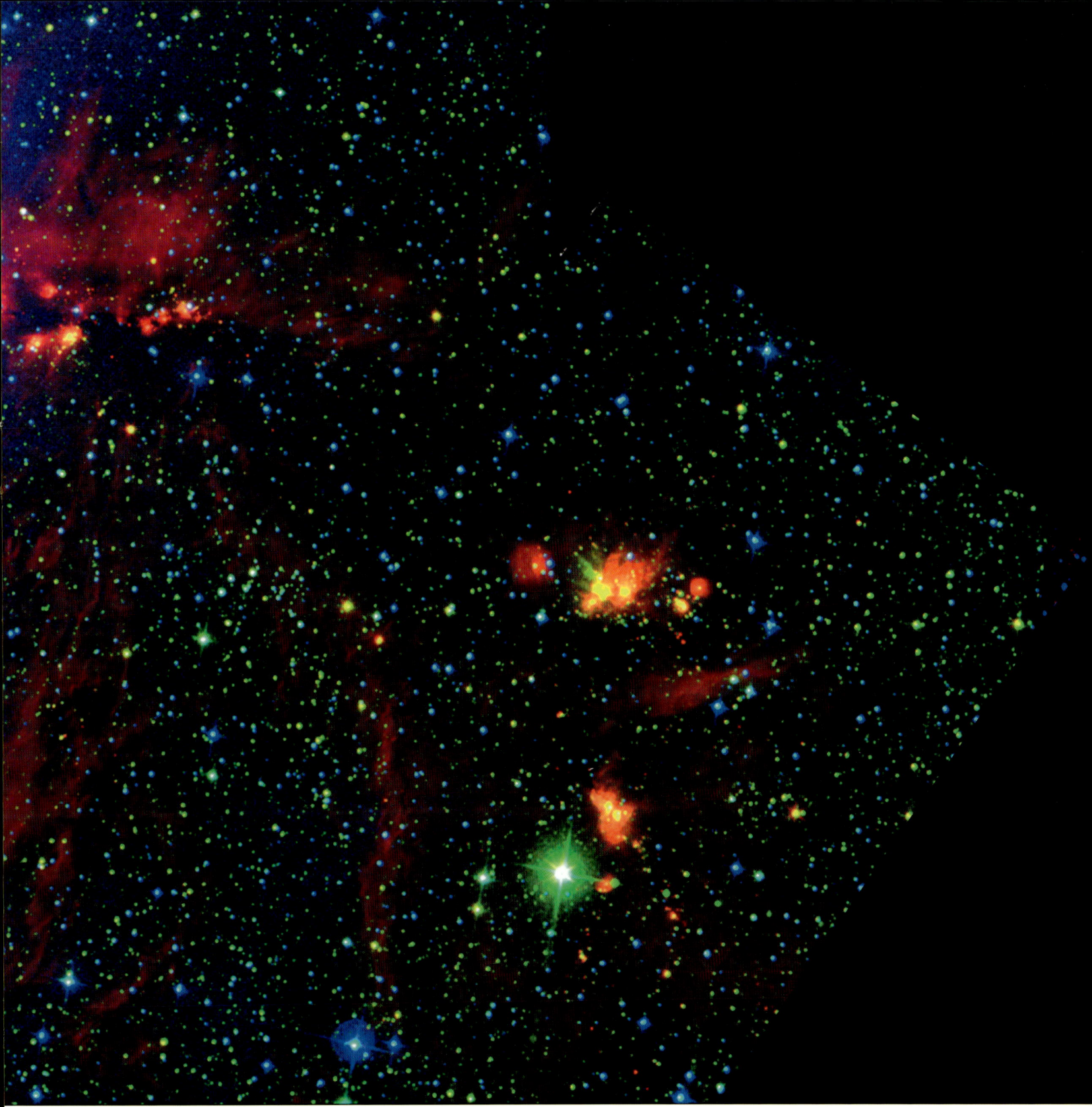

Massereiche Sterne kollabieren in sich selbst und erhellen den Himmel durch eine gigantische Explosion, eine Supernova.

Die Masse bedingt auch das Schicksal des zurückbleibenden Kerns. Die Sterne mit den massivsten Kernen verdichten sich zu Schwarzen Löchern, Regionen von immenser Gravitation. Weniger massive Kerne werden zu Neutronensternen: Sie weisen bei einem Durchmesser von nur etwa 19 km unvorstellbare Dichte auf.

Mittelgroße Sterne, wie etwa unsere Sonne, werden allerdings niemals heiß genug für solch ein fulminantes Ende. Gase und Staub werden frei gesetzt und formen einen planetarischen Nebel, der sich nach und nach auflöst. Der Kern zieht sich zu einem Weißen Zwerg zusammen, einem kleinen, dichten Stern von etwa der Größe unserer Erde, jedoch mit der Masse der Sonne. Im Lauf der Zeit verbraucht er auch noch sein letztes bisschen Energie und verblasst – im wahrsten Sinne des Wortes.

EINE STELLARE KINDERSTUBE IM STERNBILD SCHWAN, GENANNT DR 21

IM INFRAROTLICHT ERKENNT MAN DIE ENTSTEHUNG MASSIVER STERNE IN EINER DICHTEN WOLKE AUS GAS UND STAUB

ÜBERLAGERUNG VON INFRAROT- UND ECHTLICHT-AUFNAHME

SPITZER WELTRAUMTELESKOP (IN ERDNAHEM SONNENORBIT)

11. OKTOBER UND 22. NOVEMBER 2003

6.200 LICHTJAHRE VON DER ERDE ENTFERNT

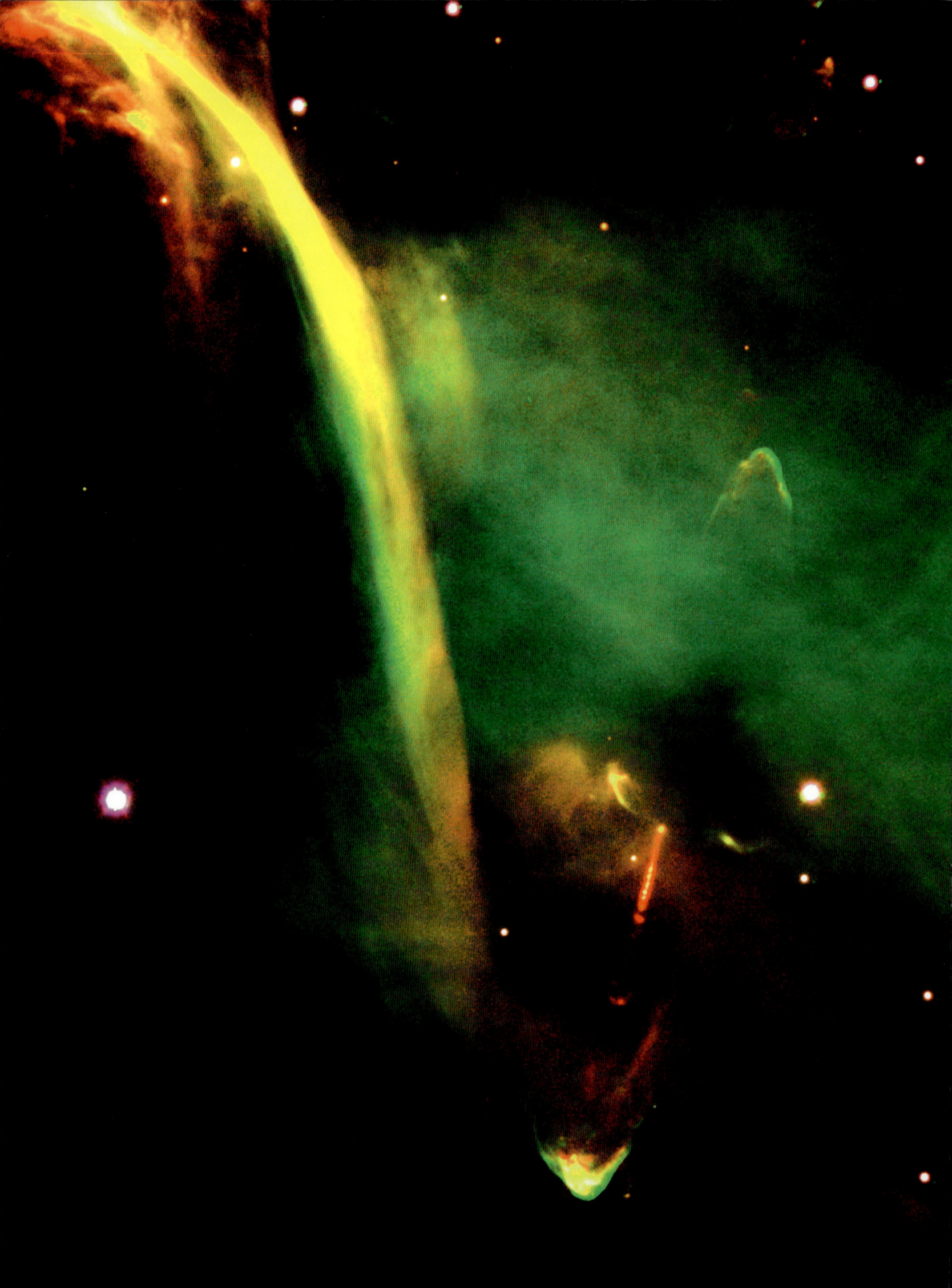

PROTOSTERN

Sterne entstehen, wenn sich dichte Wolken interstellarer Materie zusammenballen und dann in mehrere kleine Materieklumpen zerfallen. Unter dem Einfluss der Schwerkraft bildet sich im Zentrum eines solchen Fragments der so genannte Protostern. Seine Eigenrotation sorgt dafür, dass die Reste der kollabierenden Staubwolke den Kern als Scheibe umkreisen.

Da immer wieder Material aus dieser Scheibe vom Zentrum angezogen wird und auf den Protostern „fällt", wird er immer größer. Stürzen große Brocken auf den Protostern, werden Explosionen von verdichteten Gasblasen ausgelöst, so genannte Jets. Die Jets bahnen sich einen Weg durch die dunklen Materiewolken, die den Sternembryo umgeben, und werden so für uns sichtbar. Nur durch die Jets (unterhalb der Mitte in unserem Bild) wird die Existenz des ansonsten unsichtbaren Protosterns enthüllt.

Protosterne produzieren Energie, da sich ihre Gasmasse zusammenzieht. Sie werden dichter und ziehen mehr Materie an, ihre Anziehungskraft wächst. Der Stern dreht sich immer schneller, die Temperatur steigt. Hat sich der Kern des Protosterns weit genug erwärmt, setzt eine Kernfusion ein, Wasserstoff verschmilzt zu Helium, und der Protostern kommt als junger Stern zur Ruhe.

DAS PROTOSTERN-STADIUM DES HERBIG-HARO OBJEKTS (HH 34) IM STERNBILD ORION

WIE AUS EINEM MASCHINENGEWEHR WIRD GAS IN DEN JETS AUS DEM PROTOSTERN GESCHLEUDERT (MITTE UNTEN).
DER STERN SELBST IST NICHT ZU SEHEN. DIE WASSERFALLÄHNLICHE STRUKTUR (HH 222) BLEIBT BISHER OHNE ERKLÄRUNG.

ECHTLICHT-AUFNAHME MIT ROT-, GRÜN- UND BLAUFILTER

EUROPÄISCHE SÜDSTERNWARTE (ESO) VLT KUEYEN + FORS 2

2. UND 6. NOVEMBER 1999

1.500 LICHTJAHRE VON DER ERDE ENTFERNT

STERNHAUFEN

Himmelskörper treten meist geballt als größere Ansammlung mit ihresgleichen am Himmel auf. Zum Beispiel treten Sterne in Haufen auf – wir unterscheiden zwei Arten von Sternhaufen. Junge Sterne findet man wahrscheinlich in kleineren, lockeren, „offenen" Haufen, ältere Sterne bilden im Allgemeinen Haufen mit höherer Konzentration, „Kugelsternhaufen" genannt.

Die jungen Sterne in einem offenen Sternhaufen sind alle etwa zur selben Zeit aus derselben Wolke aus Gas und Staub entstanden. Ihre Jugend lässt sie hell und heiß leuchten. Sie bilden lockere, wenig kompakte Haufen, ihr Gravitationsfeld ist schwach, oft zu schwach, um sie zusammenzuhalten.

Offene Sternhaufen findet man oft entlang der Arme von Spiral-Galaxien, dort, wo sich gerne neue Sterne bilden. In unserer Milchstraße gibt es eine große Zahl offener Sternhaufen, etwa die Pleiaden (unten) im Sternbild Stier, welche man sogar leicht mit bloßem Auge erkennen kann.

Im Gegensatz dazu erreichen Kugelsternhaufen riesige Ausmaße. Sie bestehen aus einer ungeheuer großen, dicht gedrängten Menge von Sternen – etwa 100.000 bis zu einer Million – und sind gewöhnlich von runder Form. Sie zählen zu den ältesten Gebilden des Universums, sie waren die ersten Bewohner unserer Galaxie. Man findet sie eher im Zentrum, weit entfernt von jenen Orten, wo neue Sterne entstehen. Anstatt mit der Galaxie zu rotieren, umkreisen sie das galaktische Zentrum in eigenen Umlaufbahnen. Etwa 150 Kugelsternhaufen finden sich ober- und unterhalb der Hauptscheibe der Milchstraße, im so genannten Halo.

Dort findet man die ältesten Sterne unserer Galaxie. Der größte und hellste dieser Kugelsternhaufen, Omega Centauri (rechts), birgt zwölf Milliarden Jahre alte Sterne. Etwa 17.000 Lichtjahre entfernt, ist er als kleine Wolke am Südhimmel mit bloßem Auge zu erkennen.

In Omega Centauri tummeln sich mehrere Millionen Sterne so dicht gedrängt, dass sie oft zusammenstoßen. In diesem Fall, so nimmt man an, bilden sie gemeinsam einen größeren Stern.

DIE PLEIADEN - EIN OFFENER STERNHAUFEN IM STERNBILD STIER (UNTEN LINKS)
ECHTLICHT-AUFNAHME MIT ROT-, GRÜN- UND BLAUFILTER
PALOMAR 1,2 M-SCHMIDT TELESKOP
5. NOVEMBER 1986 –
11. SEPTEMBER 1996
440 LICHTJAHRE VON DER ERDE ENTFERNT

DAS HERZ DES KUGELSTERNHAUFENS OMEGA CENTAURI (RECHTS)
DER STERNHAUFEN LIEGT IM STERNBILD CENTAURUS, SEINE STERNE ROTIEREN UM EINEN GEMEINSAMEN MASSESCHWERPUNKT
ECHTFARBEN-AUFNAHME
HUBBLE-WELTRAUMTELESKOP (IN ERDUMLAUFBAHN)
11. JUNI 1997
17.000 LICHTJAHRE VON DER ERDE ENTFERNT

BRAUNER ZWERG

Braune zwerge werden von Astronomen als „verhinderte Sterne" bezeichnet. Sie haben etwa den Durchmesser von Jupiter und mindestens das Zehnfache seiner Masse. Zu wenig, um jene hohe Temperatur zu erzeugen, die für eine Kernfusion nötig ist. Kalt und dämmrig, mit einer Oberflächentemperatur von unter 2.500° C, leuchten sie eintausend Mal schwächer als unsere

Sonne. Die geringe Leuchtkraft mag erklären, warum die ersten Braunen Zwerge erst 1995 entdeckt wurden. Seither haben Teleskope mit empfindlichen Infrarot-Detektoren einige hundert von ihnen aufgespürt, sodass man Braune Zwerge mittlerweile für die Himmelskörper hält, die am häufigsten in unserer Galaxie vorkommen.

Ein Brauner Zwerg entsteht auf genau dieselbe Art wie ein „normaler" Stern, seine Gasmasse reicht allerdings nicht aus, um Wasserstoff zu schmelzen. In seiner Anfangsphase kann er Energie erzeugen, indem Deuterium (Schwerer Wasserstoff) mit Wasserstoff fusioniert. Ist das wenige Deuterium nach mehreren zehn Millionen Jahren verbraucht, strahlt der Braune Zwerg nur noch durch in Wärme umgewandelte Gravitationsenergie.

BRAUNE ZWERGE UMGEBEN DIE MASSIVEN ZENTRALSTERNE DES TRAPEZ, EIN OFFENER STERNHAUFEN IM RIESIGEN ORION-NEBEL

BRAUNE ZWERGE LEUCHTEN SO SCHWACH, DASS MAN SIE BEI NORMALEM LICHT KAUM SIEHT (LINKS), SIE WERDEN ERST BEI INFRAROTLICHT DEUTLICH (RECHTS)

LINKS: ECHTLICHT-AUFNAHME (COLORIERT)
RECHTS: NAHE INFRAROT-AUFNAHME

HUBBLE-WELTRAUMTELESKOP (IN ERDUMLAUFBAHN)

LINKS: 1994–1995
RECHTS: 17. JANUAR 1998

1.500 LICHTJAHRE VON DER ERDE ENTFERNT

BLAUER ÜBERRIESE

Die grössten und hellsten Sterne am Firmament sind Blaue Super- oder Überriesen. Sie haben etwa die zehnfache, manche bis zur hundertfachen Masse unserer Sonne. Doch diese Kolosse sind selten, die meisten Sterne unserer Galaxie sind sogar kleiner als unsere Sonne. Zum Blauen Überriesen bringt es nur einer von hundert. Groß und hell strahlen sie am Nachthimmel. Der Stern Rigel im Sternbild Orion hat z. B. die 20-fache Masse unserer Sonne und leuchtet 60.000 Mal so hell. Ihre blau-weiße Farbe und extreme Leuchtkraft kommt von der exorbitanten Oberflächentemperatur von mehr als 31.000° C – im Vergleich dazu ist unsere Sonne „nur" 5.700° C heiß.

Doch der Glanz eines Überriesen währt – in stellaren Dimensionen – nur kurz. Er verbrennt seine Gase derartig überschwänglich, dass er nur eine Lebenserwartung von ca. 10 Millionen Jahren hat. Unsere Sonne wird es 10 Milliarden Jahre geben. Hat ein Blauer Überriese all seinen nuklearen Treibstoff verbraucht, geht sein Dasein auf spektakuläre Weise zu Ende – als Supernova. Das Zentrum kollabiert, die äußeren Schichten stürzen in sich zusammen, wobei eine solche Menge an Energie frei wird, dass der Stern explodiert. Zurück bleibt ein Neutronenstern oder ein Schwarzes Loch.

DER BLAUE ÜBERRIESE SHER 25 IM NEBEL NGC 3603
(OBEN, LINKS VOM ZENTRALEN STERNHAUFEN)
DER BLAUE RING UND DER BEIDSEITIGE GASAUSSTOSS (BLOB) SIND ÜBERRESTE SEINER GEBURT
ECHTLICHT-AUFNAHME
HUBBLE-WELTRAUMTELESKOP (IN ERDUMLAUFBAHN)
5. MÄRZ 1999
20.000 LICHTJAHRE VON DER ERDE ENTFERNT

SUPERNOVA

24. SEPTEMBER 1994

10. JULI 1997

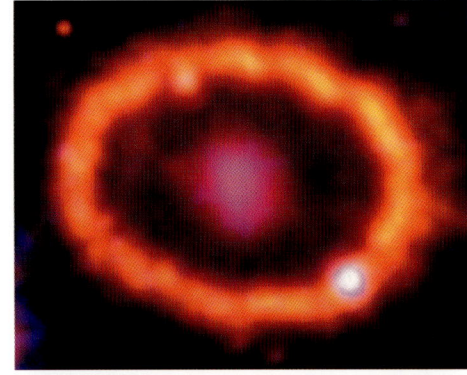
6. FEBRUAR 1998

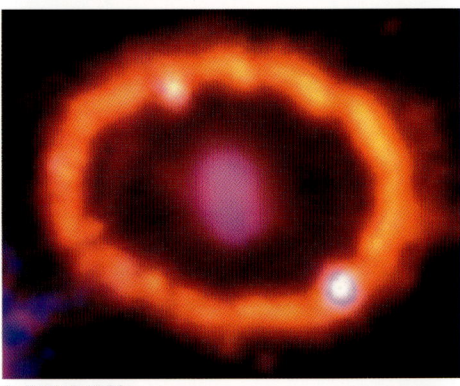
8. JANUAR 1999

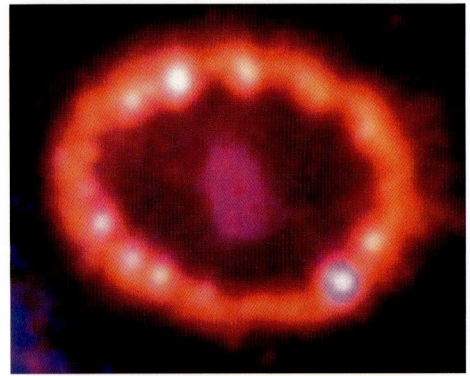
7. DEZEMBER 2001

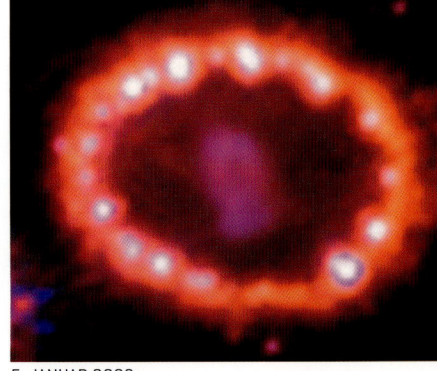
5. JANUAR 2003

Als Nova bezeichnet man einen Stern, der plötzlich aktiv wird und aufleuchtet. Frühe Astronomen glaubten, einen neuen Stern entdeckt zu haben, und nannten das Phänomen „nova", lateinisch für „neu". Eine Supernova, ein unvorstellbar gewaltiger Ausbruch von Licht und Energie, steht allerdings nicht am Anfang, sondern verkündet die Katastrophe am Ende einer Sternenlaufbahn.

Es gibt zwei Typen von Supernovae. Typ 1 trifft einen Weißen Zwerg in einem Doppelsternsystem. Er nimmt so lange Materie von seinem Begleiter auf, bis er sich nicht mehr stabil halten kann und kollabiert. Das führt zu einer thermonuklearen Explosion oder Supernova.

Die meisten Supernovae werden allerdings von massereichen Sternen hervorgerufen, die all ihren Treibstoff verbraucht haben. Bei dieser kollapsartigen Supernova verdichtet sich das Zentrum des Sterns, wird heißer, und schließlich heiß genug, um Sauerstoff und Kohlenstoff zu schwereren Elementen zu verschmelzen. Letztendlich wird der Kern zu solidem Eisen und seine enorme Masse lässt ihn kollabieren – innerhalb einer Sekunde. Dabei wird eine ungeheure Menge an Energie frei, der Stern explodiert. Der verbleibende Kern wird – abhängig von seiner Masse – zu einem Neutronenstern oder einem Schwarzen Loch.

Bei dieser Art von Supernova entstehen Schockwellen, die die äußeren Schichten des Sterns mit bis zu 20.100 km/s ins Weltall schleudern. Der heftige Masseschub führt zur Fusion schwerer Elemente. In der Tat entstanden alle Elemente des Universums, die schwerer sind als Eisen, durch Supernovae.

Diese Brocken ballen sich oft zu Nebeln zusammen, in denen wieder neue Sterne entstehen.

Die Bilder hier zeigen einen Gasring, der von den Schockwellen einer Supernova beleuchtet wird. Man entdeckte ihn 1987 – die hellste Supernova seit 400 Jahren. Tatsächlich explodierte der Stern bereits vor 160.000 Jahren, so lange brauchte sein Licht, um uns zu erreichen.

Supernovae sind in unserer Galaxie sehr selten, man zählt nur eine alle 100 Jahre. Doch das Universum enthält so viele Galaxien, dass die Astronomen vermuten, dass jede Sekunde eine Supernova explodiert.

EIN GASRING, HERVORGERUFEN VON DER SCHOCKWELLE EINER SUPERNOVA IN DER GROSSEN MAGELLAN´SCHEN WOLKE
ECHTLICHT-AUFNAHME
HUBBLE-WELTRAUMTELESKOP (IN ERDUMLAUFBAHN)
24. SEPTEMBER 1994 – 28. NOVEMBER 2003
160.000 LICHTJAHRE VON DER ERDE ENTFERNT

5. MÄRZ 1995

6. FEBRUAR 1996

2. FEBRUAR 2000

16. JUNI 2000

23. MÄRZ 2001

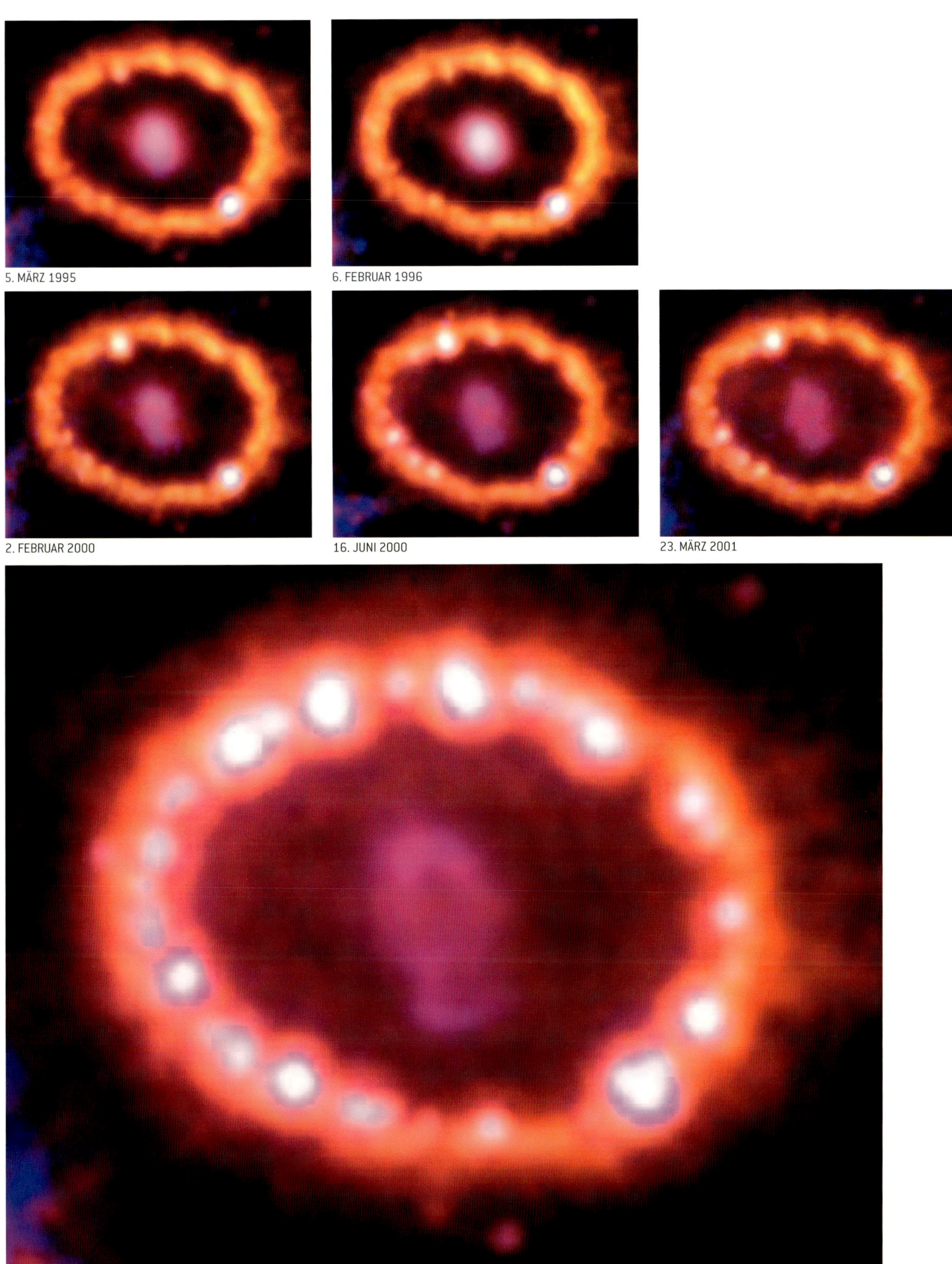

28. NOVEMBER 2003

LICHTECHO

Wenn eine Nova aufflammt oder eine Supernova explodiert, ist ein heller Lichtblitz zu sehen. Dieser Lichtblitz wird durch den Staub und interstellare Wolken der Umgebung reflektiert, das so genannte Lichtecho ist zu sehen. Das Lichtecho breitet sich als ständig größer werdender Ring langsam immer weiter aus, wobei es sich ständig verändert, da immer andere Schichten beleuchtet werden.

Lichtechos sind selten, doch im Januar 2002 flammte ein relativ schwacher Stern plötzlich auf und strahlte 600.000 Mal heller als unsere Sonne – er wurde für kurze Zeit zum hellsten Stern der Milchstraße.

Diese Bildfolge wurde vom Hubble-Weltraumteleskop über eine Zeitspanne von 2 Jahren aufgenommen. Es scheint, als ob sich eine Staubwolke mit Über-Lichtgeschwindigkeit ins All ausbreitet. Doch nicht die Staubwolke bewegt sich. Was wir sehen ist, wie immer mehr von dieser Wolke vom wandernden Licht des Sterns beleuchtet wird.

Vor dieser Beobachtung des Hubble Teleskops wurde das letzte Mal im Jahr 1936 ein Lichtecho in der Milchstraße registriert.

DAS LICHTECHO DES STERNS V 838 MONOCEROTIS IM STERNBILD EINHORN
DER HELLIGKEITSAUSBRUCH UM EINEN ROTEN ÜBERRIESEN
ECHTLICHT-AUFNAHME
HUBBLE-WELTRAUMTELESKOP (IN ERDUMLAUFBAHN)
30. APRIL 2002 – 8. FEBRUAR 2004
20.000 LICHTJAHRE VON DER ERDE ENTFERNT

PULSAR

Nach einer Supernova, wenn der Kern des sterbenden Sterns zu wenig Masse hatte, um zu einem Schwarzen Loch zu kollabieren, wird er zu einem Neutronenstern. Er dreht sich sehr schnell, um ihn rotiert ein starkes Magnetfeld. Bei jeder Drehung sendet der Stern intensive, gebündelte Röntgenstrahlen von den Magnetpolen aus.

Manche Neutronensterne, „Pulsare" genannt, senden in regelmäßigen, kurzen Abständen starke Radiowellen ins All – vergleichbar mit dem Feuer eines Leuchtturms. Die ersten Pulsare wurden 1967 mit Hilfe von Radioteleskopen entdeckt.

Unsere Bilder zeigen einen Pulsar im Zentrum des Krebs-Nebels, der Rest einer Supernova, die im Jahr 1054 in China beobachtet wurde. Er sendet 30 Impulse pro Sekunde.

Im Bild links erkennt man die intensive Aktivität rund um den kleinen Stern. Der rotierende Pulsar erzeugt einen starken Wind von Partikeln, die in den Nebel geschleudert werden. So entsteht eine Schockwelle, die den inneren Ring bildet. Der Schock treibt die hochenergetischen Partikel weiter nach außen, erkennbar an dem helleren, äußeren Ring. Die vier Einzelbilder zeigen, dass sowohl der Pulsar, als auch der Nebel Strahlung in verschiedenen Wellenlängen aussenden.

PULSAR IM KREBS-NEBEL
RESTE EINER SUPERNOVA IM STERNBILD STIER (LINKS)
ÜBERLAGERUNG VON ECHTLICHT- UND RÖNTGEN-AUFNAHME
CHANDRA RÖNTGENTELESKOP/ HUBBLE-WELTRAUMTELESKOP (IN ERDUMLAUFBAHN)
25. 11. 2000 – 6. 4. 2001
6.000 LICHTJAHRE VON DER ERDE ENTFERNT

VERGLEICH VERSCHIEDENER WELLENLÄNGEN
(VIER BILDER RECHTS)
RÖNTGEN-AUFNAHME: CHANDRA-RÖNTGENTELESKOP
SICHTBARES LICHT: TELESKOP AM MOUNT PALOMAR
INFRAROT: 2MASS
RADIOSTRAHLEN: VLA/NRAO

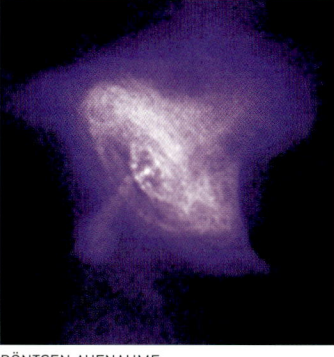
RÖNTGEN-AUFNAHME

ECHTLICHT-AUFNAHME

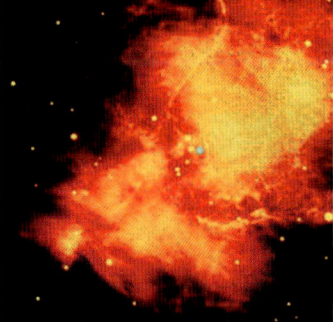
INFRAROT-AUFNAHME

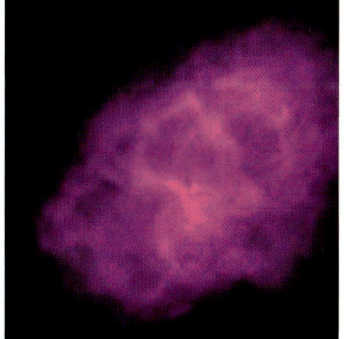
RADIOTELESKOP

SCHWARZES LOCH

Schwarze Löcher sind extrem dichte Stellen des Universums, wo die uns bekannte Form von Raum und Zeit nicht existiert. Ein Schwarzes Loch kann nur aufgrund seines Gravitationsfelds ausgemacht werden, das so stark ist, dass nichts, das den Bereich seiner Anziehungskraft erreicht, mehr entkommt, nicht einmal Licht. Schwarze Löcher sind mehr als kuriose Theorie. Nach heutigen Erkenntnissen lauern sie in den Zentren von Galaxien, auch nahe an unserem Sonnensystem, in unserer „galaktischen Vorstadt".

Schwarze Löcher entstehen, wenn ein sterbender Stern in einer Supernova explodiert. Hat der verbleibende Kern mindestens die dreifache Masse unserer Sonne, wird er implodieren und eine „Singularität" erzeugen – ein winziges Stück Universum mit kaum Volumen und unendlicher Dichte. Diese Singularität umgibt der so genannte Ereignishorizont, der umso größer ist, je massiver die Singularität ist. Die Singularität selbst ist nie größer als der Punkt am Ende dieses Satzes. Alles, was den Ereignishorizont überschreitet, bleibt für immer gefangen: Ein Entkommen erfordert eine Geschwindigkeit über dem im Universum möglichen Maximum, der Lichtgeschwindigkeit.

Der Name „Schwarzes Loch" wurde 1967 von dem Astronom John Wheeler geprägt, doch in der Theorie existierte es bereits zuvor in Einsteins Relativitätstheorie, die die Krümmung des Raums und die Ablenkung des Lichts durch die Schwerkraft vorhersagte. Mitte der 1990er-Jahre bestätigte das Hubble Weltraumteleskop die Existenz Schwarzer Löcher im Zentrum von Galaxien durch die Beobachtung des Wirbels von Sternen, Staub und Gas rund um diese Zentren.

Materie, die in die Nähe des Ereignishorizonts gerät, bleibt jedem Teleskop verborgen. Für einen Beobachter scheint die Zeit stehen zu bleiben: Was auch immer in ein Schwarzes Loch fällt, erscheint „festgefroren" im Universum, da das starke Gravitationsfeld die Zeit anhält.

Noch paradoxer mutet die Idee an, dass Schwarze Löcher möglicherweise verschwinden, weil sie aufgrund der nach dem theoretischen Physiker Stephen Hawking benannten „Hawking-Strahlung" an Masse verlieren. Der leere Raum enthält „virtuelle Paare" – Partikel mit entgegengesetzter Ladung, die sich, wenn sie aufeinandertreffen, gegenseitig auslöschen. Geschieht dies am Ereignishorizont, könnte ein Partikel hineinfallen, das andere ins All entkommen. Um die fehlende Masse des Flüchtlings auszugleichen, muss das Schwarze Loch Energie erzeugen, die wiederum von seiner Masse abzuziehen wäre.

Im Jahr 2004 entwickelte Hawking diese Theorie weiter und meinte, dass alle Materie in einem Schwarzen Loch irgendwie „überlebt". Die Energie, die einem Schwarzen Loch entströmt, enthielte Informationen über alles, was einmal hineingefallen ist, wenn auch in anderer Form. Dieser Ansatz würde ein Paradoxon lösen, denn nach der Quantentheorie ist Information im Universum unzerstörbar.

STAUB- UND GASRING UM EIN UNSICHTBARES SCHWARZES LOCH IM ZENTRUM DER GALAXIE NGC 1068
ÜBERLAGERUNG VON RÖNTGEN- UND ECHTLICHT-AUFNAHME
CHANDRA RÖNTGENTELESKOP (IN ERDUMLAUFBAHN)
4. DEZEMBER 2000
50 MILLIONEN LICHTJAHRE VON DER ERDE ENTFERNT

ROTER RIESE

Gegen Ende ihrer Lebenszeit werden alle Sterne zu Roten Riesen, die allergrößten zu Roten Superriesen. In seinem langen und stabilen „Erwachsenenleben" erzeugt ein Stern Strahlung durch Kernfusion, in seinem heißen Kern schmilzt Wasserstoff und wird zu Helium. Ist aller Wasserstoff verbraucht, wird der Stern zum Roten Riesen.

Dabei verdichtet sich der Kern, doch der Stern selbst wird größer, da der Wasserstoff der äußeren Atmosphäre verbrannt wird. Im Wachsen kühlt die Oberfläche ab, der Kern jedoch zieht sich zusammen und wird heißer. Hat der Kern etwa ein Zehntel seiner ursprünglichen Größe erreicht, setzt die Kernfusion erneut ein: Er ist jetzt heiß genug, um das Helium zu schmelzen. Die Oberflächentemperatur steigt wieder an – bis das Helium verbraucht ist.

Ist kein Helium mehr vorhanden, werden die massereichsten Sterne – jene, deren Kern heiß genug wurde, um Kohlenstoff und Sauerstoff zu schmelzen – in sich selbst kollabieren und als Supernova explodieren. Dieses Schicksal erwartet zum Beispiel den Roten Überrriesen Betelgeuse auf unserem Bild. Dieser Stern im Sternbild Orion ist mit der tausendfachen Masse unserer Sonne einer der hellsten Himmelskörper.

Auch wenn Sterne mit etwa der Größe unserer Sonne nicht als Supernova enden, ist ihr Ende noch immer spektakulär genug. Wenn unsere Sonne einmal – in etwa 5 Milliarden Jahren – zum Roten Riesen wird, wird sie auf das Dreißigfache oder mehr anwachsen und tausend Mal heller erstrahlen. Merkur und vielleicht sogar Venus werden verschluckt. Wenn sie all ihr Helium verbraucht hat, wird ihr Kern zu einem Weißen Zwerg zusammenfallen.

DER ROTE ÜBERRIESE BETELGEUSE (ALPHA ORIONIS) IM STERNBILD ORION

DIE ERSTE AUFNAHME EINES STERNS (AUSSER DER SONNE)

ECHTLICHT-AUFNAHME

HUBBLE-WELTRAUMTELESKOP (IN ERDUMLAUFBAHN)

3. MÄRZ 1995

600 LICHTJAHRE VON DER ERDE ENTFERNT

WEISSER ZWERG

Weisse zwerge sind die am schwächsten leuchtenden und doch heißesten Sterne am Himmel. Dieser Zustand erwartet die meisten Sterne am Ende ihres Lebens. Ein Weißer Zwerg komprimiert all seine Masse auf ein Millionstel seiner bisherigen Größe, für gewöhnlich ist er nicht größer als die Erde, hat jedoch das Gewicht unserer Sonne.

Mittelgroße bis kleine Sterne, wie etwa unsere Sonne, werden zu Weißen Zwergen. Zuvor aber, wenn aller Wasserstoff im Kern verbraucht ist und sie als Rote Riesen Helium verbrennen, werden ihre äußeren Schichten ins All geschleudert, wo sie den Stern als planetarischer Nebel umgeben. Ist dann auch alles Helium verbraucht, zieht sich der Kern zu einem dichten, heißen Weißen Zwerg zusammen.

Im Lauf der Zeit strahlen die Weißen Zwerge ihre verbleibende Energie ab, werden dunkler und kälter. Man vermutet, dass sie zu Schwarzen Zwergen mutieren und dann nicht mehr zu sehen sind. Da dieser Prozess allerdings viele Milliarden Jahre dauern würde, ist unser Universum noch nicht alt genug, als dass es tatsächlich Schwarze Zwerge geben könnte.

Unser Bild zeigt den planetarischen Helix-Nebel: Ein sich ausdehnender, glühender Gasring umgibt einen sterbenden Stern. Der winzige Lichtpunkt in der Mitte ist ein Weißer Zwerg, der in einem blauen Meer aus Gas zu schwimmen scheint.

DER WEISSE ZWERG IST EIN WINZIGER LICHTPUNKT IM ZENTRUM DES HELIX-NEBELS

ECHTLICHT-AUFNAHME MIT VERSCHIEDENEN FARBFILTERN

HUBBLE-WELTRAUMTELESKOP (IN ERDUMLAUFBAHN)

3. NOVEMBER 2001, 19. NOVEMBER 2002

650 LICHTJAHRE VON DER ERDE ENTFERNT

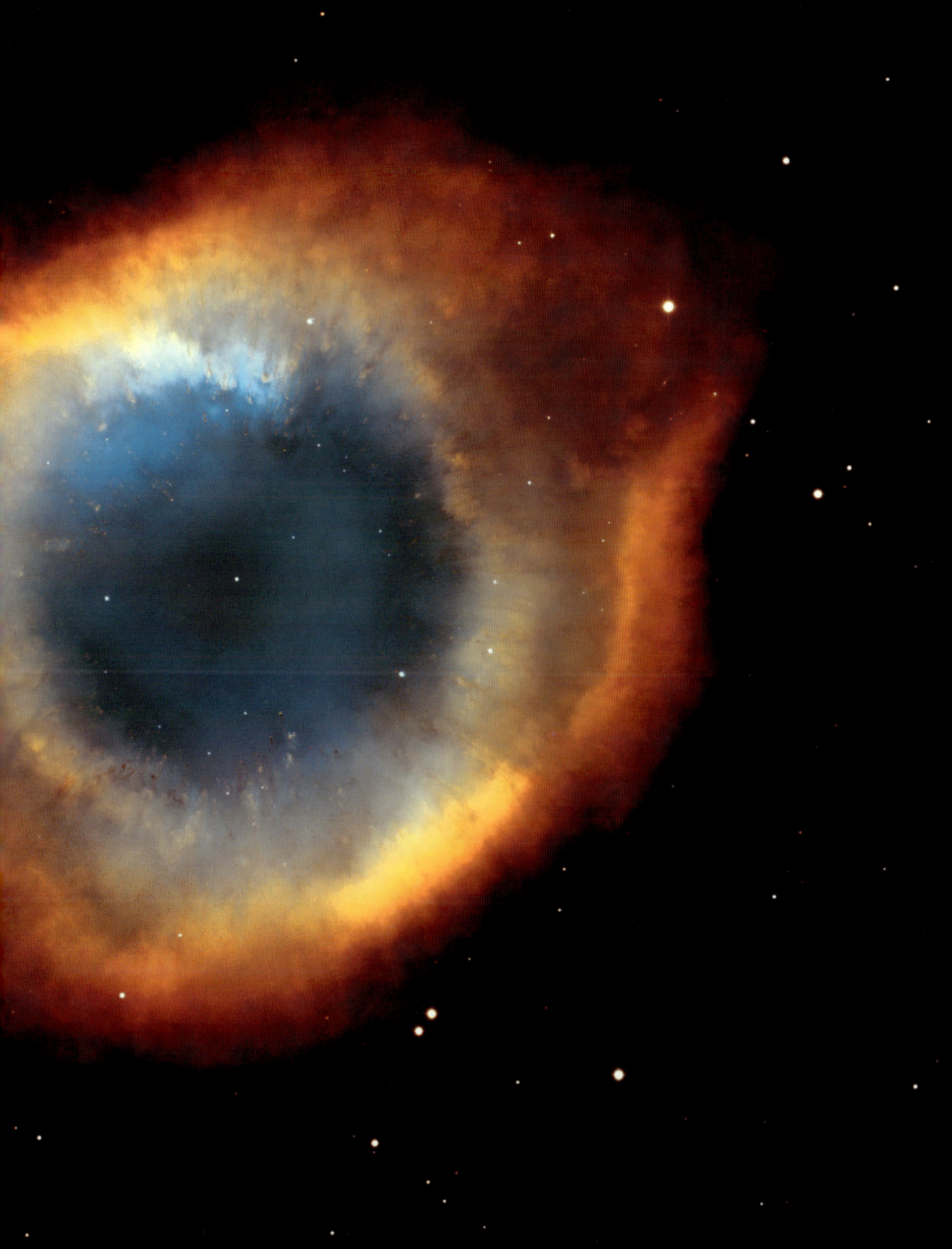

DIE SONNE
BALL AUS FEUER

Im grossen Weltenlauf ist die Sonne nichts anderes als ein mittelgroßer, gelber Stern in einem Arm einer „Milchstraße" genannten Galaxie – einer von 150 Milliarden Galaxien des Universums. Die Erde und acht andere Planeten umkreisen die Sonne. Und die Sonne nimmt sie mit auf ihre eigene Umlaufbahn innerhalb der Milchstraße – eine Rundreise, die bei einer Geschwindigkeit von 240 km/s 225 Millionen Jahre dauert.

In stellaren Dimensionen ist die Sonne kaum mittelgroß, doch für uns auf der Erde ist sie riesig. Die Erde hätte mehr als eine Million Mal darin Platz und bei einem Durchmesser von 1,39 Millionen km beansprucht die Sonne 99,8% der Masse des gesamten Sonnensystems.

Alles irdische Leben hängt von der Sonne ab. Sie ist das „Herz" des Systems, die Quelle aller Energie, allen Lichts und aller Wärme. Was also würde passieren, wenn man die Sonne plötzlich „abschaltete"? Das Licht der 150 Millionen km entfernten Sonne braucht etwa 8 Minuten, bis es die Erde erreicht. Verlöscht dieses Licht, dauert es genau 8 Minuten, bis die Erde in totaler Finsternis versinkt. Da die Sonne unseren Planeten auch mit Wärme versorgt, würde alles pflanzliche und tierische Leben in tödlichem Frost erstarren.

Die Sonne entstand schätzungsweise vor 4,6 Milliarden Jahren. Damals war unser Sonnensystem nichts als eine Wolke aus Gas, Staub und Eis. Die Gravitation sorgte dafür, dass sich diese Wolke zu einer Gaskugel verdichtete. Der innere Teil, die Mitte, wurde zur Sonne, im äußeren Teil formten sich die Planeten.

Als sich das Sonnensystem weiter entwickelte, erreichte die Erde einen beinahe zur Gänze feststofflichen Zustand, die Sonne besteht allerdings nach wie vor aus Gasen. Ihre Masse setzt sich aus 92,1% Wasserstoff, 7,8% Helium und Spuren schwererer Elemente (0,1%) zusammen.

Ihre Energie bezieht sie aus Kernfusion. Hitze und Druck im

BILDMONTAGE DER SONNE
ÜBERLAGERUNG VON DREI BILDERN, ZUR VERANSCHAULICHUNG DER UNTERSCHIEDLICHEN TEMPERATURBEREICHE (EINZELBILDER IN ROT, GRÜN UND BLAU AUF SEITE 56/57)
UV-AUFNAHME (COLORIERT)
EIT-TELESKOP AN BORD VON SOHO
148 MILLIONEN KM ENTFERNT VOM SATELLITENOBSERVATORIUM SOHO
29. MAI 1998
150 MILLIONEN KM
VON DER ERDE ENTFERNT

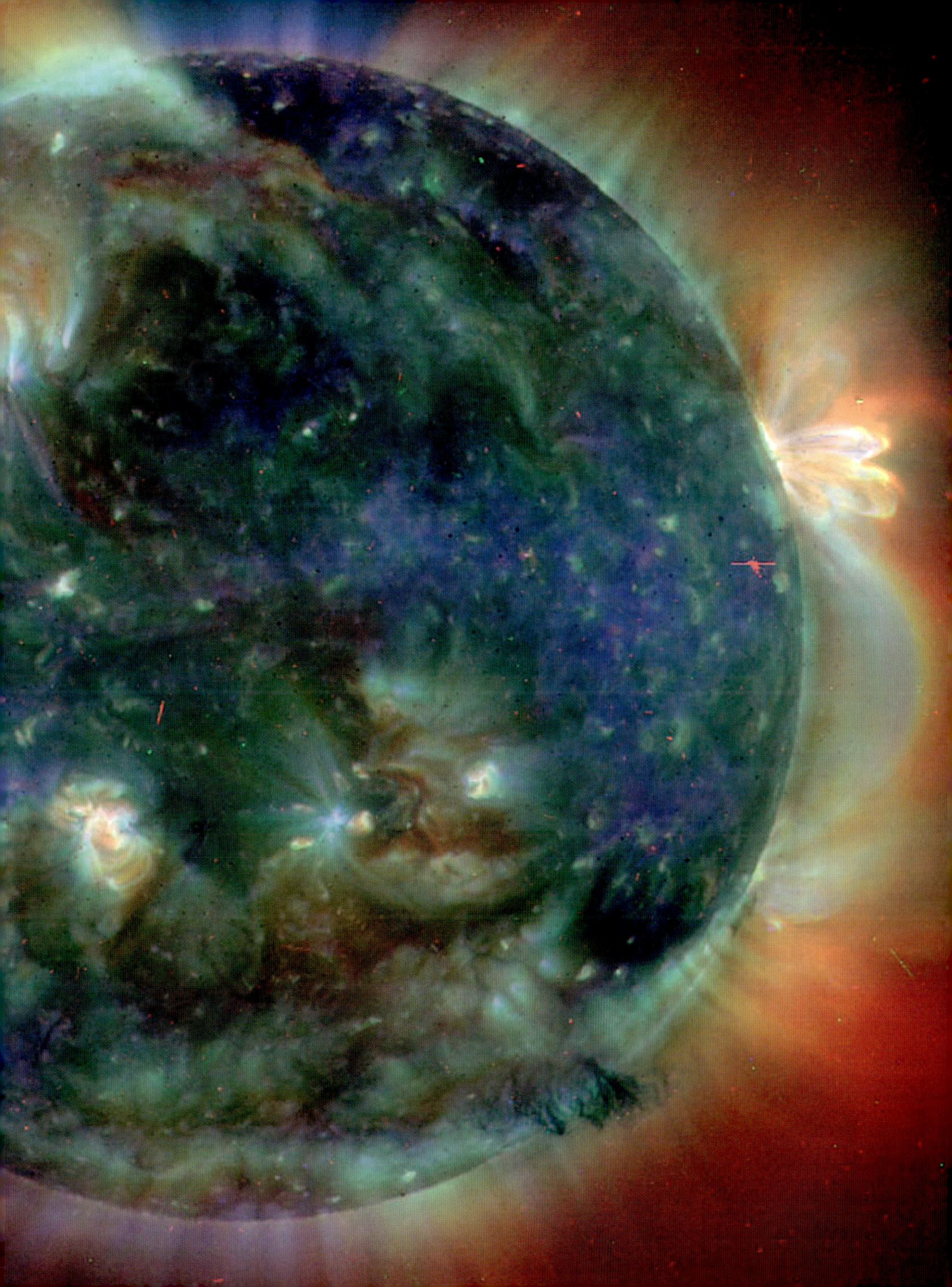

Kern der Sonne sind so stark, dass die Wasserstoffatome schmelzen und eine Kernfusion in Gang setzen, in der sie zu Heliumatomen verschmelzen. Ein Prozess, der – der Explosion einer Wasserstoffbombe nicht unähnlich – ungeheure Mengen Energie freisetzt.

Diese Energie erreicht uns als Licht. Das Sonnenlicht gelangt in Form von elektromagnetischen Wellen zur Erde, sein Spektrum umfasst Licht unterschiedlicher Wellenlängen: Nur ein kleiner Teil davon ist für unsere Augen sichtbar und kann mit einem optischen Teleskop beobachtet werden. Der Rest ist unsichtbar – Gamma- und Röntgenstrahlen, Infrarot- und ultraviolettes Licht, Radio- und Mikrowellen. Spezielle Teleskope spüren auch diese Strahlung auf.

Doch die Sonne ist mehr als ein Kernreaktor zur Energieversorgung der Erde. Ihr manchmal etwas sprunghaftes Wesen geht auf elektromagnetische Aktivität zurück. Wie die Erde, so hat auch die Sonne ein Magnetfeld mit entgegengesetztem Nord- und Südpol. Das Magnetfeld der Erde entsteht durch die Bewegung des geschmolzenen Eisens im superheißen Kern unseres Planeten. Das Magnetfeld der Sonne wird von elektrisch geladenen Teilchen im so genannten Plasma erzeugt. Die Atome im Plasma wurden durch die enorme Hitze und Strahlung im Inneren der Sonne in positiv geladene Kerne und freie Elektronen gespalten.

Die elektromagnetische Aktivität der Sonne verläuft in regelmäßigen Zyklen. Zu Beginn führen die magnetischen Feldlinien (unsichtbare Kraftlinien) in gerader Linie von Pol zu Pol. Doch die Sonne rotiert am Äquator schneller als an den Polen. Dadurch werden die Magnetfeldlinien gedehnt, der Fluss des Plasmas verwirbelt

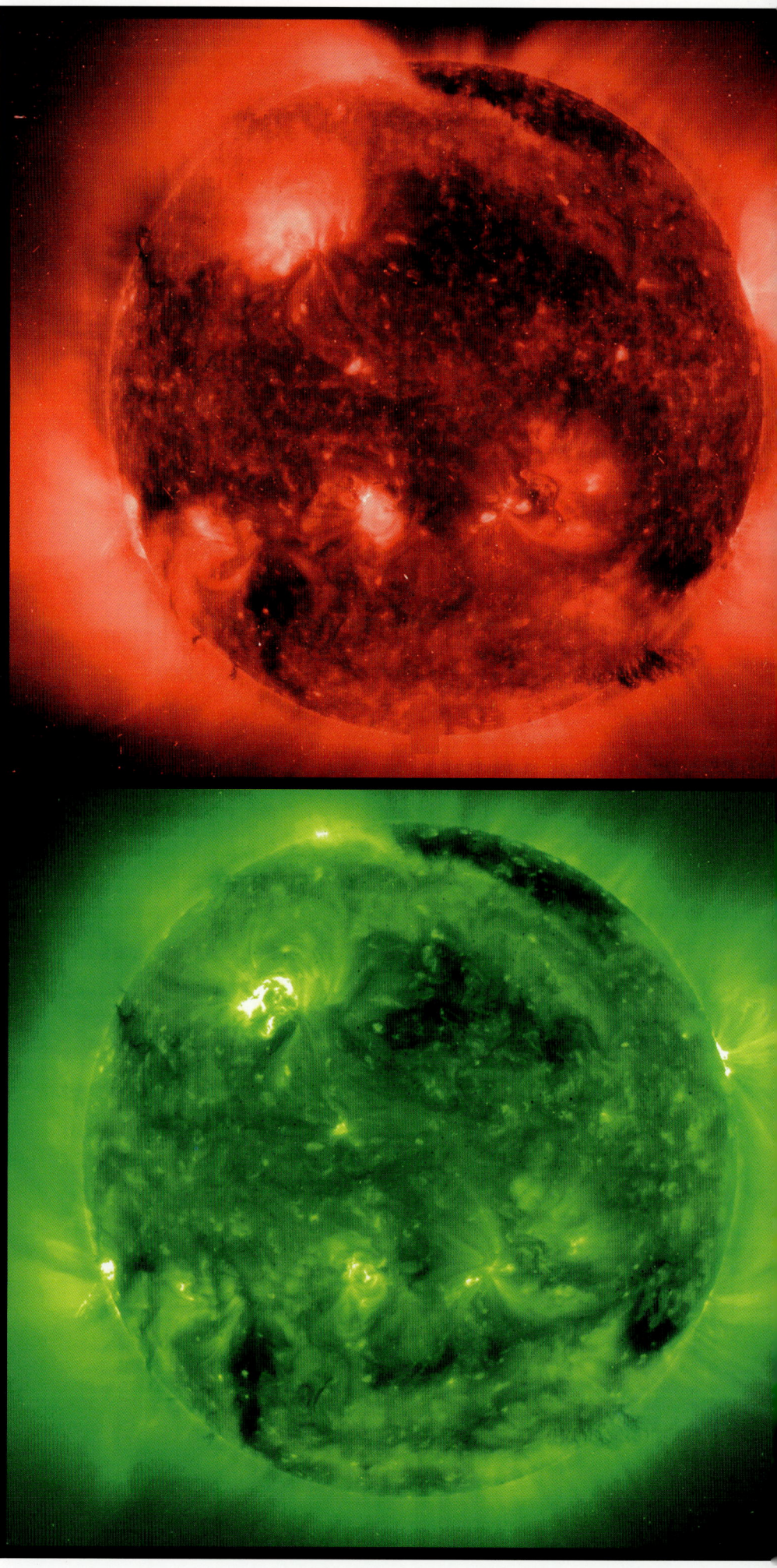

die Feldlinien, erzeugt neue Ströme, mehrere Magnetfelder. Daher ist die elektromagnetische Aktivität nicht an allen Stellen der Sonne zu allen Zeiten gleich stark. Sie steigt und fällt in einem Rhythmus von durchschnittlich elf Jahren.

Die wechselnden Magnetfelder führen zu elektrischen Stürmen an der äußeren Hülle der Sonne. Dadurch entsteht die Corona – der die Sonne umgebende Hof, 1000 Mal heißer als das Innere der Sonne. Die Magnetfeldlinien werden als Bögen, so genannte Coronale Loops, in die Corona hochgerissen, wo sie auseinanderbrechen und sich mit anderen Loops vereinigen. Dadurch wird Energie freigesetzt. Diese Erscheinungen kennen wir als Flares oder koronale Masseneruption (CME).

Irgendwann einmal wird die Sonne „ausgebrannt" sein. Aller Wasserstoff ist verbraucht, stattdessen beginnt die Sonne, Helium zu verbrennen, und nimmt an Leuchtkraft und Größe zu. Die Temperatur in unserem Sonnensystem steigt. Wenn auch das Helium verbrannt ist, wird die Sonne explodieren, dann wird sich ihr Kern zu einem Weißen Zwerg von der Größe unserer Erde verdichten. Bis dahin haben wir allerdings noch 5 Milliarden Jahre Zeit.

DIE SONNE IN ULTRAVIOLETTEM LICHT

DREI BILDER VERANSCHAULICHEN DIE UNTERSCHIEDLICHEN TEMPERATURBEREICHE AUF DER SONNE (ÜBERLAGERUNG AUF SEITE 54/55)

OBEN LINKS: INNERE CORONA
OBEN RECHTS: UNTERE INNERE CORONA
UNTEN LINKS: OBERE ÜBERGANGSREGION ZWISCHEN CHROMOSPHÄRE UND CORONA

UV-AUFNAHMEN (COLORIERT)

EIT-TELESKOP AN BORD VON SOHO

148 MILLIONEN KM ENTFERNT VOM SATELLITENOBSERVATORIUM SOHO

29. MAI 1998

150 MILLIONEN KM VON DER ERDE ENTFERNT

DIE SICHTBARE SONNE
(UNTEN RECHTS)

ECHTLICHT-AUFNAHME DER PHOTOSPHÄRE

MDI-TELESKOP AN BORD VON SOHO

29. MAI 1998

CHROMOSPHÄRE

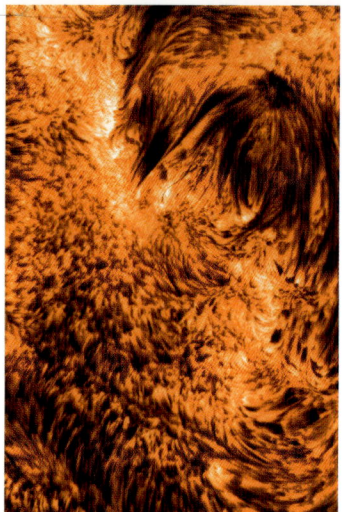

Das Wort Chromosphäre stammt aus dem Griechischen und bedeutet Farbhülle. Diesen Namen verdient die Chromosphäre aufgrund des schwachen roten Lichts, das sie abstrahlt, ähnlich dem Flackern eines Lagerfeuers. Normalerweise vom hellen Leuchten der Sonnenoberfläche überstrahlt, wird sie nur bei einer totalen Sonnenfinsternis als heller roter Ring sichtbar.

Mit einer Dicke von 2.400 km ist die Chromosphäre nach solaren Maßstäben ziemlich dünn. Wie Tinte auf bedrucktem Papier liegt sie als äußere Hülle der Sonnenoberfläche zwischen Photosphäre und Corona. Oberhalb der sichtbaren, jedoch relativ kühlen Photosphäre – jenem Teil der Sonne, wo das für uns sichtbare Licht erzeugt wird –, steigt die Temperatur in der Chromosphäre auf 9.700° C.

Aus der unregelmäßigen Chromosphäre schießen Spikulen, „Flammenzungen", mit bis zu 50.000 km/h 4.800 km in die Höhe.

SPIKULEN (OBEN)
H-ALPHA-AUFNAHME,
ECHTLICHT (COLORIERT)
SCHWEDISCHES 1M SOLARTELESKOP
16. JUNI 2003
150 MILLIONEN KM
VON DER ERDE ENTFERNT

CHROMOSPHÄRE (RECHTS)
UV-AUFNAHME (COLORIERT)
SUMER-TELESKOP
AN BORD VON SOHO
148 MILLIONEN KM ENTFERNT
VON SOHO
12. MAI 1996

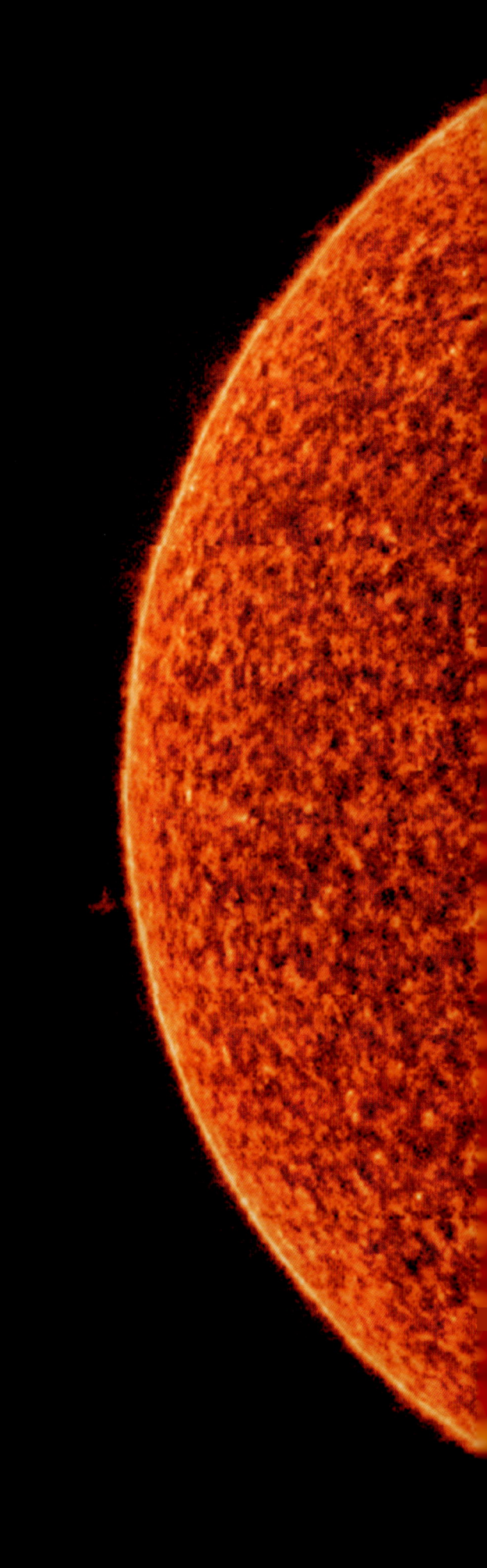

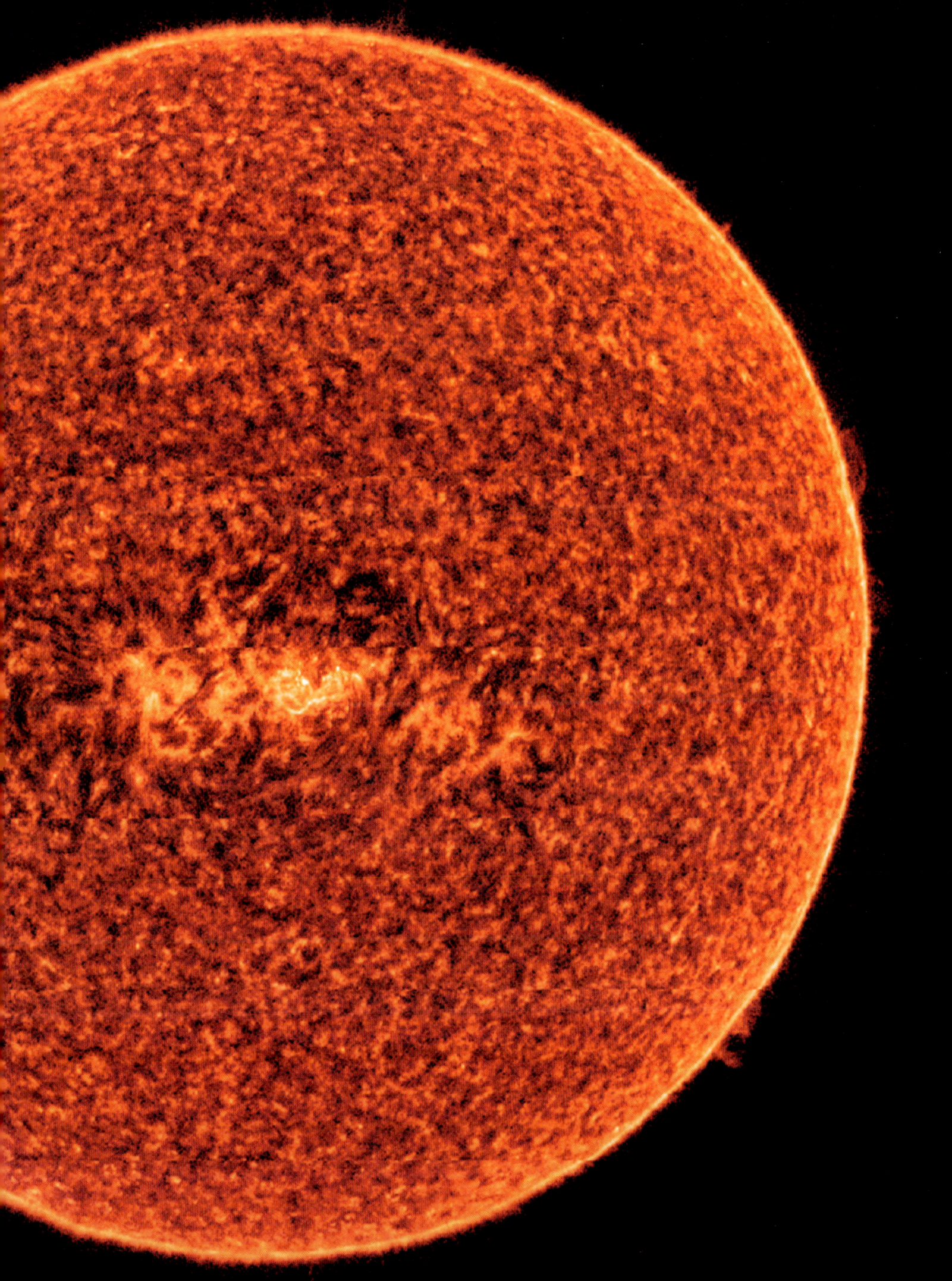

CORONA

Die Corona, lateinisch für "Krone", ist die äußerste Schicht der Sonne – ein pulsierender, lodernder Ring aus Wasserstoff, der sich Millionen Meilen weit ins All erstreckt. Ihre typische Erscheinung ist mit bloßem Auge nur während einer totalen Sonnenfinsternis, als strahlender Lichthof um die verdunkelte Sonne, zu sehen.

Die Beschaffenheit der Corona, besonders ihre extreme Hitze, war lange Zeit von Geheimnissen umgeben. Ihre Temperatur von 2 Mill.° C übersteigt bei weitem jene der Photosphäre (5.700° C) und der Chromosphäre (9.700° C), obwohl diese beiden Schichten viel näher am superheißen Kern (15 Mill.° C) der Sonne liegen. Warum ist die Corona so heiß, wenn doch die Photosphäre, jene 400 km dicke Schicht, die das für uns sichtbare Sonnenlicht ausstrahlt, dem Kern der Sonne viel näher liegt?

Die extreme Hitze wird von den Magnetfeldlinien erzeugt, die wie Flammenzungen aus dem Kern der Sonne als Coronale Loops emporschießen. Sie durchdringen die tiefer liegenden Schichten, ohne an Energie zu verlieren – gleich dem Rauch, der einen Kamin hochsteigt. Erst in der Corona brechen die Loops auseinander und gehen neue Verbindungen ein. Dadurch wird elektrisch geladenes Plasma frei, das sich in Wärmestrahlung umwandelt.

Die Corona selbst weist drei Schichten auf: eine Elektronenschicht, in der sich Elektronen mit Höchstgeschwindigkeit frei bewegen, die Staubcorona aus langsameren Partikeln und die Emissionsschicht, welche Strahlung und UV-Licht abgibt. Aufgrund der ungeheuren Hitze bewegen sich in der Corona Protonen, Neutronen und Atomkerne mit so rasender Geschwindigkeit, dass immer wieder Elektronen abgesprengt werden. Die Gase in der Corona steigen auf, bewegen sich weg vom Gravitationsfeld der Sonne und werden dadurch dünner und kühler, bis sie letztendlich in den interplanetaren Raum entweichen.

SOLARE CORONA AUF DEM HÖHEPUNKT IHRER AKTIVITÄT
SPIRALSTRUKTUREN LASSEN MAGNETFELDLINIEN ERKENNEN
RÖNTGEN-AUFNAHME (COLORIERT)
SOLARSONDE YOHKOH (IN ERDUMLAUFBAHN)
1. FEBRUAR 1992
150 MILLIONEN KM VON DER ERDE ENTFERNT

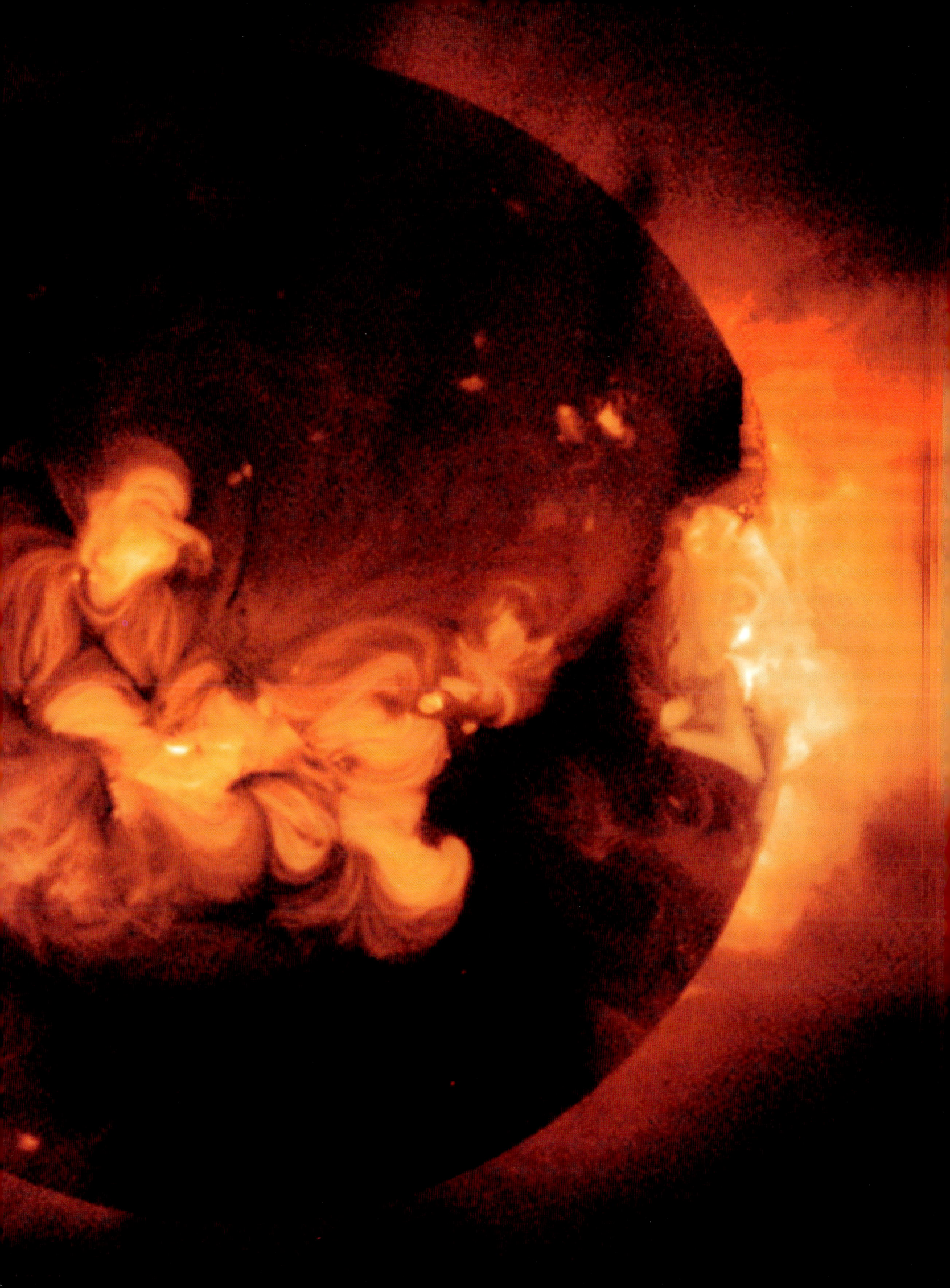

CORONALE LOOPS

CORONALE LOOPS SIND RIESIGE Bögen heißer, dichter Gase mit starkem Magnetfeld. Durch die Bewegung des Plasmas im Sonneninneren werden die Magnetfelder aufgeladen. Wenn sich die Feldlinien verwirbeln, steigen sie in die Höhe.

Am Ende durchbrechen sie die Oberfläche als Coronale Loops. An ihrer Basis bilden sich Sonnenflecken – meist paarweise, entgegengesetzt gepolt. Wie eine magnetische Autobahn verbinden die Loops diese Flecken. Das Gas wird in den Loops etwa einhundert Mal heißer als in der darunter liegenden Photosphäre, sie enthalten das heißeste Material der unteren Corona.

Coronale Loops sind höchst explosiv. Führt man zwei stromführende Drähte zusammen, kommt es zu elektrischer Entladung. In ähnlicher Weise werden die Loops vom Plasma an ihren Basen hin und her geschüttelt. Berühren sie dabei einen anderen Loop, bricht die Hölle los. Sie können die in ihnen aufgestaute elektrische Energie nicht halten, brechen auseinander und verbinden sich anschließend zu einer neuen Form auf niedrigerem Energielevel. Die überschüssige Energie entweicht in einer gewaltigen Explosion, einem solaren Flare, und reißt dabei gigantische Plasmamassen mit sich – eine Coronale Masseneruption.

CORONALE LOOPS
(UNTEN)

ZWEI STUNDEN NACH EINEM SOLAREN FLARE KÜHLEN DIE LOOPS AB

EXTREM-UV-AUFNAHME (COLORIERT)

TRACE SATELLIT (IN ERDUMLAUFBAHN)

19. APRIL 2001

150 MILLIONEN KM VON DER ERDE ENTFERNT

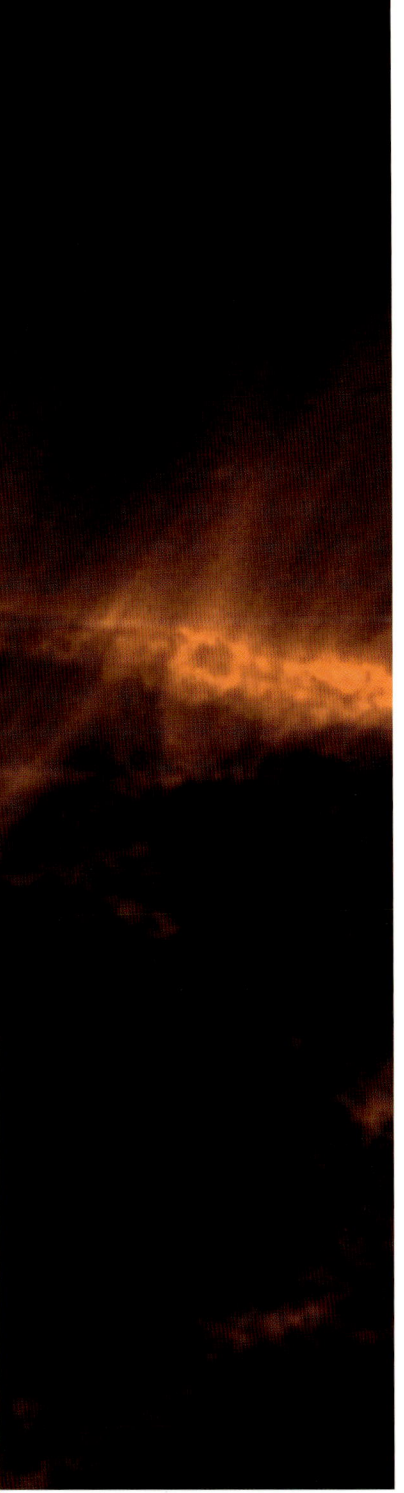

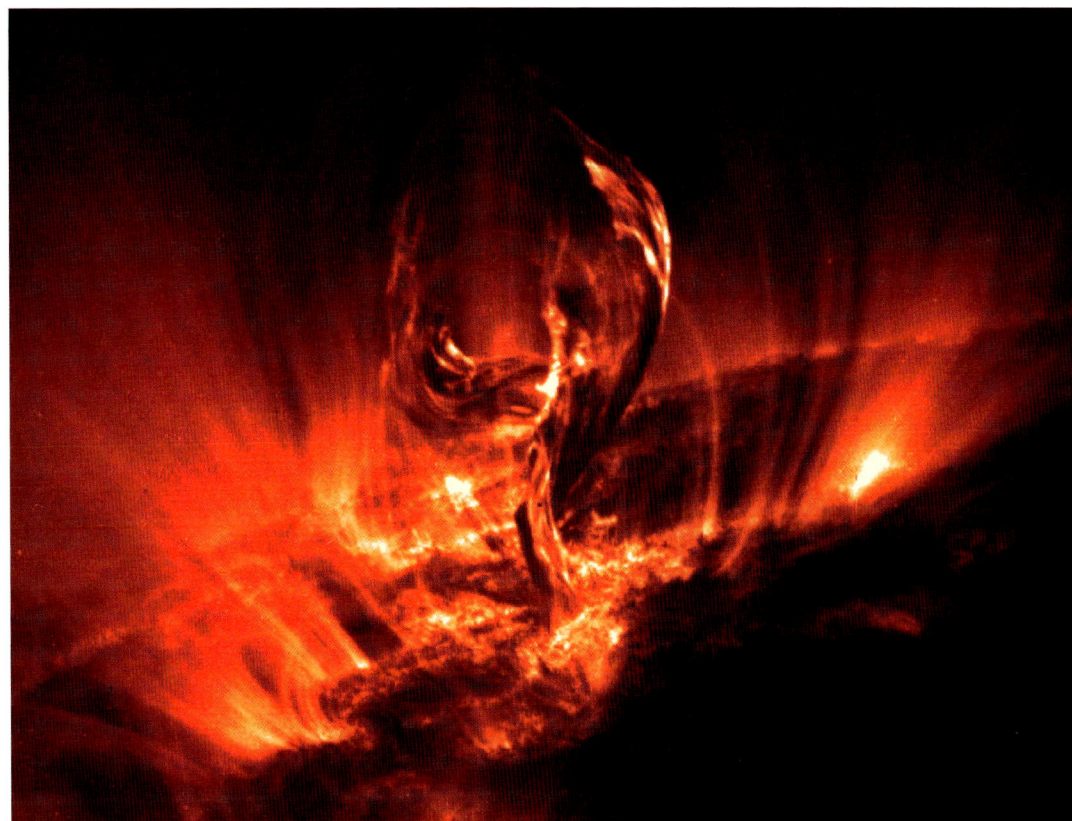

CORONALE MASSENERUPTION

CORONALE MASSENERUPTIONEN (CME) sind die gewaltigsten und dramatischsten Sonnenereignisse. Sie entstehen durch die Neuordnung der Magnetfeldlinien, sind groß, schnell und zerstörerisch. Bei diesen Eruptionen werden elektrisch geladene Teilchen (Plasma) aus dem Magnetfeld der Sonne in ihre obere Atmosphäre geschleudert. Innerhalb von Stunden kann eine solche Eruption größere Dimensionen annehmen als die Sonne selbst.

Im Herzen einer solchen Eruption werden Milliarden Tonnen geladener Partikel auf bis zu 500 km pro Sekunde beschleunigt. Da sich einige der schnelleren CMEs in den interplanetaren Raum ausweiten, kann dies zu Schockwellen führen, die Ionen beinahe mit Lichtgeschwindigkeit in den Sonnenwind feuern.

Stellen Sie sich eine Massenkarambolage auf der Autobahn vor: Ein Auto kracht mit ungeheurer Kraft und Geschwindigkeit in ein anderes, das nächste folgt, und noch eines, immer mehr. Das Ergebnis ist katastrophal – wie die Auswirkungen einer CME. Gelangt das geladene Plasma in das Magnetfeld der Erde, können geomagnetische Stürme auftreten, Satelliten werden beschädigt, die Kommunikation wird unterbrochen und es treten jene polaren Lichtspiele auf, die wir als Aurora kennen.

Die faserartige Struktur im Bild oben zeigt das Anwachsen eines Systems Coronaler Loops. Die Loops heizen sich auf, steigen nach oben, die Filamente brechen als Coronale Masseneruption aus der Sonne hervor. Die kühleren Filamente reißen heißes coronales Plasma mit sich ins All. Das Resultat: eine Mischung aus kühleren und heißen Ionen, wobei die heißen Ionen, z. B. Wasserstoff, leichter sind als die kühleren. Diese kalten Ionen, wie z. B. Eisen, sind verantwortlich für die elektrischen Störungen während eines Sonnensturms.

Wie andere Sonnenaktivitäten, z. B. Flares oder Sonnenflecken, treten Coronale Masseneruptionen ebenfalls in einem ca. elfjährigen Zyklus auf, an seinem Höhepunkt ein- bis zweimal täglich.

FILAMENTE EINES CORONALEN LOOPS BRECHEN ALS CORONALE MASSENERUPTION AUS (OBEN)

DIE GESAMTE ERDKUGEL WÜRDE LEICHT IN EINEN DER ARME DIESES 121.000 KM HOHEN SOLAREN GEBILDES PASSEN

EXTREM-UV-AUFNAHME (COLORIERT)

TRACE SATELLIT (IN ERDUMLAUFBAHN)

19. JULI 2000

150 MILLIONEN KM VON DER ERDE ENTFERNT

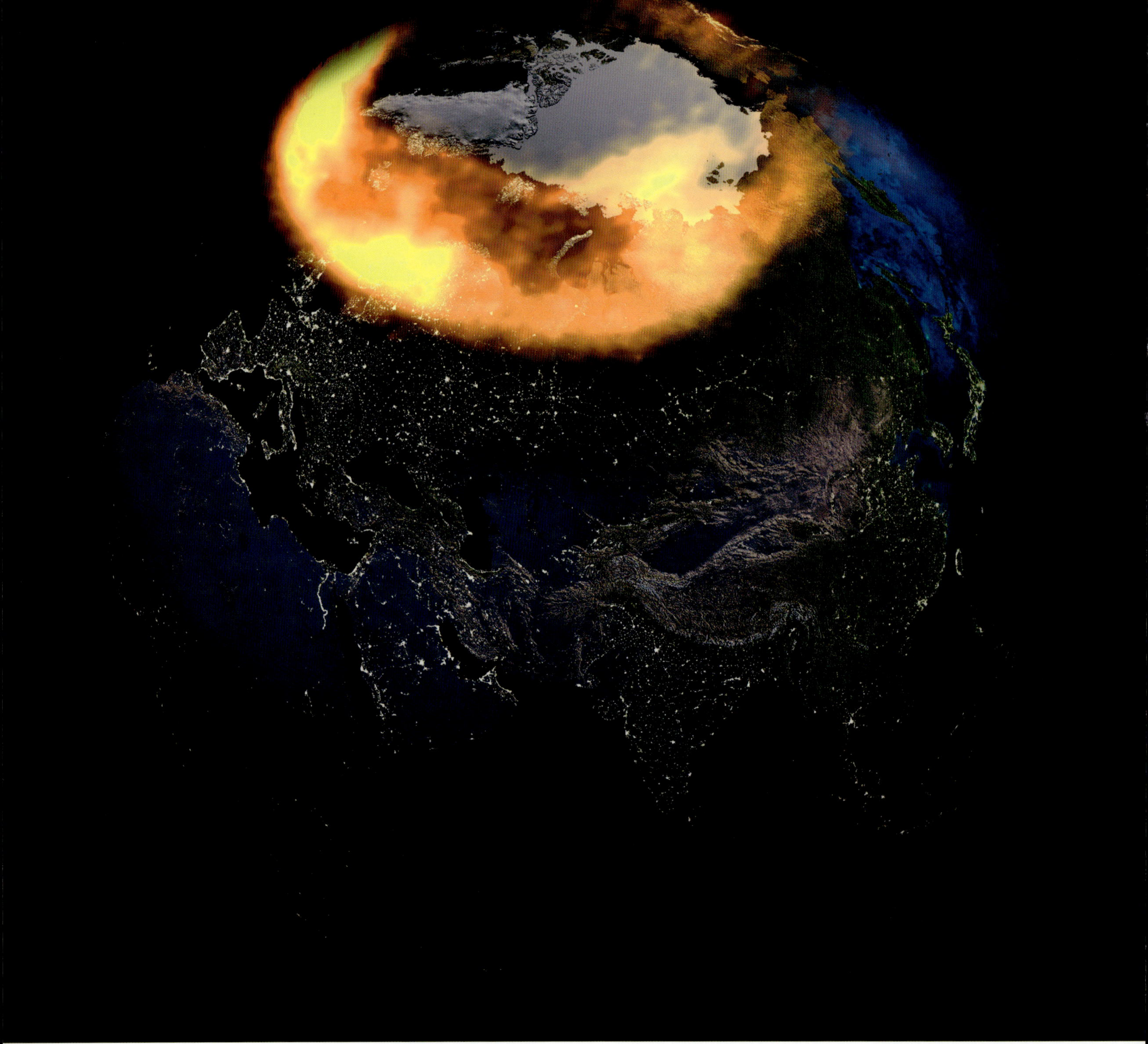

AURORA

AURORA BOREALIS
ECHTLICHT-AUFNAHME DER ERDE ÜBERLAGERT VON EINER UV-AUFNAHME DER AURORA

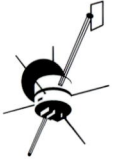
AURORA: NASA POLAR-SATELLIT
ERDE: SATELLIT TERRA UND DMSP-SATELLIT

17. SEPTEMBER 2000
AURORA: 54.000 KM VOM POLARSATELLITEN ENTFERNT
ERDE: 241 KM UNTERHALB DER AURORA

Polarlichter (Auroras) sind die größten und eindrucksvollsten Lichterscheinungen in der Erdatmosphäre — wunderschön, aber auch gefährlich. Wie bei den Feuerwerken zum chinesischen Neujahrsfest oder beim Karneval in Rio erhellt sich der Himmel in den strahlendsten Farben.

Polarlichter treten in den Polregionen der Erde auf und werden dementsprechend — nach der römischen Göttin der Morgenröte — Aurora Borealis (Nordlicht) und Aurora Australis (Südlicht) genannt. Doch anstatt ein gespiegeltes Abbild ein und derselben Erscheinung zu sein, unterscheiden sich Nord- und Südlicht deutlich in Ablauf und Intensität.

Wenn geladene Teilchen, Protonen und Elektronen, aus einer Coronalen Masseneruption ins All geschleudert werden und

gegen die Atome in der oberen Atmosphäre eines Planeten prallen, sehen wir eine Aurora – eine elektrische Reaktion. Die Sonnenpartikel stoßen mit den Sauerstoff- und Stickstoffatomen der Erdatmosphäre zusammen und geben dabei einen Teil ihrer Energie an diese ab. In dem Bestreben, wieder in den Normalzustand zurückzukehren, strahlen die Atome die überschüssige Energie als farbiges Leuchten ab. Doch die Sonnenpartikel wirken auch störend auf Satelliten und die terrestrische Stromversorgung.

Die Farben der Aurora hängen davon ab, welches Atom in welcher Höhe von den Elektronen getroffen wird. Sauerstoff erzeugt in etwa 100 km Höhe grünes, darüber rotes Licht. Neutrale Stickstoffatome strahlen rosa, ionisierter Stickstoff blau oder violett.

Die Lichter zieren nur den kalten Himmel über den Polen, denn die Energie der Auroras wird von den Magnetfeldlinien der Erde in das typische Oval um unsere Pole gelenket.

Auch auf anderen Planeten, darunter Saturn und Jupiter, werden Auroras beobachtet: Beide haben ein starkes Magnetfeld und eine Atmosphäre, die von elektrisch geladenen Teilchen aufgeladen werden kann.

AURORA BOREALIS UND AURORA AUSTRALIS AUF DEM SATURN

WIE EIN VORHANG ERHEBEN SICH DIE AURORAS AN DEN POLEN UND SCHWEBEN 1.600 KM ÜBER DEN WOLKEN

UV-AUFNAHME

HUBBLE-WELTRAUMTELESKOP (IN ERDUMLAUFBAHN)

OKTOBER 1997

1,3 MILLIARDEN KM VON DER ERDE ENTFERNT

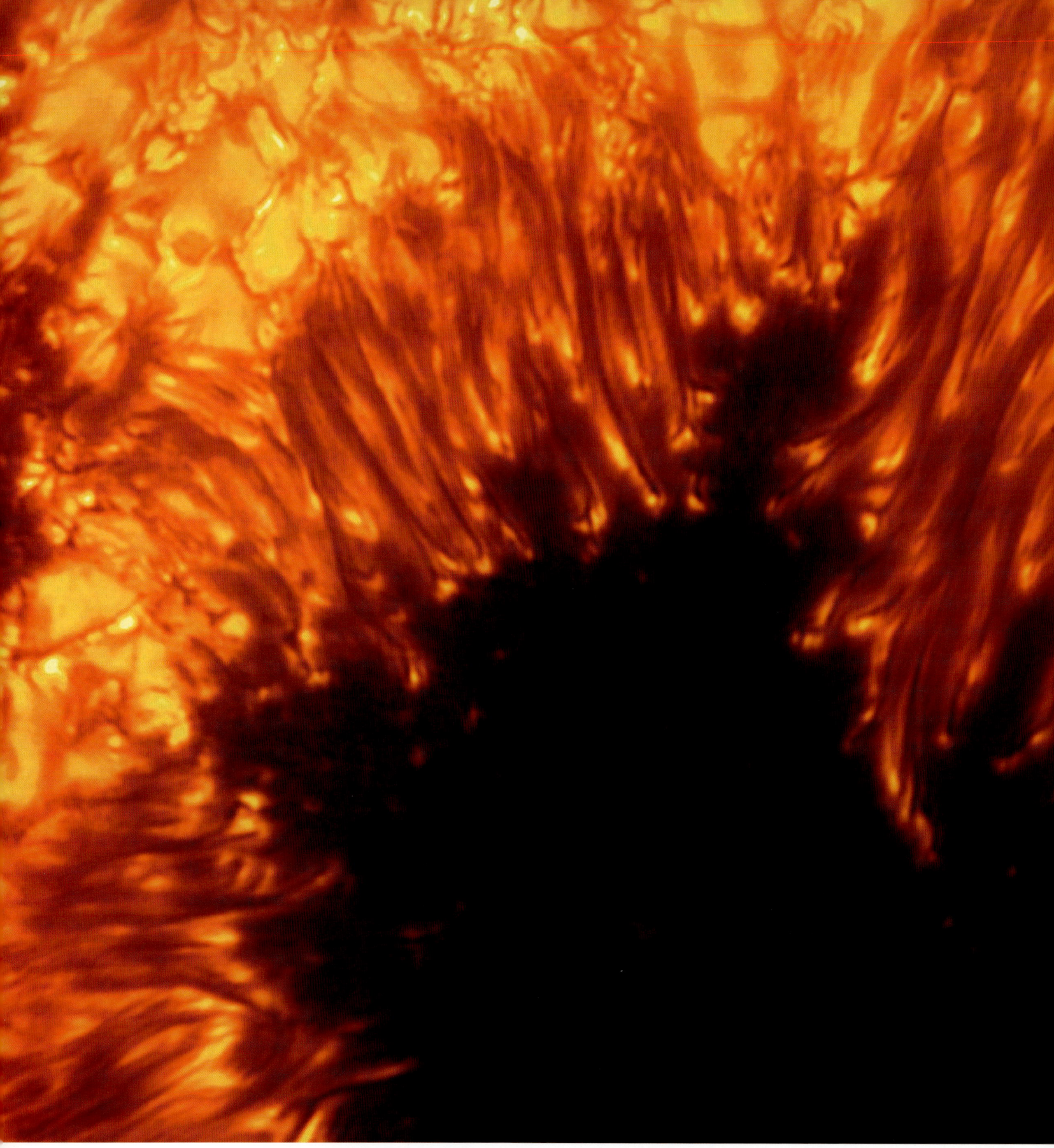

SONNEN-FLECKEN

Wie bei einem Stromausfall in einer Sommernacht mitten in der Stadt fallen auf der hellen Oberfläche der Sonne, der Photosphäre, dunkle Stellen auf – die Sonnenflecken. Während es in den stromlosen Häusern allerdings nach wie vor genauso warm ist wie im restlichen Teil der Stadt, ist der Bereich eines Sonnenflecks deutlich kühler als die Photosphäre um ihn herum.

Was verursacht diese dunklen, kalten Stellen? Ebenso, wie Stromausfälle meist auf zu große, nicht mehr zu bewältigende Belastung zurückzuführen sind, treten Sonnenflecken in Gebieten mit übergroßer magnetischer Aktivität auf. Wenn sich riesige Bündel magnetischer Feldlinien als Coronale Loops von der Sonne lösen, wird ein Magnetfeld erzeugt, das den Wärmefluss unterbindet. Die so entstandene kalte Stelle an der Oberfläche ist mit bloßem (geschütztem!) Auge erkennbar: ein Sonnenfleck. Während des elfjährigen Zyklus reicht die Zahl der sichtbaren Sonnenflecken von nur wenigen an der Talsohle bis zu mehr als 200 am Gipfel der magnetischen Aktivität der Sonne. Die Sonnenflecken treten oft paarweise mit entgegengesetzter Polarität auf.

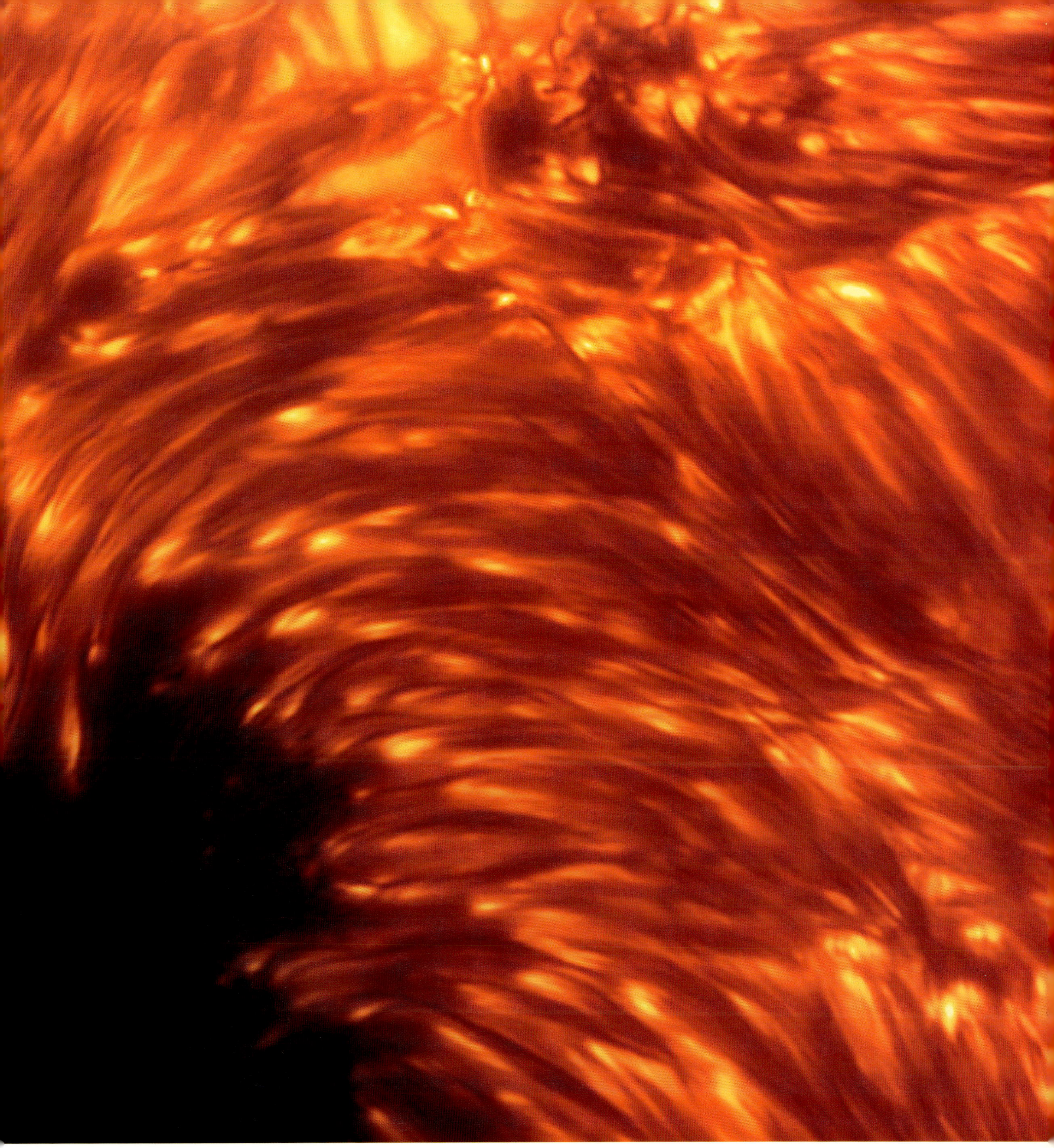

SONNENFLECK IN REGION 10030
ECHTLICHT-AUFNAHME (COLORIERT)
SCHWEDISCHES 1M SOLARTELESKOP
15. JULI 2002
150 MILLIONEN KM VON DER ERDE ENTFERNT

FLARE

Jene heftigen Ausbrüche von Energie und Materie, die rund um Sonnenflecken zu beobachten sind und einen plötzlichen Lichtblitz erzeugen, nennt man Flares. Es sind die gewaltigsten Explosionen in unserem Sonnensystem. Das Plasma in der Sonnenatmosphäre wird auf viele Millionen Grad erhitzt, elektrisch geladene Wasserstoffteilchen beschleunigen fast bis auf Lichtgeschwindigkeit. Die Schockwelle des Flares kann Stunden anhalten.

Wissenschaftler nehmen an, dass Flares entstehen, wenn Feldlinien auseinanderreißen und sich wieder neu bilden. Dabei wird ein hohes Maß magnetischer Energie in der Corona frei. Nach Dr. Brian R. Dennis, Astrophysiker am Goddard Space Flight Center, entspricht die Energie der größten Flares etwa 100 Milliarden Hiroshima-Bomben.

Auch Flares treten infolge des elfjährigen Aktivitätszyklus der Sonne nahe an dessen Höhepunkt mit verstärkter Heftig- und Häufigkeit auf.

Da Flares und Coronale Masseneruptionen oft gemeinsam zu beobachten sind, scheint zwischen beiden Phänomenen ein Zusammenhang zu bestehen. Doch die energiegeladenen Teilchen nach einem Flare bleiben meist im Nahbereich der Sonne, CME-Partikel schießen fast mit Lichtgeschwindigkeit von der Sonne weg in den interplanetaren Raum und stellen vermutlich eine Gefahr für die Raumfahrt dar.

Der Zusammenhang zwischen Flares und CMEs ist noch nicht völlig erforscht, doch die Sicherheit zukünftiger Raumfahrtprojekte erfordert die verstärkte Beschäftigung mit den Auswirkungen dieser gigantischen Phänomene.

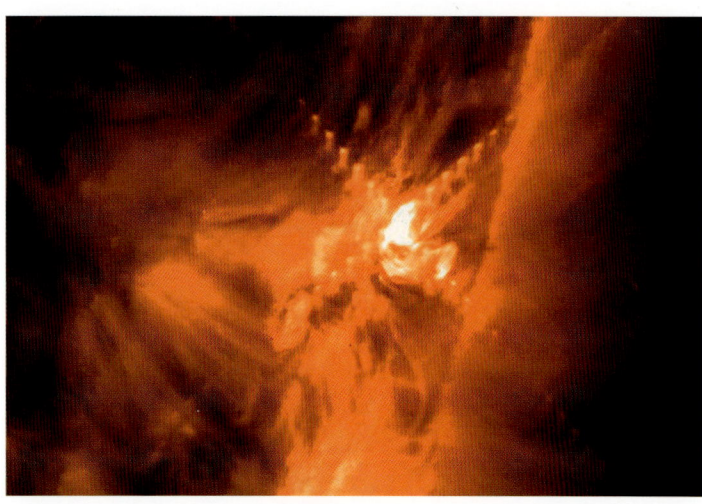

SOLARFLARE - ERUPTIONEN SCHLEUDERN MATERIAL VON NORDWEST NACH SÜDWEST

DIE KREUZFÖRMIG ANGEORDNETEN PUNKTE SIND LICHTEFFEKTE, HERVORGERUFEN VON DER EXTREMEN HELLIGKEIT DES FLARES

EXTREM-UV-AUFNAHME (COLORIERT)

TRACE-SATELLIT (IN SONNEN-SYNCHRONER UMLAUFBAHN)

16. MAI 1999

150 MILLIONEN KM VON DER ERDE ENTFERNT

FLARE

DIE WEISSE, GERADE LINIE IST EIN ABBILDUNGSFEHLER, HERVORGERUFEN VON DER EXTREMEN HELLIGKEIT DES FLARES

EXTREM-UV-AUFNAHME (COLORIERT)

EIT-TELESKOP AN BORD VON SOHO

148 MILLIONEN KM VON SOHO ENTFERNT

4. NOVEMBER 1997

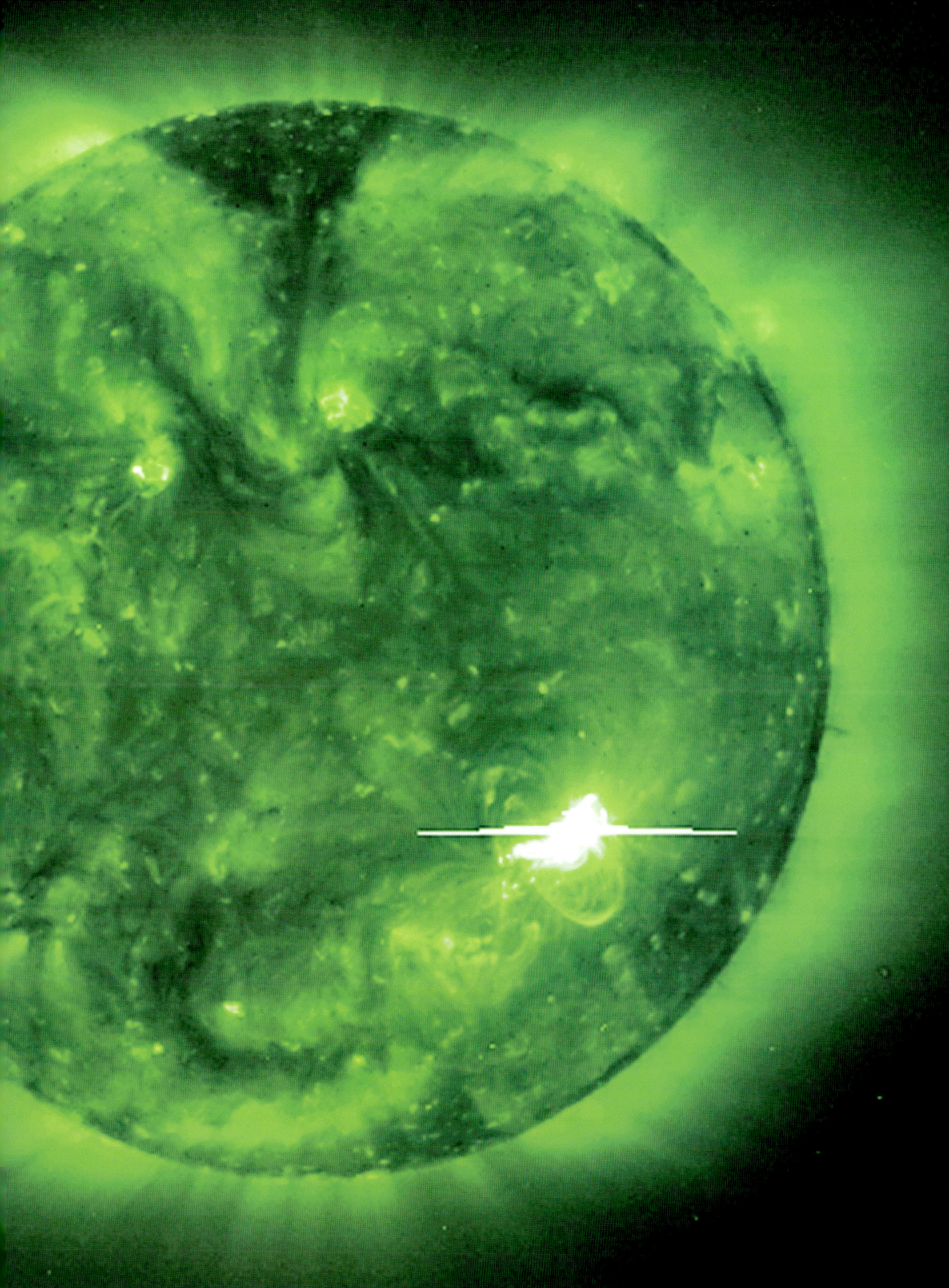

PROTUBERANZ

Eine Protuberanz erhebt sich als helle Gaswolke vom Rand der Sonne. Es gibt verschiedene Arten solcher Gaswolken und flammenartigen Erscheinungen in der Corona. Allen gemeinsam ist, dass sie eine höhere Dichte und geringere Temperatur aufweisen als ihre Umgebung.

Die Pilze so genannter aktiver Protuberanzen kann man mit der Rauch und Feuer speienden Explosion einer Tankstelle vergleichen. Man findet sie in jenen Gebieten, wo auch Flares und Sonnenflecken auftreten. Diese Protuberanzen sind sehr aktiv und bewegen sich wie ein Wirbelsturm. Als Welle, Bogen oder Fontäne steigen sie von der Oberfläche der Sonne zehntausende Kilometer empor.

Eruptive Protuberanzen entstammen denselben gewaltigen Ursprüngen wie Coronale Masseneruptionen (elektrisch geladene Teilchen, die sich durch die Verwirbelung der Magnetfeldlinien teilen und neu verbinden). Tatsächlich wird eine CME von eruptiven Protuberanzen begleitet. Ihre vergängliche Natur lässt sie jedoch bald auseinanderfallen.

So genannte ruhende Protuberanzen sind stabilere Strukturen, dauern oft Wochen, sogar Monate. Dabei driften sie weg von den aktiven Regionen und entlang magnetisch neutraler Linien. Ruhende Protuberanzen können sich bis zu 50.000 km über die Oberfläche der Sonne erheben.

SOLARE PROTUBERANZEN
AUS 4 EXTREM-
UV-AUFNAHMEN
ZUSAMMENGEFÜGT
(COLORIERT)
EIT-TELESKOP AN BORD
DES SOHO-SATELLITEN
148 MILLIONEN KM
VON SOHO ENTFERNT
DATEN (IM UHRZEIGER-
SINN VON LINKS OBEN):
15. MAI 2001,
28. MÄRZ 2000,
18. JANUAR 2000,
2. FEBRUAR 2001
150 MILLIONEN KM
VON DER ERDE ENTFERNT

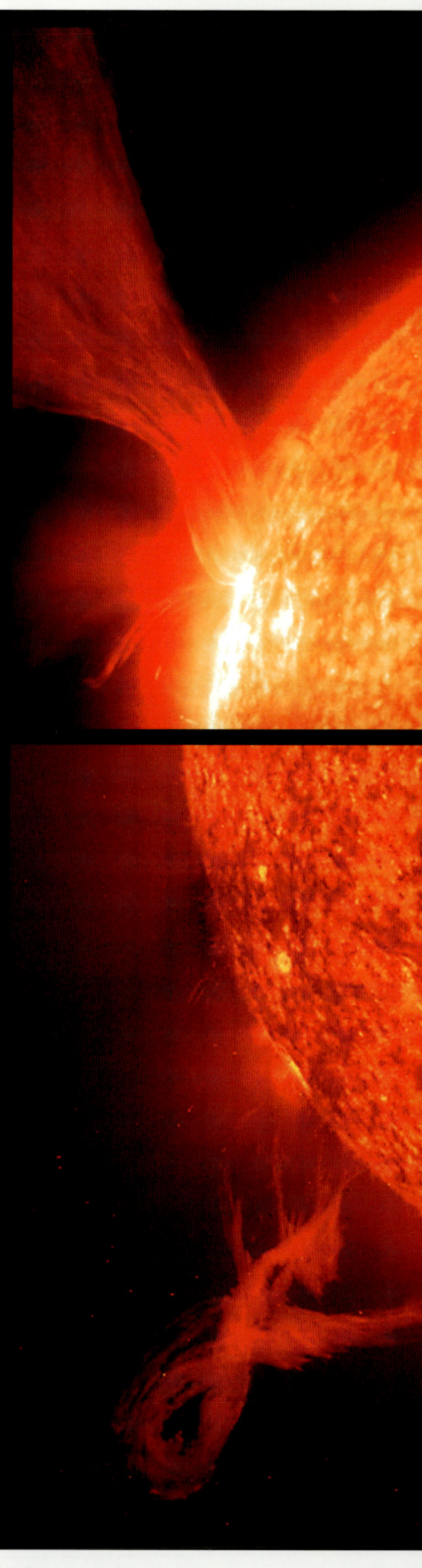

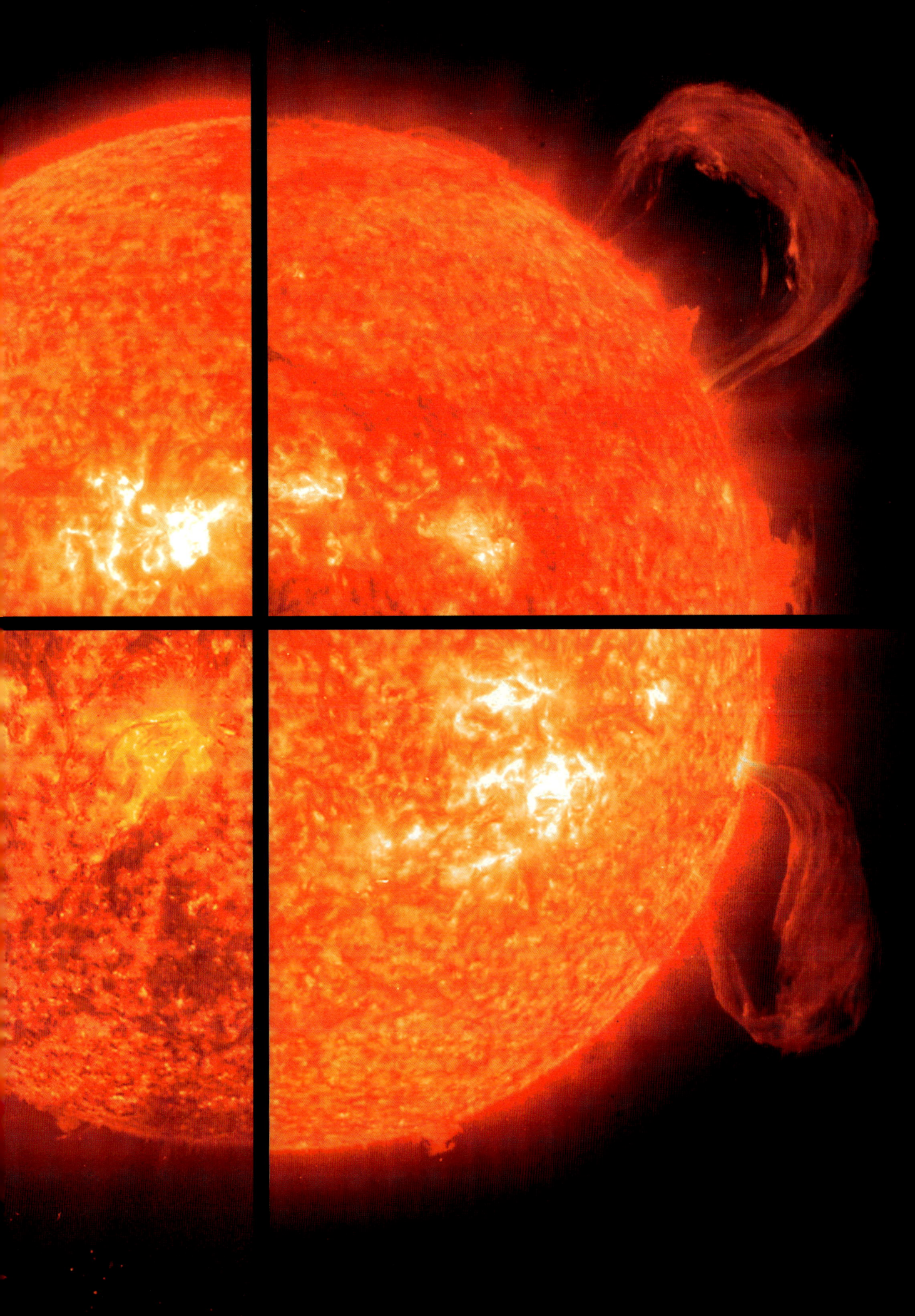

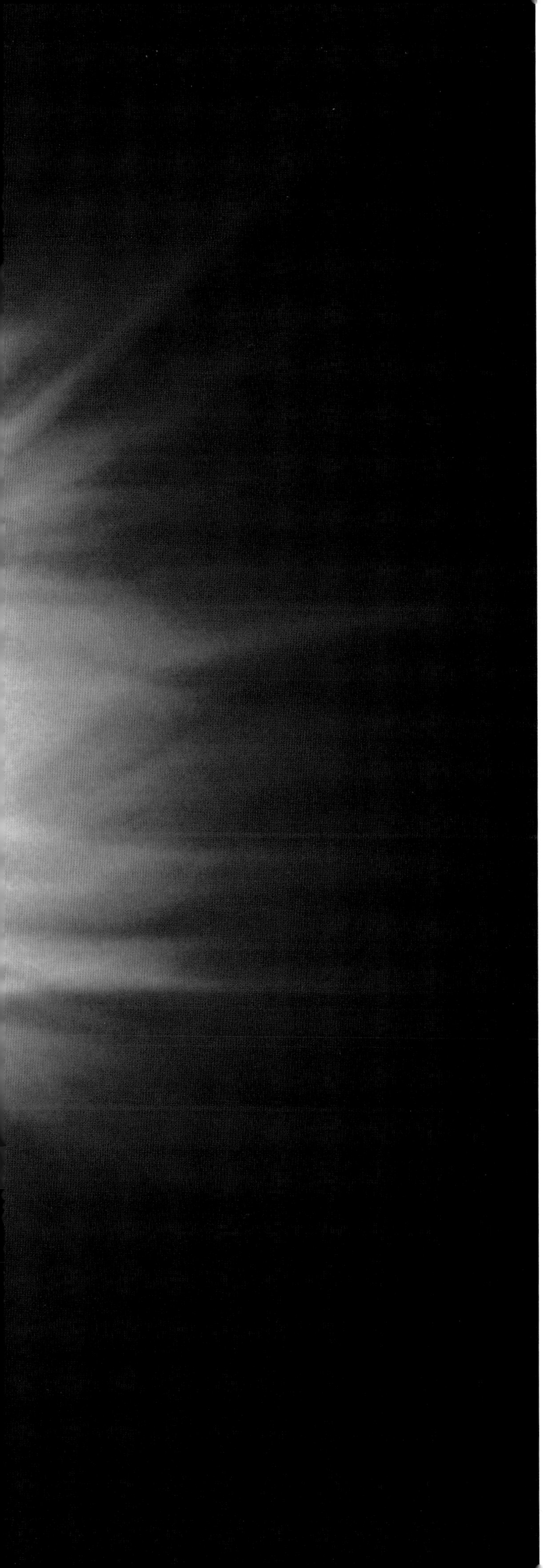

EKLIPSE

Von Zeit zu Zeit wird uns die Sicht auf einen Himmelskörper von einem anderen Himmelskörper, der sich davor schiebt, verstellt, ein andermal verbirgt er ihn durch seinen Schatten. Solche Erscheinungen nennt man Eklipsen.

Die Verdunklung mag folgendes Bild verdeutlichen: Sie fahren die Landstraße entlang, die Sonne steht am Horizont, vor Ihnen die offene Straße. Plötzlich werden Sie von einem tonnenschweren LKW überholt. Die Sicht nach vorne ist Ihnen genommen, sie tauchen in den Schatten.

Schiebt sich der Mond zwischen Sonne und Erde, kann das Sonnenlicht die Erde an manchen Stellen nicht erreichen, es kommt zu einer Sonnenfinsternis. Bei einer totalen Sonnenfinsternis wird die gesamte Sonnenscheibe verdeckt und der schwache Lichthof der Sonne, die Corona, wird sichtbar. Verdeckt der Mond nur einen Teil der Sonnenscheibe, nennen wir das Ereignis partielle Sonnenfinsternis.

Schiebt sich dagegen die Erde zwischen Sonne und Mond, nehmen wir eine Mondfinsternis wahr. Bei einer totalen Mondfinsternis tritt der Mond zur Gänze in den Erdschatten ein. Allerdings wird der Mond bei einer totalen Finsternis selten unsichtbar. Typischer Weise färbt er sich rot, denn ein kleiner Teil des Sonnenlichts wird von der Erde reflektiert, wird gebrochen und trifft den Mond. Während einer partiellen Mondfinsternis gerät der Mond nur zum Teil in den Erdschatten.

Eklipsen kann man praktisch zu jeder Zeit beobachten, es hängt allein vom Standpunkt des Betrachters ab. Schiebt sich zum Beispiel ein Himmelskörper zwischen Sie selbst und einen Stern, beobachten Sie eine Eklipse.

TOTALE SONNENFINSTERNIS – DIE SONNE VERSCHWINDET ZUR GÄNZE HINTER DEM MOND, DIE CORONA IST GUT ZU ERKENNEN

DER MOND WIRD VON SONNENLICHT BELEUCHTET, DAS VON DER ERDE REFLEKTIERT WIRD

MONTAGE AUS 22 ECHTLICHT-AUFNAHMEN

FRED ESPENAK MIT EINEM 90MM REFRAKTORTELESKOP

11. AUGUST 1999

384.403 KM DISTANZ VON DER ERDE ZUM MOND

DIE SONNE IM SCHATTEN DER ERDE

Diese seltene Aufnahme zeigt eine Verfinsterung der Sonne durch die Erde. Das Phänomen ist deshalb so einzigartig, weil man es nur im All beobachten kann. Die Aufnahme gelang der Mannschaft von Apollo 12 bei der Rückkehr vom Mond im November 1969. Als das Raumschiff auf seiner Flugbahn in den Erdschatten eintrat, wurde die Sonne von der Erde verdeckt, „verfinstert".

Zu diesem Zeitpunkt war an Bord von Apollo 12 bereits alles auf den Wiedereintritt in die Erdatmospäre konzentriert. Als daher von der Bodenkontrolle die Anweisung kam, das spektakuläre Ereignis zu fotografieren, war höchste Eile geboten. Laut Captain Alan Bean hielt man sich nicht lange mit der Berechnung von Brennweite und Belichtungszeit auf, sondern drückte einfach auf den Auslöser: „Wir hofften, irgendetwas würde schon zu sehen sein." Und tatsächlich – es war etwas zu sehen.

Diese Astronauten sind die einzigen Menschen, die jemals die Verfinsterung der Sonne durch die Erde sehen, geschweige denn fotografieren konnten.

DIE SONNE IM ERDSCHATTEN VOM ALL AUS GESEHEN
ECHTLICHT-AUFNAHME
70MM HASSELBLAD
AUS DER HAND
APOLLO 12
24. NOVEMBER 1969
48.000 KM ENTFERNUNG ZWISCHEN APOLLO 12 UND DER ERDE

PLANETEN
SIE FOLGEN EINEM STERN

PLANETENBILDENDE SCHEIBE RUND UM AU MICROSCOPIUM (LINKS)
DAS SPINDELFÖRMIGE OBJEKT IST DIE SEITENANSICHT EINER SCHEIBE IM ENDSTADIUM DER PLANETENBILDUNG UM EINEN NEUGEBORENEN STERN (DER DUNKLE BEREICH IN DER MITTE)
ECHTLICHT-AUFNAHME
HUBBLE-WELTRAUMTELESKOP (IN ERDUMLAUFBAHN)
3. APRIL 2004
33 LICHTJAHRE VON DER ERDE ENTFERNT

STELLARE KINDERSTUBE IM NEBEL RCW 49 (RECHTS)
JUNGE STERNE UMGEBEN VON STAUBSCHEIBEN, DIE ZU PLANETEN WERDEN KÖNNTEN
INFRAROT-AUFNAHME
SPITZER WELTRAUMTELESKOP (IN ERDNAHEM SONNENORBIT)
23. DEZEMBER 2003
13.700 LICHTJAHRE VON DER ERDE ENTFERNT

NEUN PLANETEN UMKREISEN DIE Sonne in unserem „Viertel" im All. Merkur, Venus, Erde und Mars heißen die vier inneren Planeten. Sie liegen der Sonne am Nächsten. Man nennt sie terrestrische Planeten, da sie alle eine feste, mineralische Oberfläche haben. Die äußeren Planeten – Jupiter, Saturn, Uranus und Neptun – bestehen zum Großteil aus Wasserstoff und Helium und werden daher Gasplaneten genannt. In weiter Ferne liegt der Eisplanet Pluto: mit fester Oberfläche, von Eis bedeckt.

„Planet" kommt aus dem Griechischen und bedeutet Wanderer: Antike Astronomen nahmen Jupiter, Mars, Merkur, Venus und Saturn als Lichtpunkte wahr, die zwischen den Sternen an der Erde vorbeizogen. Die anderen Planeten, Uranus, Neptun und Pluto, mussten mit ihrer Entdeckung auf die Teleskope der Neuzeit warten.

Die Geburt von Planeten geht Hand in Hand mit der Geburt eines Sterns. Ein Stern entsteht in einer dichten Wolke aus Gas und Staub in einem Nebel. Wenn der Stern in seinem Nest heranwächst, umgibt er sich mit einer flachen Staubscheibe. Durch Rotation entstehen Planeten.

Der rotierende Urnebel aus kleinsten Materiekörnchen ist der Beginn eines Sonnensystems. Im inneren Bereich findet man vor allem Körnchen aus Magnesium, Silikaten und Eisen. Dort bilden sich Gesteinsplaneten mit fester Oberfläche. Im äußeren Bereich sind die Teilchen tausendmal häufiger. Sie bestehen aus dem Eis von Wasser, Ammoniak und Methan, sodass Gasriesen entstehen.

Durch sanfte Kollision lagern sich die Teilchen zusammen. Ab einer Größe von 1000 Metern wird die Eigengravitation dieser Planetenkeime stark genug, um mehr und mehr Material anzuziehen. So kann sich im Lauf von etwa 100 Millionen Jahren ein „echter" Planet bilden.

Die ausgefeilten Instrumente des Spitzer Weltraumteleskops, das 2003 gestartet wurde, haben die Erkenntnisse über die Entstehung von Planeten entscheidend vorangetrieben. Im Sternbild Schütze, 13.700 Lichtjahre entfernt, entdeckte Spitzer das Sternentstehungsgebiet RCW 49 (rechts): Die Existenz Planeten bildender Staubscheiben um einen Stern wurde bewiesen. Man vermutet 300 und mehr solcher „Planetenbaustellen" im Universum.

2003 entdeckte man eine Scheibe aus Planeten bildendem Staub um den jungen Roten Zwerg AU Microscopium.

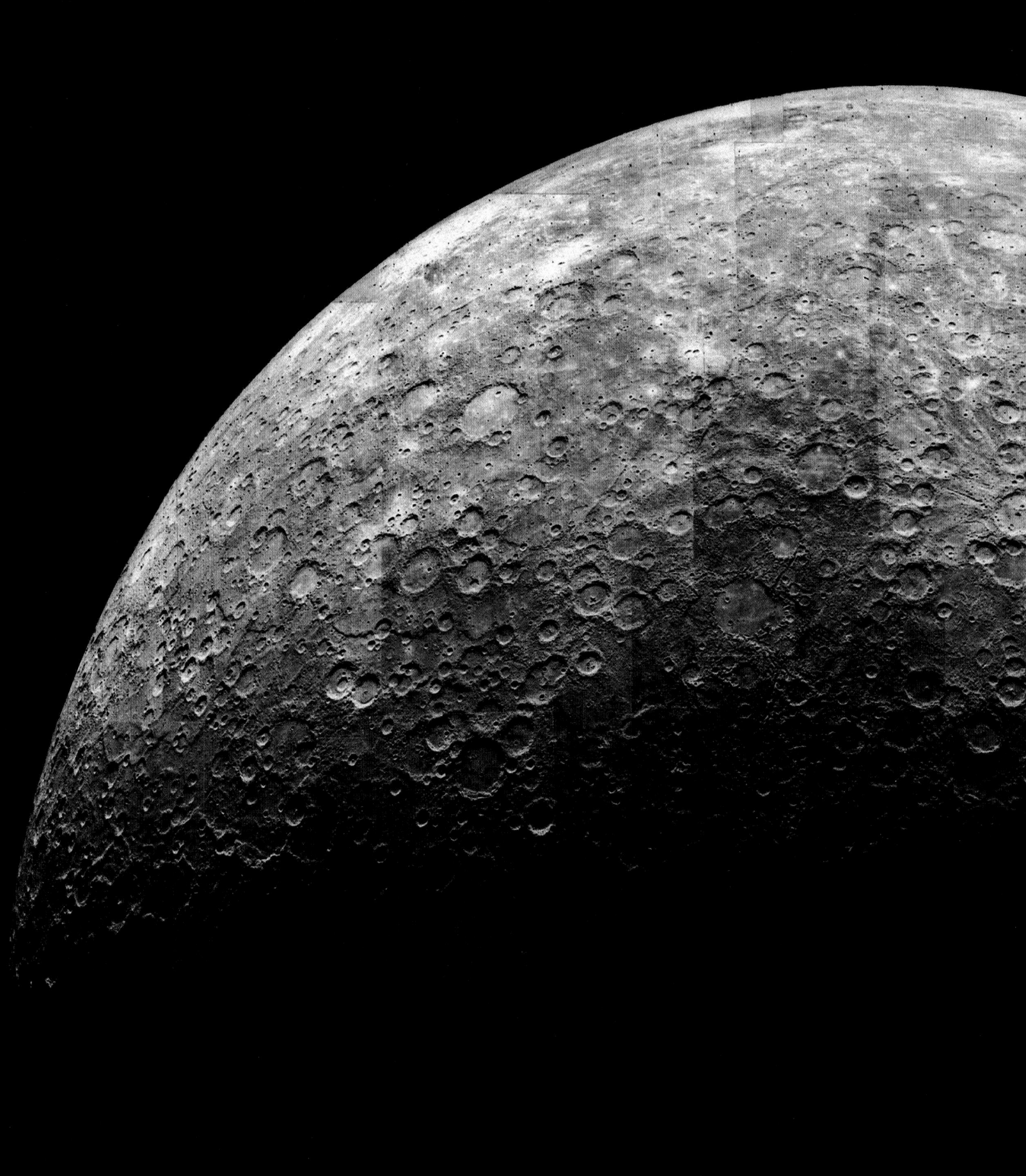

MERKUR

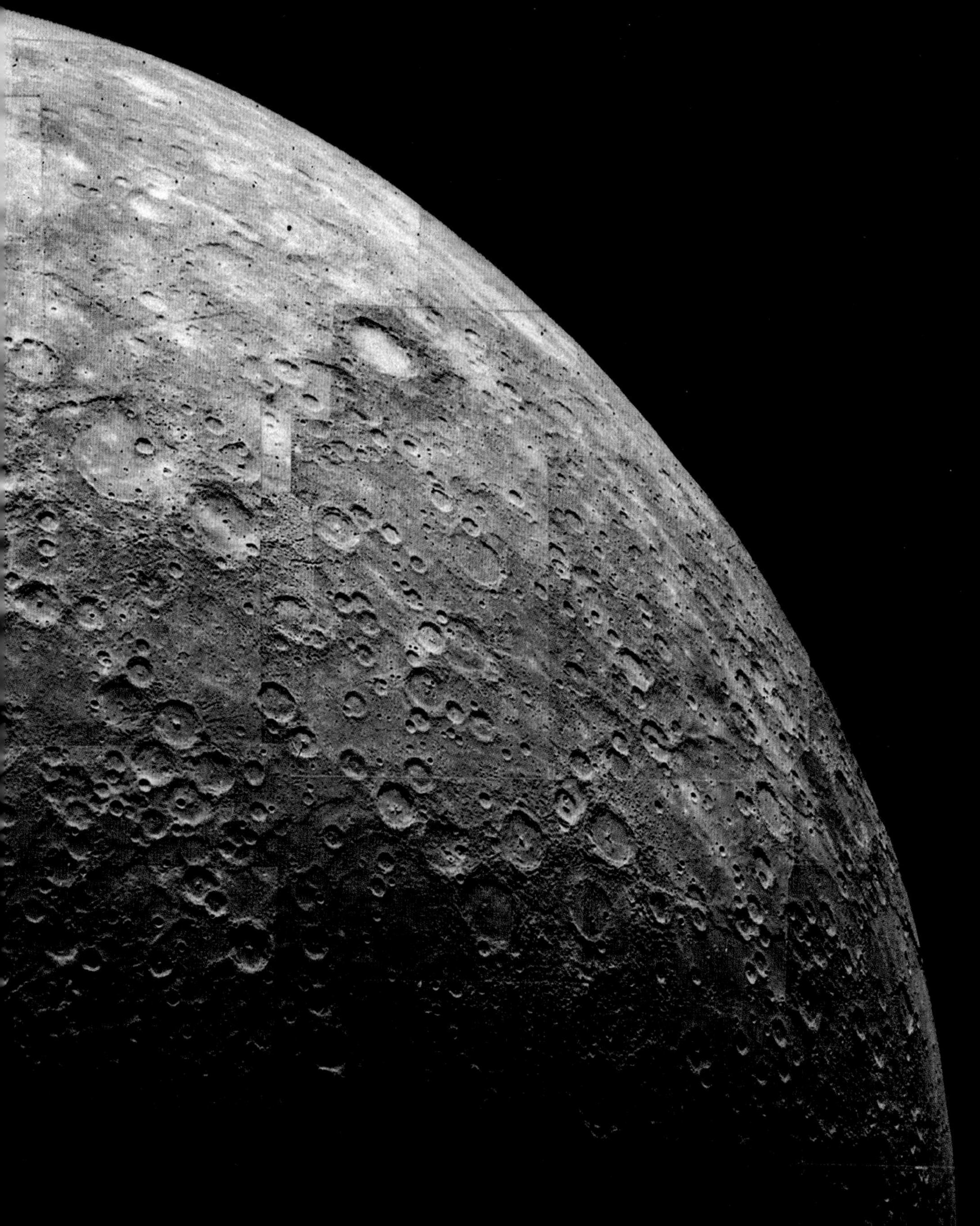

Merkur, der sonnennächste Planet ist auch der Planet, der sich am schnellsten bewegt. Mit einer Geschwindigkeit von 50 km/s umkreist er die Sonne in nur 88 Erdentagen und macht damit seinem Namensgeber, dem geflügelten Götterboten und römischen Gott der Reisenden und Kaufleute, alle Ehre. Seine elliptische Umlaufbahn bringt ihn auf 47 Mio. km an die Sonne heran und ist am Scheitel 71 Mio. km von ihr entfernt. Im Gegensatz zu seiner rasenden Geschwindigkeit ist seine eigene Achsrotation extrem langsam: 59 Erdentage. Das ist so langsam, dass ein Tag auf dem Merkur – von Sonnenaufgang bis Sonnenaufgang – 176 Erdentage dauert.

Auch die Temperaturschwankungen auf der Oberfläche des Merkur sind die extremsten im ganzen Sonnensystem: Einerseits bedingt durch seine Nähe zur Sonne, andererseits durch das Fehlen einer schützenden Atmosphäre, wird es auf der der Sonne zugewandten „Tagseite" 467° C heiß, des „Nachts" kühlt es bis auf −186° C ab. Ohne Atmosphäre ist er auch Meteoriten schutzlos ausgeliefert. Wie der terrestrische Mond zeigt sich sein Äußeres von unzähligen Kratern zerklüftet.

Merkur selbst hat keinen Mond. Lange Zeit dachte man auch, es gäbe dort kein Wasser. Doch 1991 fanden Astronomen mit Hilfe von Radiowellen Anhaltspunkte für die Existenz von Wassereis am Nordpol des Merkur, das sich in Kratern gebildet haben könnte, die so tief sind, dass sie das Sonnenlicht niemals erreicht.

MERKUR
MOSAIK VON ECHTLICHT-AUFNAHMEN
RAUMSCHIFF MARINER 10
201.000 KM ENTFERNT VON MARINER 10
MÄRZ 1974 – MÄRZ 1975
77 – 222 MILLIONEN KM
VON DER ERDE ENTFERNT

VENUS

Die Venus ist ausser Sonne und Mond das hellste Objekt am irdischen Nachthimmel. Schon in der Antike konnte man den Planeten mit bloßem Auge beobachten und die Römer benannten ihn nach ihrer Göttin der Liebe und Schönheit.

Die Venus ist ein innerer Gesteinsplanet und liegt zwischen Merkur und Erde. Da sie der Erde an Größe, Masse und Zusammensetzung gleicht und ähnlich weit von der Sonne entfernt ist, wird sie oft als eine Art Zwilling der Erde angesehen. Die Welt der Venus unterscheidet sich jedoch sehr von der unsrigen. Die Venus ist extrem heiß. Mit einer Oberflächentemperatur von 480° C ist sie der heißeste Planet des Sonnensystems, noch heißer als der sonnennahe Merkur.

Die Hitze und die dort herrschende Helligkeit machen die Venus zur Sahara unseres Sonnensystems. Die größte Wüste der Erde, die Sahara, ist auch die heißeste. Auf Arabisch bedeutet Sahara Wildnis. Selbstverständlich liegt in der gleißenden Helligkeit auch ein großes Maß an Schönheit, dennoch bleibt die Sahara in weiten Teilen unbewohnbares, lebensfeindliches Ödland.

Auf der Venus gibt es weder Wind noch Regen oder Ozeane. Ihre dichte, wolkenverhangene Atmosphäre hält die Hitze, die die Oberfläche ausstrahlt, fest. Die dichten Wolken erzeugen einen Treibhauseffekt mit Temperaturen, die Blei schmelzen lassen würden. Sie sind auch verantwortlich für das helle Strahlen der Venus, da sie das Sonnenlicht reflektieren. Der Planet hat keine Monde und auch kein nennenswertes Magnetfeld. Allerdings erzeugt der Sonnenwind, der die Venus umweht, eine Art „Pseudo-Feld" um den Planeten.

Ein weiterer, essenzieller Unterschied zur Erde ist der 90 Mal höhere Druck auf der Venusoberfläche. Ein Mensch auf der Venus wäre einem atmosphärischen Druck ausgesetzt, der dem entspricht, was uns in einem irdischen Ozean in 900 m Tiefe erwartet. Diese dichte Atmosphäre besteht hauptsächlich aus Kohlendioxid und etwas Stickstoff, mit einem geringen Anteil Schwefeldioxid und kaum Wasserdampf. Die extremen Bedingungen sind dafür verantwortlich, dass Landefähren ihren Aufenthalt auf der Venusoberfläche nur wenige Stunden überleben.

Die Rotation der Venus ist langsam und ziemlich sonderbar. Eine Achsrotation dauert 243 Erdentage. Das Ungewöhnlichste ist allerdings die retrograde oder gegenläufige Rotation. Die Venus dreht sich entgegen ihrer Sonnenumlaufbahn, sodass die Sonne scheinbar im Westen auf- und im Osten untergeht. Die Venus umkreist die Sonne in 225 Erdentagen, ein Tag auf der Venus dauert 117 Erdentage.

VENUS
FARBKODIERTES MOSAIK VON RADARBILDERN
VENUSSONDE MAGELLAN
294 KM VON MAGELLAN ENTFERNT
SEPTEMBER 1990 – SEPTEMBER 1992
38 – 261 MILLIONEN KM VON DER ERDE ENTFERNT

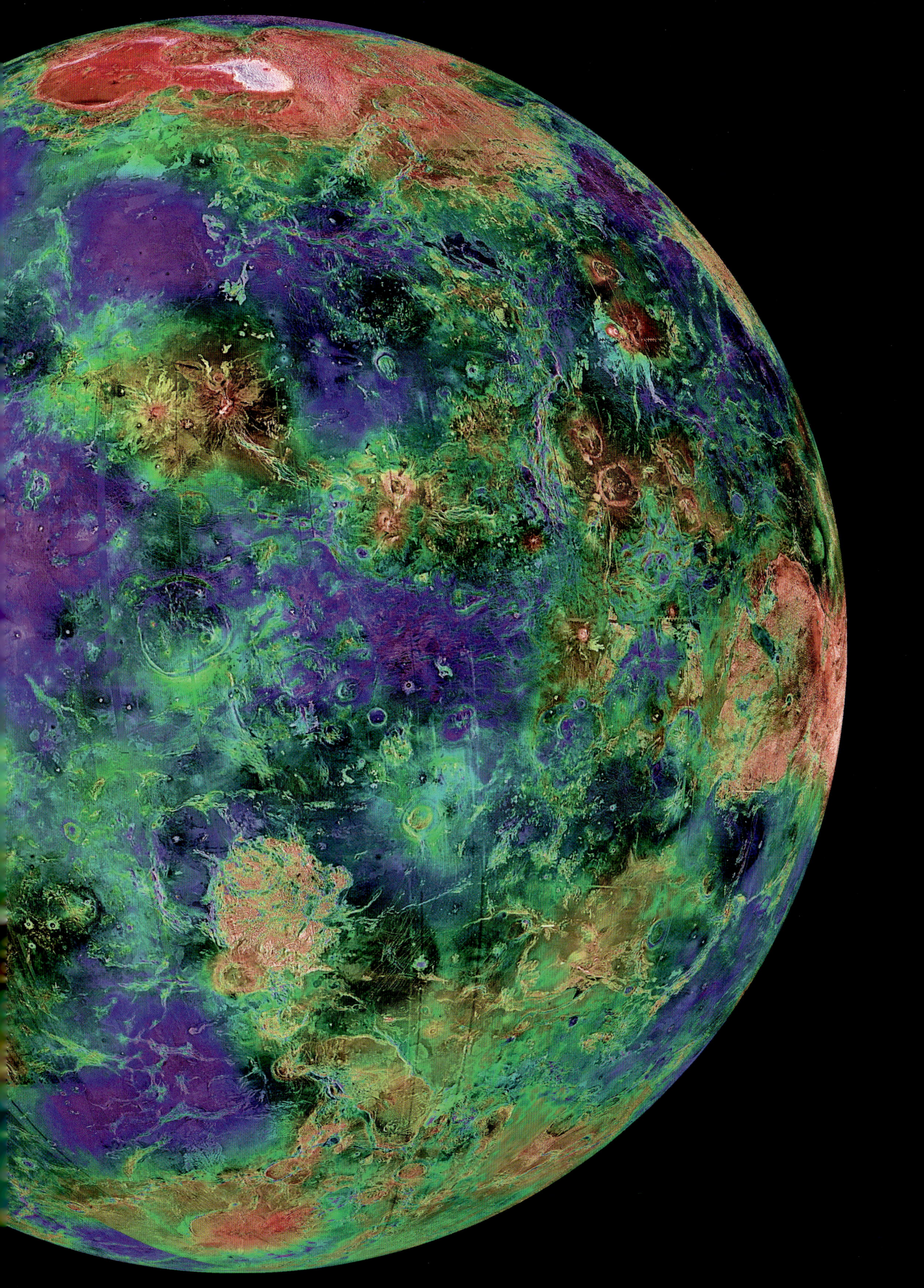

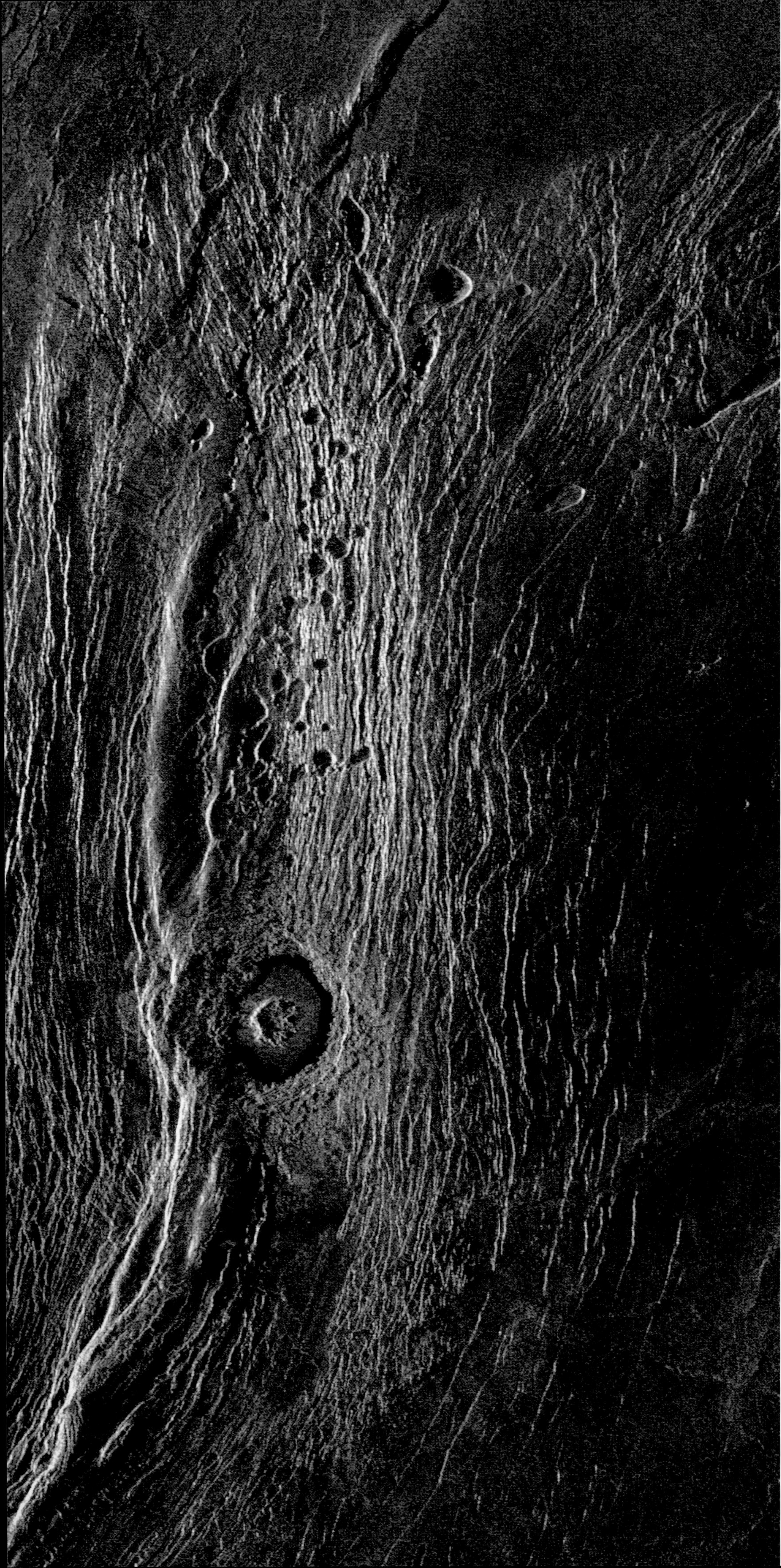

VENUS-KRATER

IN DIESEN NAHAUFNAHMEN erscheint uns die Topographie der Venus fast vertraut. Wie die Erde hat die Venus eine relativ junge Oberfläche. Es gibt vor allem Hügellandschaften, einige Tiefebenen und Berge. Auch Vulkane sind zu entdecken, von denen heute keiner mehr aktiv zu sein scheint.

Alles in allem schätzt man die Zahl der Vulkan-Krater mit mehr als 1 km Durchmesser auf mehr als eine Million, mehr als 1000 Krater haben sogar einen Durchmesser von über 20 km. Der größte Teil der Planetenoberfläche ist mit erstarrter Lava bedeckt. Im nördlichen Hochland Ishtar Terra wurde ein lavagefülltes Becken entdeckt, das größer ist als der kontinentale Teil der USA. Das Hochland Aphrodite Terra erstreckt sich über 10.000 km fast um den halben Äquator und ist etwa halb so groß wie Afrika. Allerdings gibt es auf der Venusoberfläche nur Einschlagkrater von sehr großen Meteoriten. Kleinere sind in der dichten Atmosphäre verglüht, bevor sie die Oberfläche erreichen konnten.

AKNA MONTES (GEBIRGE) MIT DEM EINSCHLAGKRATER WANDA VON 22 KM DURCHMESSER (LINKS)
EINSCHLAGKRATER DICKINSON (69 KM DURCHMESSER) IN DER ATALANTA REGION (RECHTS)
RADAR-AUFNAHMEN
VENUSSONDE MAGELLAN
294 KM ENTFERNT
VON MAGELLAN
1990 – 1992
38 – 261 MILLIONEN KM
VON DER ERDE ENTFERNT

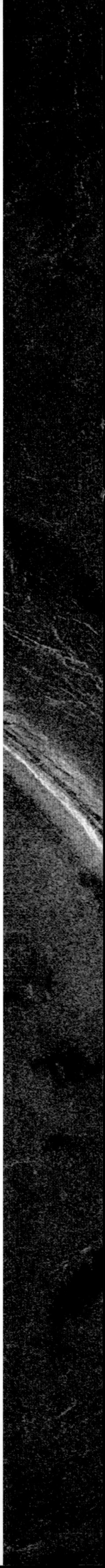

VENUS-TRANSIT

Wenn ein Planet eine Sternenscheibe überquert, bezeichnen dies die Astronomen als Transit. Ein höchst seltenes Ergeignis, das man von der Erde aus nur an den Planeten Venus und Merkur beobachten kann, wobei ein Venus-Transit noch seltener als ein Merkur-Transit ist. Der Merkur überquert die Sonnenscheibe dreizehn Mal in einem Jahrhundert, Venus-Transits erfolgen paarweise, mit acht Jahren Abstand alle 105,5 und 121,5 Jahre.

Seit der Erfindung des Teleskops wurden sieben Venus-Transits beobachtet: 1631, 1639, 1761, 1769, 1874 und 1882, das letzte Mal war das Schauspiel im Juni 2004 zu sehen. Es währte etwa sechs Stunden. Den gesamten Transit konnte man in Europa, Afrika und Asien, allerdings nicht von der westlichen Erdhälfte aus erleben. Der nächste Transit steht 2012 bevor.

Früher bemühten sich die Astronomen, aus einem Transit die Entfernung der Erde zur Sonne zu berechnen. Heute sucht man nach anderen Planetensystemen. Überquert ein Planet sein Zentralgestirn, sinkt die Leuchtkraft dieses Sterns plötzlich ab. Durch die Beobachtung solcher Phänomene könnten Rückschlüsse auf das Vorhandensein von Planeten in bisher unentdeckten Sonnensystemen gezogen werden.

DIE VENUS IM TRANSIT ÜBERQUERT DIE SONNE

ECHTLICHT-AUFNAHME MIT H-ALPHA FILTER

STEFAN SEIP
100MM F/8 APOCHROMATISCHES REFRAKTORTELESKOP
8. JUNI 2004
43,2 MILLIONEN KM ENTFERNUNG ZWISCHEN ERDE UND VENUS ZUM TRANSITZEITPUNKT
151,9 MILLIONEN KM ENTFERNUNG ZWISCHEN ERDE UND SONNE ZUM TRANSITZEITPUNKT

DIE ERDE

Das griechische Wort für Erde ist „ge" oder „ga". Gaia war die Göttin der Erde, geboren aus der unendlichen Leere des Universums, „Chaos" genannt. Vom All aus betrachtet offenbart die Erde bereits ihre Einzigartigkeit: Man sieht blaue Meere, grünbraune Landmassen und weiße Wolken. Doch was die Erde nach den derzeitigen Erkenntnissen der Astrobiologie vor allem von allen anderen Planeten unseres Sonnensystems unterscheidet, ist die Tatsache, dass es hier biologisches Leben gibt.

Die Erde ist einer von neun Planeten eines Sonnensystems auf einem der Spiralarme einer „Milchstraße" genannten Galaxie. Von der Sonne aus gesehen ist sie der dritte Planet – etwa 150 Millionen km vom Zentralstern entfernt – und einer der vier Gesteinsplaneten des inneren Sonnensystems. Dieser fünftgrößte Planet hat einen Trabanten, den Mond.

Durchschnittlich groß in durchschnittlicher Lage hat die Erde überdurchschnittliche Qualitäten: Wasser und Luft. Als einziger Planet bietet sie Wasser im Überfluss und eine Atmosphäre, in der eine Vielfalt von Lebensformen existieren kann. Wasser ist die Grundlage allen terrestrischen Lebens und soweit wir wissen, ist die Erde der einzige Planet, auf dem es Wasser in allen drei Aggregatzuständen gibt: als Eis, flüssig und als Dampf. Das flüssige Wasser bedeckt mehr als 70% der Planetenoberfläche und obwohl wir die Ozeane einzeln benannt haben, wie Atlantik oder Pazifik, ist alles ein einziges, großes Meer.

Die Kräfte von Wind und Wasser wirken zusammen, um das irdische Klima im Gleichgewicht und die Temperatur auf der Erde relativ stabil zu halten. Die Winde erzeugen das schnell wechselnde, kurzlebige „Wetter". Der Einfluss der Ozeane auf das Klima ist beständiger, dauert lange Zeit an. Auf der Nordhalbkugel befindet sich der größte Teil der Landmassen der Erde, die sich schnell aufheizen und ebenso schnell wieder abkühlen. Daher sind hier die Sommer heißer und die Winter kälter. Auf der Südhalbkugel findet man im Gegensatz dazu vorwiegend große Wasserflächen. Sie heizen sich langsamer auf und kühlen langsamer ab, das Klima ist hier milder, die Temperaturunterschiede sind moderat.

In einem Prozess, der Treibhauseffekt genannt wird, speichert die Erdatmosphäre das Sonnenlicht und sorgt für die zur Entwicklung von Leben nötige Wärme. Andererseits wirkt die Ozonschicht als natürlicher „Sunblocker" und hält einen Großteil der schädlichen UV-Strahlung ab. Die Atmosphäre sorgt auch für die Verteilung

ECHTFARBEN-MOSAIK DER ERDE
SATELLIT TERRA (IN ERDUMLAUFBAHN)
705 KM VON TERRA ENTFERNT
JUNI – SEPTEMBER 2001

des Wassers: Wolken nehmen Wasser aus den Ozeanen auf und lassen es als Regen auf die Landmassen herabstürzen.

Unsere Atmosphäre umgibt den Planeten als eine Schicht von Gasen. Sie besteht zu 78,1% aus Stickstoff und zu 20,9% aus Sauerstoff, jenem Gas, das wir zum Atmen brauchen. Der restliche Prozentanteil setzt sich aus Wasserdampf und anderen Gasen, wie etwa Kohlendioxid zusammen. Und die Schwerkraft hält alles zusammen. 99% der atmosphärischen Masse befinden sich nicht weiter als 80 Kilometer von der Erdoberfläche entfernt. Mit steigender Entfernung werden die Gase immer dünner und in etwa 60.000 km Höhe endet die Atmosphäre.

Hoch über der Atmosphäre liegt ein weiterer Schutzschild, die Magnetosphäre. Die Erde selbst ist ein riesiger Magnet, der diese Magnetosphäre schafft. Wie eine gewaltige Magnetblase umgibt sie den Planeten und lenkt die hochenergetischen Auswürfe ab, die das All mit einer Geschwindigkeit von einer Million Stundenkilometern durchrasen. Würden diese Stürme von elektrisch geladenen Teilchen die Erdoberfläche erreichen, wäre alles Leben bald ausgelöscht. Ab und an durchbricht ein solcher Schwall die Magnetosphäre und wird entlang unsichtbarer Kraftlinien zu den Polen gelenkt. Wenn er auf die Atmosphäre trifft, bringt er sie manchmal zum Leuchten: die berühmten Polarlichter sind zu sehen.

Die Erde ist der dichteste Körper des Sonnensystems, sie ist schalenförmig aufgebaut: Erdkruste, oberer und unterer Mantel, äußerer und innerer Kern. Die Kruste ist eine feste Gesteinsschicht, die Kontinente und Ozeanbecken bildet, wobei sie an Land dicker ist als am Grund des Meeres. Den größten Anteil der Erdmasse nimmt der Mantel ein. Der obere Erdmantel besteht aus teilweise flüssigem Gestein, im unteren Mantel ist das Gestein fest. Dem flüssigen äußeren Kern folgt der erstaunlicher Weise feste innere Erdkern. Er hat etwa die Größe des Mars und besteht fast zur Gänze aus Eisen. Die Temperatur am Mittelpunkt der Erde ist höher als an der Oberfläche der Sonne.

Die Oberfläche der Erde ist noch jung. Erdkruste und oberer Mantel sind in sieben große und mehrere kleine tektonische Platten gespalten. Da der obere Erdmantel heiß und fließfähig ist, können sich diese Platten verschieben, auseinander driften oder zusammenstoßen. In solchen Fällen erleben wir Erdbeben oder Vulkanausbrüche. Die meisten Erdbeben treten an den Plattengrenzen oder entlang von Bruchzonen in der Erdkruste auf. Die Bewegung der Platten hat (gemeinsam mit den Erosionskräften von Wind und Wasser) die Erdoberfläche geformt. So entstanden etwa Gebirge, „Buckel" in der Erdkruste.

Die Erde ist 4,6 Milliarden Jahre alt. Geologische Aufzeichnungen über ihren Anfang fehlen ebenso, wie Berichte über die allerersten Lebewesen. Wir wissen, dass sich das Leben aus Einzellern zu der den Wissenschaftlern heute bekannten Vielfalt von ca. 1,8 Millionen verschiedenen Arten entwickelt hat. Die meisten von ihnen leben in den Ozeanen. An Land findet man die größte Artenvielfalt in den tropischen Regenwäldern entlang des Äquators, wo Wasser und Sonnenlicht in Hülle und Fülle zur Verfügung stehen. Doch die heute anzutreffenden Lebewesen sind nur ein winziger Teil all der Spezies, die die Erde seit ihrer Entstehung bevölkert haben. Der größte Teil – unglaubliche 99 Prozent – ist bereits wieder ausgestorben.

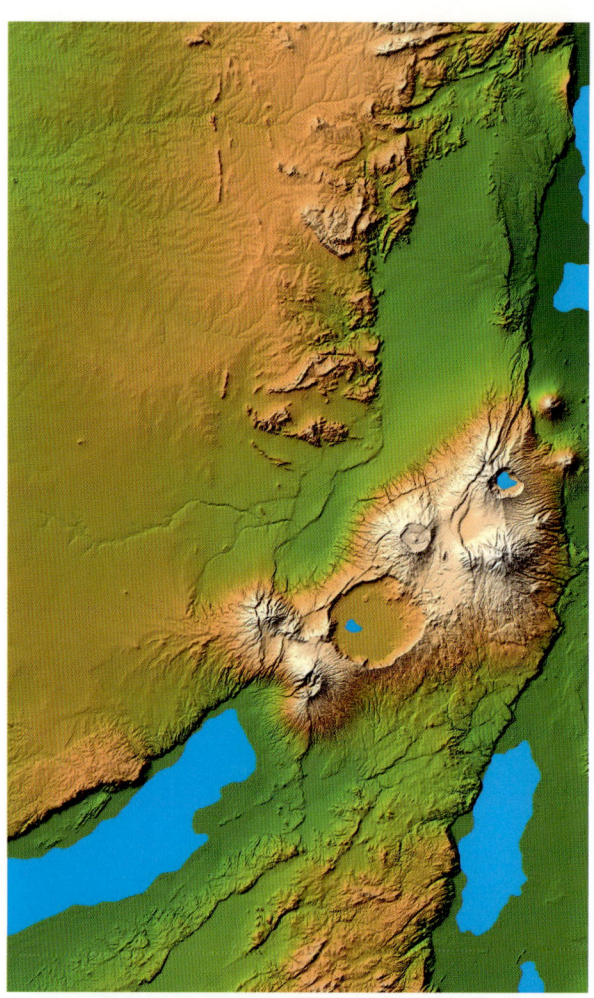

OLDUVAI GRABEN, TANSANIA
(OBEN LINKS)

DER GRABEN (DIE DÜNNE WAAG-
RECHTE LINIE NAHE DER MITTE)
IST ALS FUNDSTÄTTE FRÜHMENSCH-
LICHER FOSSILIEN BEKANNT

SCHATTIERTES HÖHENMODELL

WELTRAUMGESTÜTZTES
RADARSYSTEM SRTM-MISSION

11. – 22. FEBRUAR 2000

233 KM VOM SHUTTLE ENTFERNT

**RICHAT-STRUKTUR, „OCHSENAUGE",
SAHARA, MAURETANIEN**
(OBEN RECHTS)

DIE ERODIERTE SEDIMENTKUPPEL
KANN VON ASTRONAUTEN IM ALL
MIT FREIEM AUGE AUSGEMACHT
WERDEN

3D-MONTAGE AUS LANDSAT-
AUFNAHME UND SRTM-
HÖHENMODELL

LANDSAT SATELLIT
(IN ERDUMLAUFBAHN)
SRTM-MISSION

13. JANUAR 1987
(LANDSAT)
11. – 22. FEBRUAR 2000
(SHUTTLE)

703 KM ENTFERNT VON LANDSAT
233 KM ENTFERNT VOM SHUTTLE

**LAVASTROM ENTLANG DER
SÜDFLANKE DES ÄTNA**
(LINKS UNTEN)

ÜBERLAGERUNG VON ECHTLICHT-
AUFNAHME MIT INFRAROTBILD
DES LAVASTROMS

SATELLIT TERRA
(IN ERDUMLAUFBAHN)

705 KM VON TERRA ENTFERNT

29. JULI 2001

**DER ZUSAMMENFLUSS VON
AMAZONAS UND RIO NEGRO
BEI MANAUS, BRASILIEN**
(UNTEN RECHTS)

ECHTLICHT- UND
NAHE INFRAROT-AUFNAHME

SATELLIT TERRA
(IN ERDUMLAUFBAHN)

705 KM VON TERRA ENTFERNT

16. JULI 2000

ERDE 89

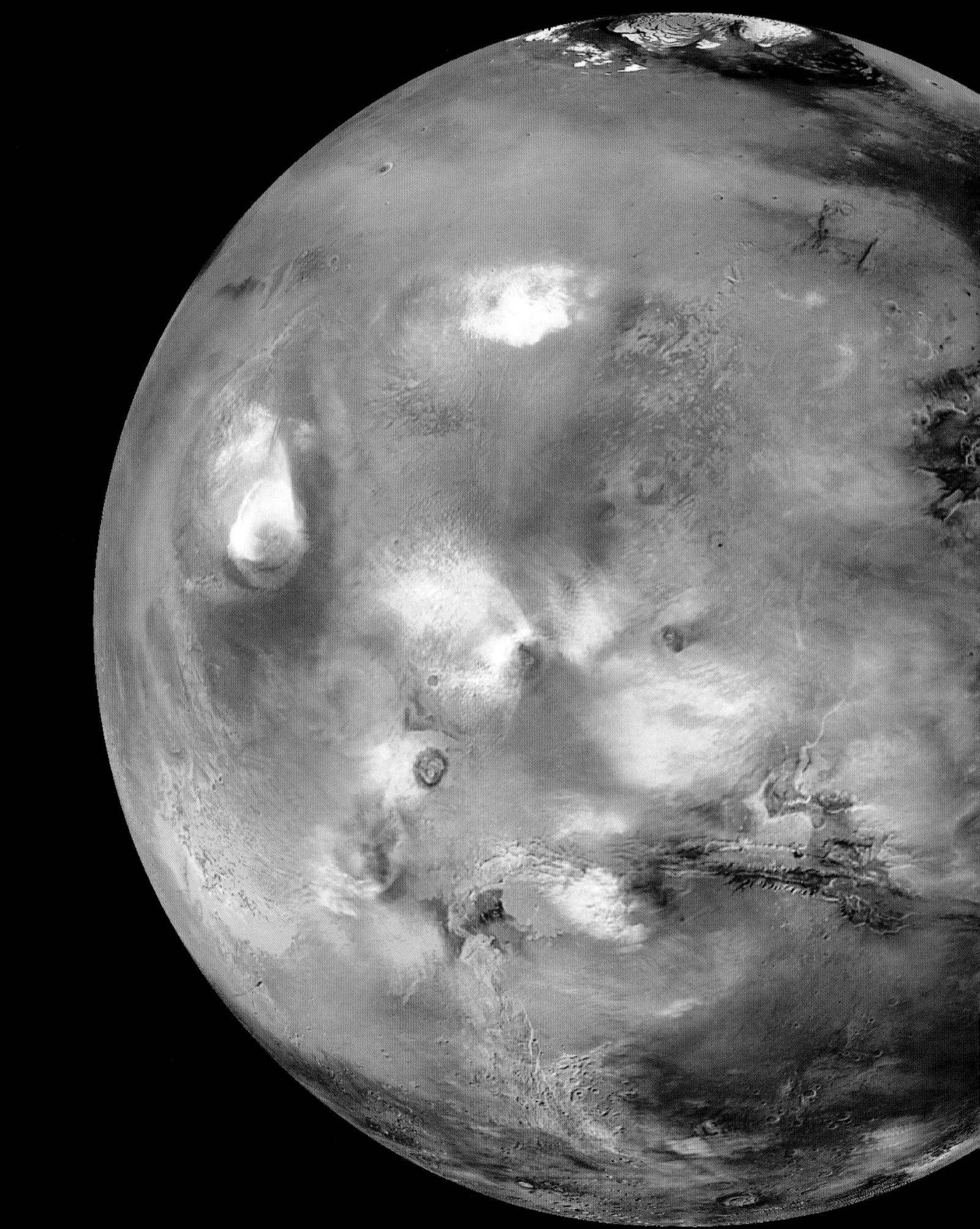

MARS

Da er der Erde sehr nah ist, hat der Mars mit seinem roten Schein die Menschheit schon immer fasziniert. Er ist der vierte Planet des Sonnensystems, der letzte der terrestrischen Planeten, die nahe der Sonne kreisen. Die Babylonier und andere Völker assoziierten den Mars mit Kampf und Krieg: Die Römer nannten ihren Kriegsgott Mars.

1877 entdeckte der Astronom Giovanni Schiaparelli feine Linien auf dem Planeten, die er „canali" nannte. Im viktorianischen England übersetzte man dieses Wort jedoch nicht in Schiaparellis Sinn als Flussbett, sondern glaubte an künstlich angelegte Kanäle. So entstand die Mär von den „Marsmenschen".

Die Forschung der Gegenwart konzentriert sich auf Wasser: die Voraussetzung allen Lebens so wie wir es kennen. 2004 gelang den Mars Exploration Rovers (MRE) Opportunity und Spirit anhand verschiedener Oberflächenstrukturen der Nachweis, dass früher einmal flüssiges Wasser vorhanden war: Das Gesteinsbecken des Gusev-Kraters und Mineralfunde in der Region Terra Meridiani lassen ausgetrocknete Salzwasserbecken vermuten, letzteres so groß wie das Baltische Meer. „Jeder einzelne Felsen zeigt Veränderungen durch Wasser in flüssiger Form," meint Chefwissenschafter Dr. Steven Squyres.

Die 2005 von der Raumsonde Mars Express veröffentlichten 3D-Aufnahmen lassen riesige Gletscher, gewaltige Ströme und gigantische Wasserfälle annehmen. Neueste Aufnahmen zeigen in der Nähe des Äquators, in

EIN TAG AUF DEM MARS
COMPUTERMODELL DES PLANETEN MIT HILFE VON 24 ECHTLICHT-AUFNAHMEN
MGS - MARS GLOBAL SURVEYOR ORBITER
370 KM ENTFERNT VOM ORBITER (DURCHSCHNITT)
10. – 11. APRIL 1999
100 MILLIONEN KM VON DER ERDE ENTFERNT

DIE EISBEDECKTEN GEBIRGSKETTEN DER CHARITUM MONTES AUF DER SÜDHALBKUGEL
ÜBERLAGERUNG VON ECHTLICHT-AUFNAHMEN
MGO - MARS GLOBAL SURVEYOR ORBITER
378 KM VOM ORBITER ENTFERNT (DURCHSCHNITTSWERT)
3. JUNI 2003
111 MILLIONEN KM VON DER ERDE ENTFERNT

der Elysiumebene, ein flaches Gebiet, vielleicht ein etwa fünf Millionen Jahre alter, zugefrorener See, der durch eine schützende Lavaschicht am Verdunsten gehindert wurde. Das Becken ist etwa so groß und tief wie die Nordsee und enthält große, unregelmäßige Platten, ähnlich dem Packeis an unseren Polen.

Folgt man der Spur des Wassers, kommt man zu einer Reihe von Rissen in der Oberfläche, den Cerberus Fossae. Aus diesen Spalten traten vor Millionen Jahren sowohl Lava als auch Wasser aus. In der östlichen Elysiumebene findet man tatsächlich riesige Lavafelder.

Diese Funde sind deshalb so bedeutend, weil auf der Erde rund um thermische Öffnungen in der Tiefsee Mikroorganismen festzustellen sind. Wurde das Meerwasser in der Elysiumebene früher geothermisch erwärmt, könnten dort die Bedingungen für die Entwicklung von Leben in ähnlicher Form auch auf dem Mars gegeben gewesen sein.

Die kürzliche Entdeckung von Methan in der Marsatmosphäre ist ein weiterer, trügerischer Hinweis auf organisches Leben. Methan, ein geläufiges Nebenprodukt irdischer Lebensformen, entsteht aber auch bei nicht-biologischen, vulkanischen Prozessen. Auch wenn es bisher keine Hinweise auf noch aktive Vulkane auf dem Mars gibt, müssen zuvor alle Möglichkeiten ausgelotet sein, bevor man aus dem Vorhandensein von Methan die gegenwärtige Existenz biologischen Lebens auf dem Planeten ableiten kann.

Die Marsatmosphäre ist dünn und besteht hauptsächlich aus Kohlendioxid. Es gibt Wolken, Dunst und Nebel, doch die Atmosphäre isoliert nicht gut, Temperaturschwankungen von 100°C zwischen Tag und Nacht sind die Folge. Aufgrund der dünnen Atmosphäre verhält sich Wasser auf dem Mars wie Kohlendioxid auf der Erde: Eis schmilzt nicht, sondern geht direkt in Dampf über. Dieser, Sublimation genannte Prozess stellt die Wissenschaft vor ein Dilemma, denn die Planetenoberfläche zeigt deutliche Spuren von Erosion. Damit Wasser allerdings fließen konnte, müsste die Atmosphäre früher weit dichter gewesen sein.

Der Wetterbericht für den Mars spricht von Kälte: Die Durchschnittstemperatur von −53°C steigt auch im Sommer nur auf 0°C an. Temperatur-

DIE SUCHE NACH WASSER

schwankungen rufen starke Winde hervor, oft wird der Planet im Sommer von wirbelnden Staubstürmen eingehüllt. Auf der Südhalbkugel sind die Sommer wärmer und kürzer als im Norden. Auch von den Polen wird das Klima beeinflusst. Der größte Wasservorrat ist in den Polkappen gespeichert, obwohl es auch unter der Oberfläche in geringer Tiefe gigantische Eismassen geben könnte.

Nord- und Südhalbkugel sind sehr unterschiedlich. Die Landschaft der Südhalbkugel ist alt und stark zerklüftet, mit auffälligen Tälern, vielleicht von Flüssen der Vorzeit geformt. Entlang des Äquators findet man das Valles Marineris. Mit einer imposanten Länge von 4.000 km ist dieses System tiefer Canyons größer als der Grand Canyon. Die jüngeren Ebenen der Nordhalbkugel lassen auf frühere Seen und Meere schließen, die Landschaft ist von Vulkanen übersät. Deren auffälligster, Olympus Mons, ist der größte Vulkan unseres Sonnensystems, größer als Mauna Loa, der größte Feuerberg der Erde.

Wechsel der Jahreszeiten, Polkappen, Wolken, Vulkane und Täler lassen den Mars der Erde ähneln. Dies bleiben allerdings die einzigen Gemeinsamkeiten. Der Mars ist felsig, kalt und öde. Er hat zwei Monde, Phobos (Furcht) und Deimos (Panik). Der ganze Planet ist nicht größer als der Eisenkern im Inneren der Erde. Für seine rote Farbe sorgt der hohe Anteil von Olivin und Eisenoxid.

**ENDURANCE-KRATER
IN DER REGION
MERIDIANI PLANUM** (OBEN)

DAS LEICHT FARBKORRIGIERTE
PANORAMA ENTSTAND ÜBER
7 SOLS (MARSTAGE)

ECHTLICHT-AUFNAHME

MARS EXPLORATION
ROVER (MER) OPPORTUNITY

KRATERDURCHMESSER 130 M

23. – 29. MAI 2004

350 MILLIONEN KM
VON DER ERDE ENTFERNT

**„SELBSTPORTRAIT"
IM ENDURANCE-KRATER**
(LINKS)

ECHTLICHT-AUFNAHME

26. JULI 2004

DIE ENTFERNUNG ZWISCHEN
DER OPPORTUNITY UND DER
SPITZE DES SCHATTENS
BETRÄGT 9,6 M

391 MILLIONEN KM
VON DER ERDE ENTFERNT

**BLICK MIT DER
MIKROSKOPKAMERA IN DEN
EAGLE-KRATER IN DER REGION
MERIDIANI PLANUM** (OBEN)

EISENHALTIGES GESTEIN BEWEIST
DAS FRÜHERE VORHANDENSEIN
VON WASSER

ECHTLICHT-AUFNAHME

100 MM VON DER
OPPORTUNITY ENTFERNT

16. FEBRUAR 2004

230 MILLIONEN KM
VON DER ERDE ENTFERNT

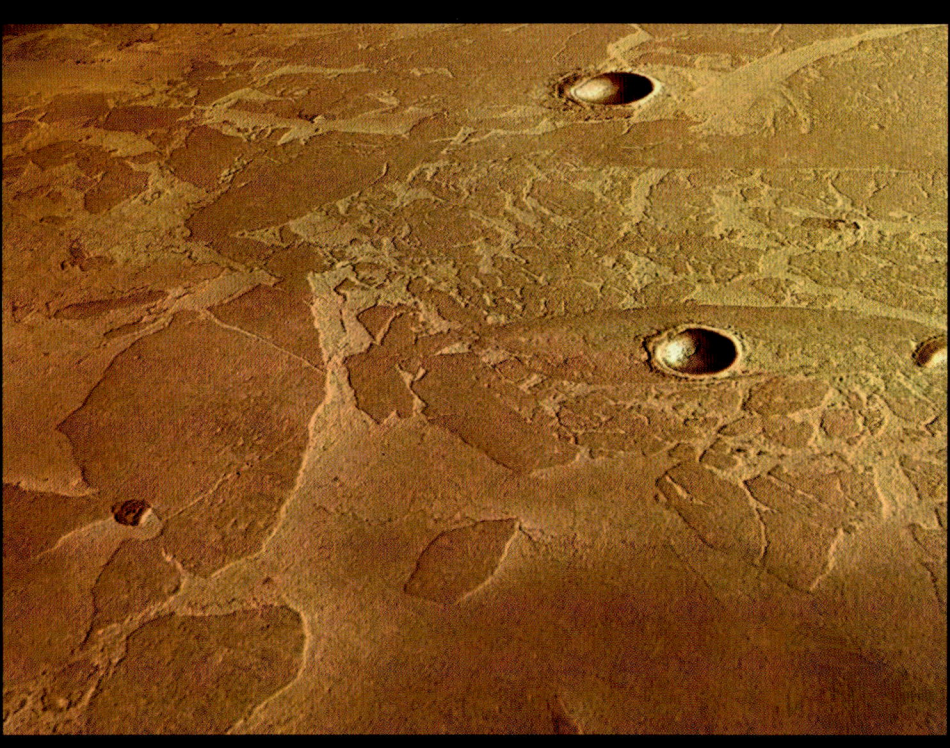

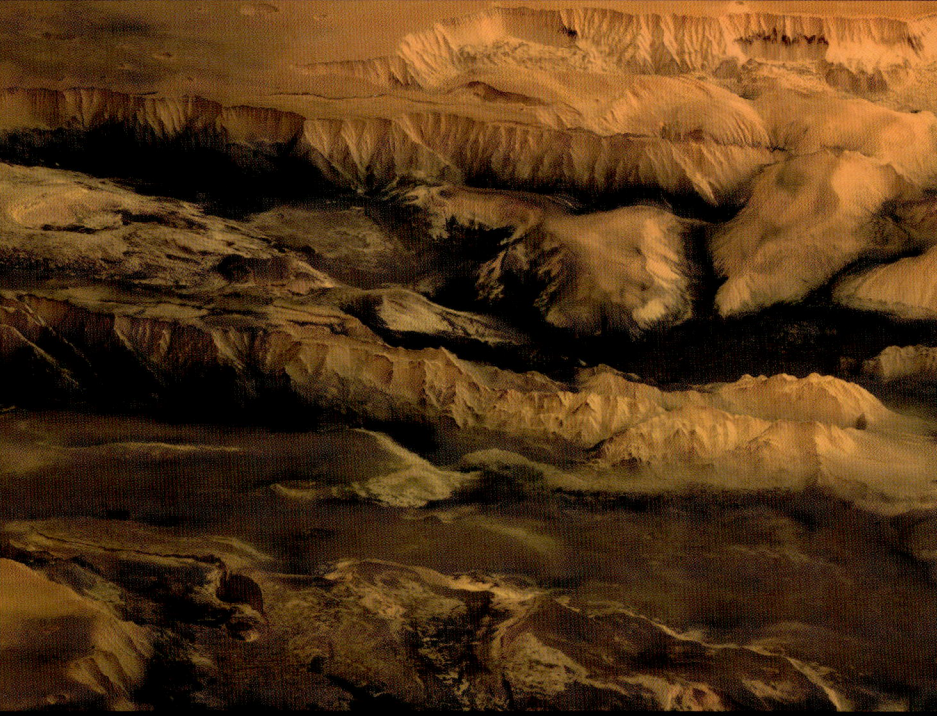

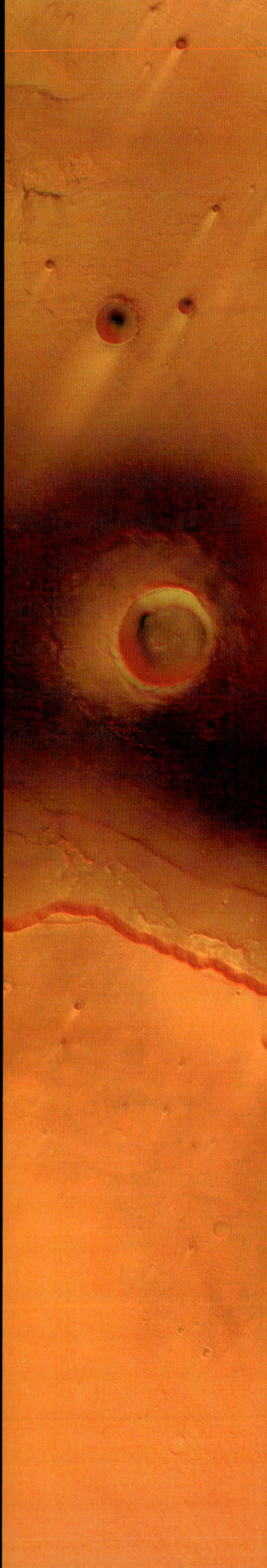

MARS-ATTRAKTIONEN

EIN GEFRORENES MEER, VON EINER LAVA-ASCHESCHICHT AM VERDUNSTEN GEHINDERT (GANZ OBEN)

DIE BEIDEN EINSCHLAGKRATER ENTSTANDEN, BEVOR DAS GEBIET ÜBERFLUTET WURDE. TREIBGUT-HAUFEN AN DEN RÄNDERN LASSEN EIN MEER VERMUTEN

ECHTLICHT- AUFNAHME (BEINAHE FARBECHT)

MARS EXPRESS

260 KM ENTFERNT VON MARS EXPRESS

19. JANUAR 2004

190,5 MILLIONEN KM VON DER ERDE ENTFERNT

DAS ZENTRALGEBIET DES VALLES MARINERIS MIT DEN WÄLLEN MELAS, CANDOR UND OPHIR CHASMS (OBEN)

DIESES TAL IST GRÖSSER ALS DER GRAND CANYON

ECHTLICHT- MOSAIK (BEINAHE FARBECHT)

MARS EXPRESS

24. APRIL UND 2. MAI 2004

525 KM (24. APRIL) BZW. 750 KM (2. MAI) ENTFERNT VON MARS EXPRESS

200 MILLIONEN KM VON DER ERDE ENTFERNT

KASEI VALLIS, EINES DER GRÖSSTEN TÄLER AUF DEM MARS, KÖNNTE DURCH GLETSCHERFLUSS ODER WASSER ENTSTANDEN SEIN (RECHTS)

ECHTLICHT-AUFNAHME (BEINAHE FARBECHT)

MARS EXPRESS

272 KM ENTFERNT VON MARS EXPRESS

29. JANUAR 2004

204 MILLIONEN KM VON DER ERDE ENTFERNT

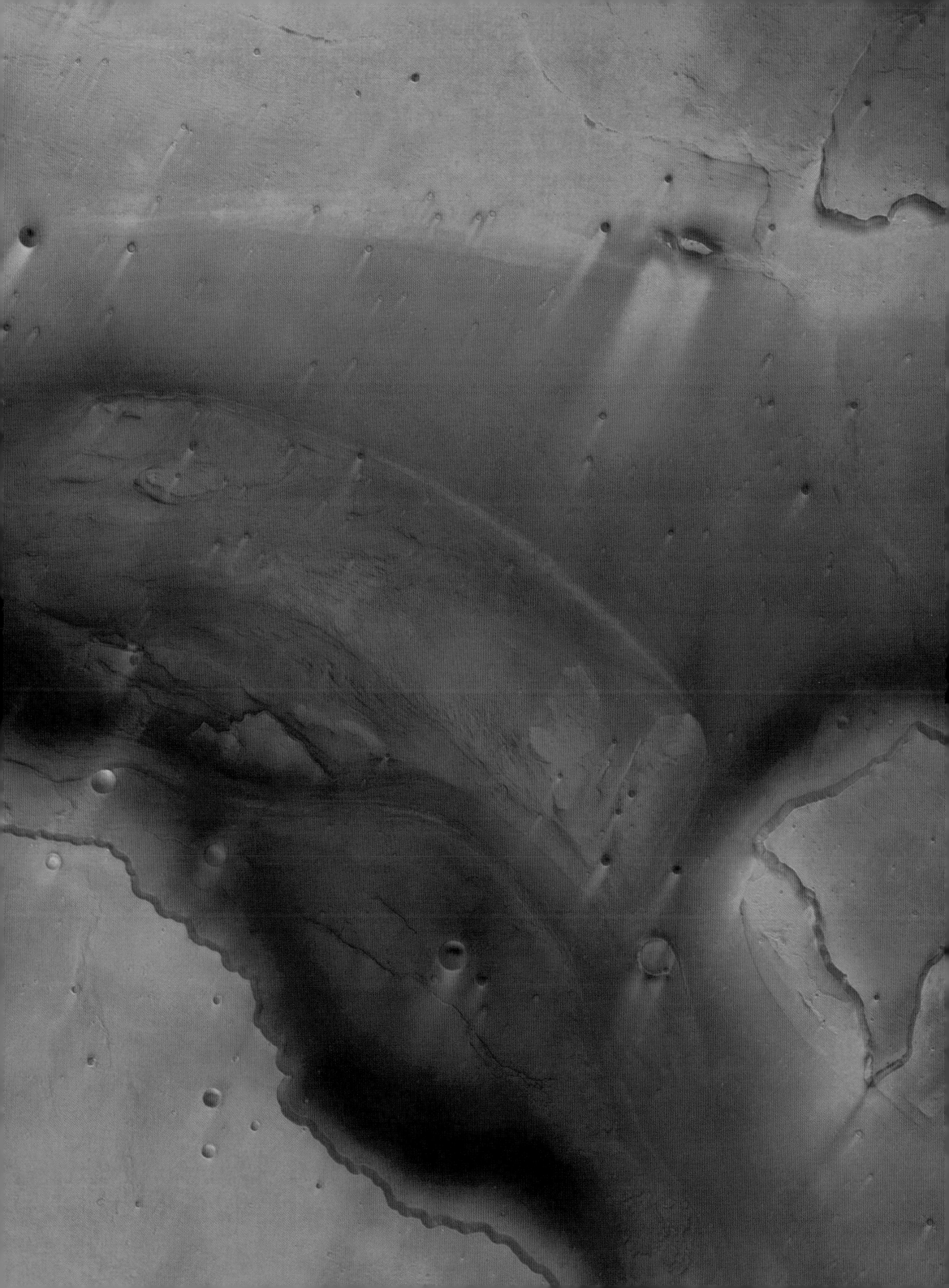

ASTEROIDEN

ASTEROIDEN SIND PLANETARER Müll, dunkle Gesteinsfragmente, die mit den Planeten vor fast 5 Milliarden Jahren entstanden. Man könnte sie mit heruntergekommenen Baracken am Stadtrand vergleichen. Es gibt sie in den verschiedensten Formen und Größen, manche größer als Italien, andere nur einige Häuserblocks lang.

Die meisten Asteroiden umkreisen die Sonne im so genannten Asteroidengürtel zwischen Mars und Jupiter. Ihre Umlaufbahnen sind zwar für Millionen Jahre konstant, da Asteroiden jedoch so klein sind und es so viele von ihnen gibt, ist ihr Orbit nicht jene regelmäßige Ellipse, die wir von den Planeten kennen. Abhängig von den Gravitationseinflüssen von Mars, Jupiter oder anderen Asteroiden bewegen sie sich vielmehr in unregelmäßigen Schlangenlinien.

Wenn ein Asteroid derart durchs All „torkelt", könnte er nicht auch die Erde treffen? Man nimmt an, dass es vor etwa 65 Millionen Jahren dort, wo sich heute die Halbinsel Yucatán befindet, zu einem Asteroideneinschlag kam. Doch Asteroideneinschläge sind sehr selten. Meteoriten treffen hingegen häufig die Erde, die Erdmasse nimmt täglich um mehrere Tonnen zu. Meteoriten sind oft abgesprengte Teile von Asteroiden oder Kometen.

ASTEROID EROS

33 KM LANG,
13 KM BREIT
UND 13 KM DICK

MONTAGE AUS ECHTLICHT-
UND INFRAROT-AUFNAHME
PROJIZIERT AUF DAS
3D-MODELL DER
ASTEROIDENFORM

NEAR SHOEMAKER SONDE

200 KM ENTFERNUNG
ZU NEAR SHOEMAKER

29. FEBRUAR 2000

258 MILLIONEN KM
VON DER ERDE ENTFERNT

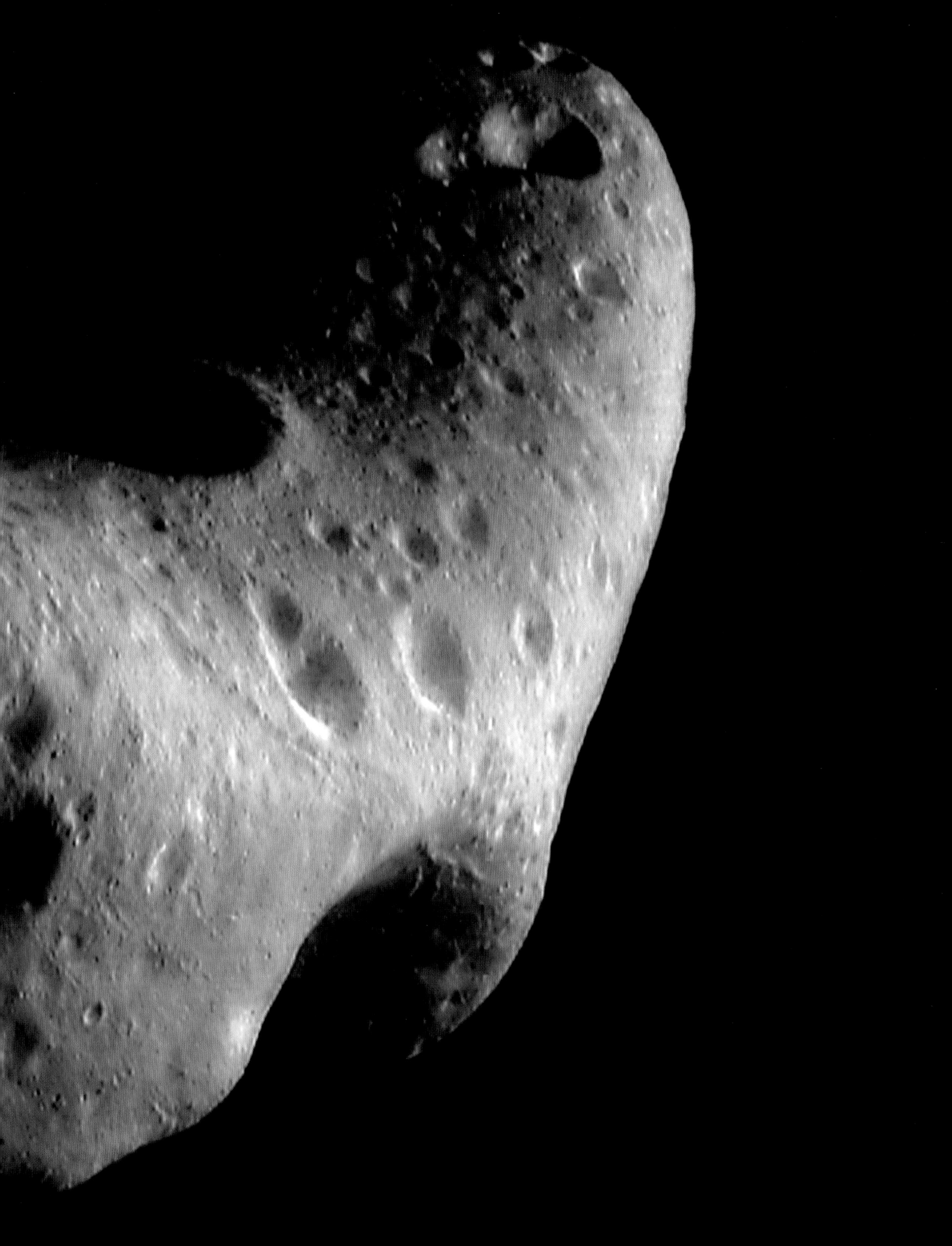

JUPITER

Benannt nach dem römischen Göttervater, ist Jupiter der größte Planet unseres Sonnensystems und von der Erde aus gesehen der zweithellste nach der Venus. Die Erde hätte 1000 Mal in ihm Platz, dennoch misst sein Durchmesser nur ein Zehntel von jenem der Sonne.

Der Planet hat eine Vielzahl von Monden und wird von einem farbigen Ringsystem umgeben – ein eigenes Mini-Solarsystem, hell und dominant, wie das leuchtende Stadtzentrum einer Metropole, etwa die Ginza in Tokio oder der Times Square in New York.

Galileo entdeckte 1610 die vier größten Monde – Io, Europa, Ganymed und Callisto –, die jetzt als Galileische Monde bekannt sind. Jupiter hat mindestens 63 Trabanten, mehr als jeder andere Planet unseres Sonnensystems. Astronomen vermuten, viele der äußeren Monde könnten Asteroiden sein, die im starken Gravitationsfeld Jupiters hängen blieben.

Ebenso wie Saturn, Neptun und Uranus ist Jupiter einer der Gasriesen. In seiner Zusammensetzung ist er einem Stern nicht unähnlich, er wäre – mehr Masse vorausgesetzt – wahrscheinlich tatsächlich zu einem Stern geworden.

Das Innere des Planeten kann in vier Schalen unterteilt werden: Ganz außen liegt eine Schicht von gasförmigem Wasserstoff, daran anschließend eine Schicht flüssigen Wasserstoffs, als drittes eine Schicht von flüssig-metallischem Wasserstoff – ein Material, das sich wie geschmolzenes Metall verhält – und im Innersten ein Kern aus gefrorenem, felsigem Material. Der Druck im Inneren des Planeten ist gewaltig – etwa 30 Millionen Mal höher als an der Erdoberfläche.

In der Schicht aus metallisch-flüssigem Wasserstoff induzierte elektrische Ströme sind für das starke Magnetfeld des Jupiter verantwortlich. Jupiters Magnetosphäre ist geladen mit energiereichen Partikeln, deren gefährliche Strahlung beständig auf seine Ringe und Monde niederprasselt. Aufgrund des Sonnenwinds erzeugt dieses Magnetfeld eine Art magnetischen Schweif, der sich noch hinter die Umlaufbahn des Saturn erstreckt.

JUPITER
MONTAGE VON
27 ECHTLICHT-
AUFNAHMEN
RAUMSONDE CASSINI
10 MILLIONEN KM
VON CASSINI ENTFERNT
29. DEZEMBER 2000
629 MILLIONEN KM
VON DER ERDE
ENTFERNT

JUPITERS GROSSER ROTER FLECK

Die auffälligste Erscheinung auf dem Jupiter ist wohl der „Große Rote Fleck", der größte Wirbelsturm unseres Sonnensystems. Mit einer Ausdehnung von 20.000 km ist er doppelt so groß wie die Erde. Seit mehr als 350 Jahren fegt er über die Südhalbkugel des Jupiter hinweg, damals wurde er von dem Physiker und Naturforscher Robert Hooke entdeckt. Allerdings ist er heute kleiner als noch vor 100 Jahren.

Der Große Rote Fleck ist eine Zusammenballung hoher, kalter Wolken, die von Stürmen mit bis zu 400 km/h gegen den Uhrzeigersinn gewirbelt werden. Eine Umdrehung dauert sechs Tage. Der Große Rote Fleck ist ein Anti-Zyklon, ein System mit hohem Druck, im Gegensatz zu den Tiefdruck-Zyklonen irdischer Wirbelstürme. Stürme wie dieser dauern deswegen so lange an, weil es auf den Oberflächen der Gasplaneten keine Hindernisse gibt, die ihre Gewalt brechen könnten.

Gemeinsam mit gewitterähnlichen Wolkenformationen tobt der Große Rote Fleck in den farbigen Wolkenbändern des Jupiter. Die hellen Bereiche nennt man „Zonen", die dunklen werden „Bänder" genannt, alle bestehen sie vorwiegend aus gefrorenem Ammoniak.

JUPITERS GROSSER ROTER FLECK
ECHTLICHT-AUFNAHME
VOYAGER 2
6 MILLIONEN KM VON VOYAGER 2 ENTFERNT
3. JULI 1979
805 MILLIONEN KM VON DER ERDE ENTFERNT

JUPITER: DIE RINGE

JUPITERS RINGSYSTEM (DIE horizontalen Linien im Bild oben) wurde 1979 von der NASA-Raumsonde Voyager 1 entdeckt. Heute wissen wir, dass dieses Ringsystem aus drei Teilen besteht: einem etwa 6.500 km breiten Hauptring, einem wolkengleichen Halo zwischen dem Hauptring und den obersten Wolkenschichten des Jupiter und dem durchsichtigen Gossamer-Ring an der Außenseite. Das Ringsystem ist höchst beständig und besteht aus winzigen, kaum zehn Mikron großen Staubpartikeln.

Immer wieder kommen große Gesteinsbrocken aus dem interplanetaren Raum – zu groß, um in der Atmosphäre vollständig zu verglühen – der Erde zu nahe und schlagen als Meteoriten ein. Astronomen vermuten, dass die Ringe des Jupiter aus jenem Staub bestehen, der von Meteoriten bei der Kollison mit den kleinen inneren Monden des Jupiter – Metis, Adrastea, Amalthea und Thebe – aufgewirbelt wurde.

RINGSYSTEM BEIDERSEITS DES JUPITER IM SCHWARZLICHT
ÜBERLAGERUNG VON ZWEI ECHTLICHT-AUFNAHMEN
RINGE: RAUMSONDE GALILEO
BÖGEN RUND UM JUPITER: VOYAGER 2
2,3 MILLIONEN KM VON GALILEO ENTFERNT
RINGE: 9. NOVEMBER 1996
BÖGEN: 1979
805 MILLIONEN KM VON DER ERDE ENTFERNT

WOLKENWIRBEL IN DER NÖRDLICHEN JUPITER-HEMISPHÄRE

HELLBLAUE WOLKEN LIEGEN HOCH UND SIND DÜNN, RÖTLICHE WOLKEN LIEGEN TIEF UND SIND DICK, DICKE WOLKEN IN GROSSER HÖHE SIND WEISS

NAHE INFRAROT-AUFNAHMEN

RAUMSONDE GALILEO

1,4 MILLIONEN KM VON GALILEO ENTFERNT

3. APRIL 1997

805 MILLIONEN KM VON DER ERDE ENTFERNT

DIE WOLKEN

Jupiter besteht zum grössten Teil aus Wasserstoff, ähnlich einem Stern. Seine Atmosphäre enthält etwa 90% Wasserstoff und 10% Helium. Die Schicht gut sichtbarer Wolken, vorwiegend aus gefrorenem Ammoniak, ist viele Kilometer dick und – ohne feste, ein Hindernis bietende Planetenoberfläche – äußerst turbulent. Die Atmosphäre ist in den unteren Regionen heißer, sodass Ammoniak aus dem Planeten nach oben steigt. In höheren Regionen gefriert der Ammoniak zu feinen Kristallen und bildet Wolken, deren wogende, marmorierte Farben vermutlich chemische Verunreinigungen sind.

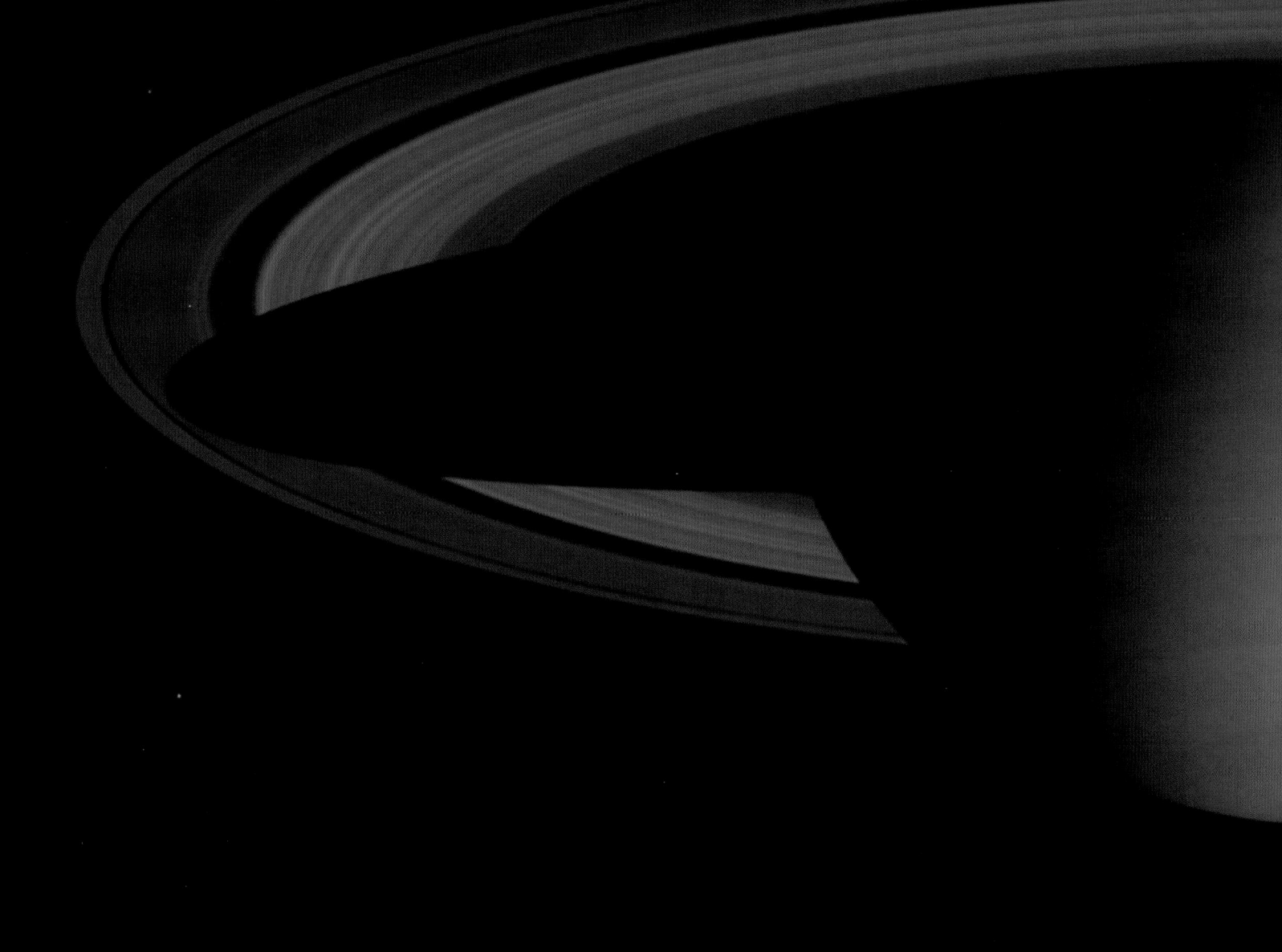

SATURN

Seine Ringe machen Saturn zu dem Planeten mit dem spektakulärsten Aussehen. Sein Durchmesser von 120.700 km entspricht zehn Mal dem der Erde. Er ist der zweitgrößte Planet und der am weitesten entfernte, der mit freiem Auge von der Erde aus sichtbar ist.

Schon mit einem kleinen Teleskop sieht man hunderte großer, dünner Ringe. Sie wechseln ihr Aussehen abhängig von der Position der Erde und der Neigung der Erdachse, erscheinen manchmal weit auseinandergezogen oder fast bis zur Unsichtbarkeit zusammengedrängt. Die Ringe bestehen aus Milliarden kleinster Eis- und Felsteile, von der Schwerkraft des Planeten wie in einem Fischernetz gefangen. Auch die anderen Gasplaneten sind von Ringen umgeben, die des Saturn sind jedoch die größten und hellsten. Mit Ausnahme der „Cassinischen Teilung" (ein Abstand von 4.600 km) liegen alle sehr nah beieinander, sodass sie von der Erde aus wie ein einziger Halo wirken.

Saturn wurde nach Jupiters Vater benannt und hat mindestens 33 bekannte Monde. Der größte von ihnen, Titan, ist größer als der Merkur. Für eine Umdrehung benötigt der Planet nur 10 ¼ Stunden, aufgrund der großen Distanz zur Sonne (fast 1,6 Mrd. km) dauert ein Sonnenorbit ca. 30 Erdenjahre.

Als Gasriese besteht Saturn aus Wasserstoff und Helium mit einem heißen, festen Kern. Sein Südpol ist die heißeste Region. Er weist die geringste Dichte aller Planeten auf. Sein spezifisches Gewicht ist geringer als das von Wasser. Gäbe es einen Ozean, in dem er Platz hätte, würde er darauf treiben.

Die Atmosphäre des Saturn besteht aus drei Wolkenschichten in Weiß, Orange und Blau und einer dicken Dunstschicht. Stürme mit bis zu 1.800 km/h brausen in der oberen Atmosphäre. Sie sind wie die Hitze, die vom Inneren des Planeten aufsteigt, für die gelben und goldenen Bänder verantwortlich, die die Oberfläche des Planeten zieren. Die hohe Rotationsgeschwindigkeit des Planeten in Verbindung mit seiner gasförmigen Struktur sorgt für sein plumpes Aussehen – die charakteristisch flachen Pole und den stark gewölbten Äquator.

Im Jahr 2004 schwenkte die Raumsonde Cassini-Huygens nach siebenjähriger Reise in eine Umlaufbahn um den Saturn ein, um ihn näher zu untersuchen. Die Huygens-Sonde soll auf sich allein gestellt den Mond Titan „unter die Lupe nehmen".

SATURN
ÜBERLAGERUNG VON ZWEI ECHTLICHT-AUFNAHMEN
RAUMSONDE CASSINI
28,2 MILLIONEN KM ENTFERNT VON CASSINI
7. MAI 2004
1,6 MILLIARDEN KM VON DER ERDE ENTFERNT

RINGPANORAMA
(OBEN)
SATURNS WAHRSCHEINLICH CHARAKTERISTISCHSTES MERKMAL ZEIGT VIBRATIONEN, SPALTEN UND WELLENMUSTER ALS FOLGE DER EINFLÜSSE DER GRAVITATION

ECHTLICHT-MOSAIK

RAUMSONDE CASSINI

1,8 MILLIONEN KM ENTFERNT VON CASSINI

12. DEZEMBER 2004

1,2 MILLIARDEN KM VON DER ERDE ENTFERNT

DER MOND DIONE IN SCHWARZ-WEISS VOR DEM FARBIGEN HINTERGRUND DES PLANETEN SATURN
(RECHTS)

ECHTLICHT-AUFNAHME

RAUMSONDE CASSINI

603.000 KM ENTFERNUNG ZWISCHEN CASSINI UND DIONE

14. DEZEMBER 2004

1,2 MILLIARDEN KM VON DER ERDE ENTFERNT

EINE GALERIE AUSGEWÄHLTER SATURNMONDE

DIONE  ENCELADUS 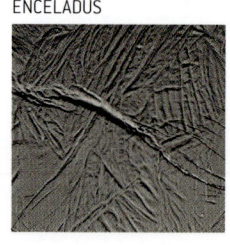 HYPERION

106 PLANETEN

DER MOND MIMAS ÜBER DER NÖRDLICHEN HEMISPHÄHRE SATURNS
(LINKS)
DIE SCHATTEN SEINER RINGE SIND AUF DER SATURNOBERFLÄCHE ERKENNBAR. OBERHALB VON MIMAS SCHEINT DAS SONNENLICHT ALS HELLER BLAUER STREIFEN DURCH DIE CASSINISCHE TEILUNG ZWISCHEN DEN RINGEN HINDURCH. UNTEN SIEHT MAN DEN DURCHSCHEINENDEN A-RING.

ECHTLICHT-AUFNAHME

RAUMSONDE CASSINI

3,7 MILLIONEN KM ENTFERNT VON CASSINI

7. NOVEMBER 2004

1,3 BILLIONEN KM VON DER ERDE ENTFERNT

IAPETUS	MIMAS	PHOEBE	RHEA	TETHYS	TITAN
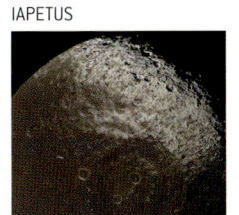					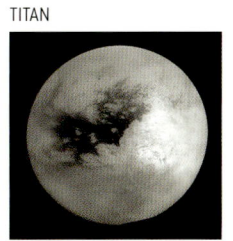

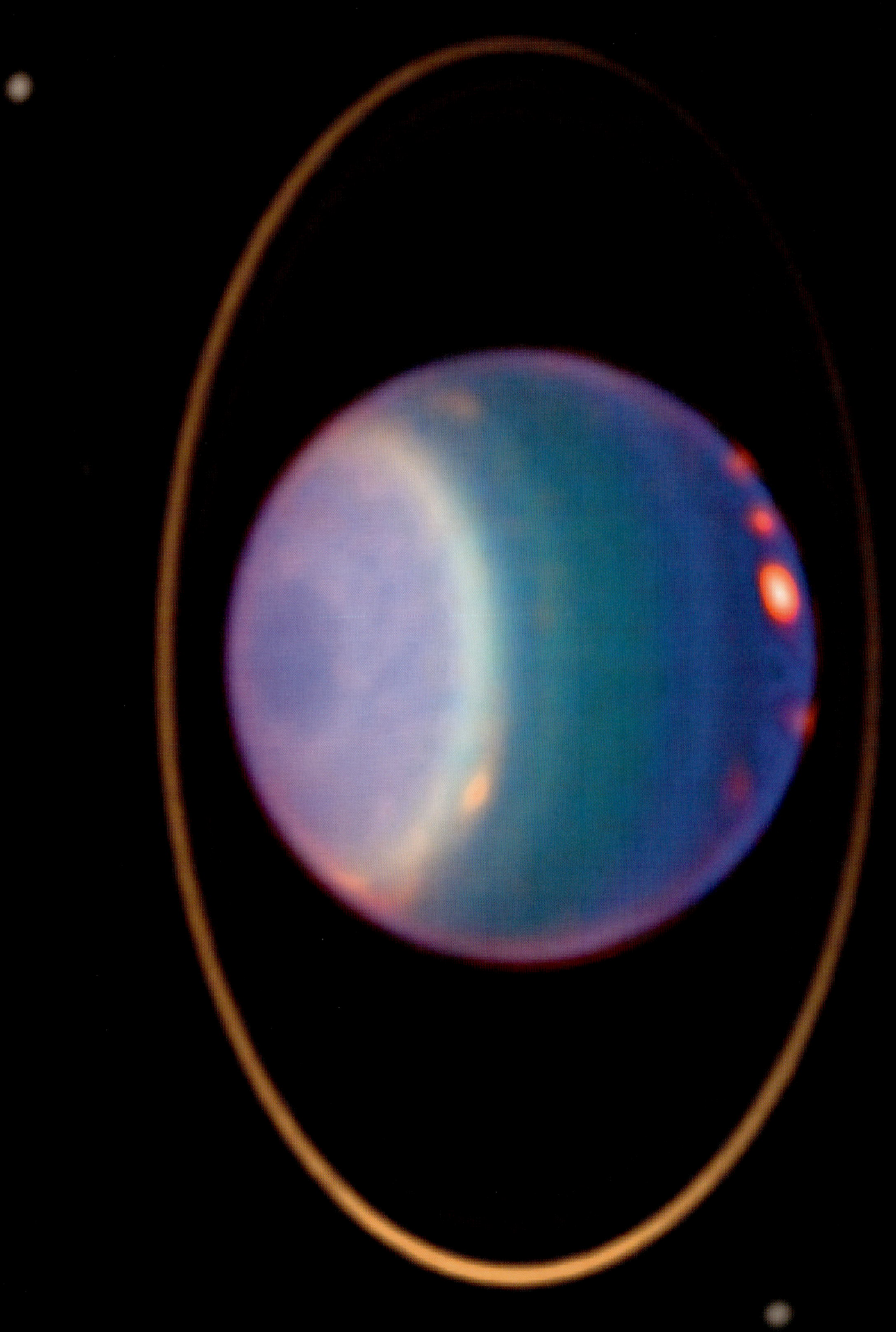

URANUS

Haben Sie jemals einen Ort entdeckt, der sie völlig überrascht hat? Der noch nie zuvor Ihre Neugier geweckt hatte, da sie ihn nicht als das wahrnahmen, was er tatsächlich ist? Sie haben seine Kraft und Schönheit völlig übersehen. Genau das ist Uranus passiert.

Der Brite William Herschel hielt Uranus, den drittgrößten und von der Sonne aus gesehen siebenten Planeten, 1781 für einen Kometen. Andere Astronomen, darunter auch Herschels Sohn, erkannten ihn zwar als Planeten, seine Ringe entdeckte man jedoch erst zwei Jahrhunderte später.

Ursprünglich galt Uranus als eher dunkler Planet, was er jedoch nicht ist, ganz im Gegenteil. Er ist nach dem griechischen Göttervater benannt, seine elf Ringe zählen zu den hellsten Erscheinungen am äußeren Rand unseres Sonnensystems. Bisher kennt man 27 Uranus-Monde, die meisten benannt nach Shakespeare-Figuren, u. a. Portia, Cordelia, Oberon und Puck. Miranda (die Heldin aus Shakespeares „Sturm") weist steile Klippen und zerklüftete Täler auf, die möglicherweise auf teilweises Schmelzen des Mondinneren hindeuten könnten.

Uranus ist ein Gasriese ohne feste Oberfläche. Der flüssige Kern aus gefrorenem Material

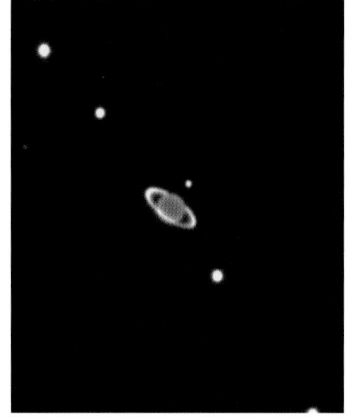

(Wasser, Methan und Ammoniak) macht 80% seiner Masse aus. In seiner Atmosphäre finden sich Wasserstoff, Helium und ein kleiner Anteil Methan. Ein Methanmantel oberhalb der Wolkenschichten der oberen Atmosphäre erzeugt das typische blau-grüne Leuchten des Uranus.

Im Jahr 2004 brachten Beobachtungen am W. M. Keck-Observatorium in Hawaii mindestens 31 Wolkenformationen zutage, die sich zwischen den einzelnen Ansichten dramatisch veränderten. Sie lassen auf Wirbelstürme schließen, deren Ausmaße die gesamten Vereinigten Staaten umfassen. Die Wolken liegen in unterschiedlichen Höhen und bestehen vermutlich vorwiegend aus Methankristallen, die während ihres Aufstiegs aus tieferen Regionen der Atmosphäre als Gasbläschen kondensieren.

Interessant ist die starke Achsneigung des Uranus, seine Rotationsachse liegt fast parallel zu seiner Umlaufbahn um die Sonne. Der Zusammenprall mit einem anderen planetengroßen Himmelskörper in der Frühzeit von Uranus wird als Ursache dieser gekippten Rotationsachse vermutet. Als Folge davon ist die Sonneneinstrahlung im Laufe seines 84 Jahre währenden Sonnenorbits an den Polregionen weit stärker als am Äquator.

URANUS MIT RING
(LINKS)
NAHE INFRAROT-AUFNAHME
(FARBVERSTÄRKT)
HUBBLE-WELTRAUM-
TELESKOP
(IN ERDUMLAUFBAHN)
8. AUGUST 1998
3,2 MILLIARDEN KM
VON DER ERDE ENTFERNT

URANUS UND SEINE MONDE
(OBEN)
NAHE INFRAROT-AUFNAHME
EUROPÄISCHE SÜDSTERNWARTE,
8,2 M VLT ANTU TELESKOP
19. NOVEMBER 2002
3,2 MILLIARDEN KM
VON DER ERDE ENTFERNT

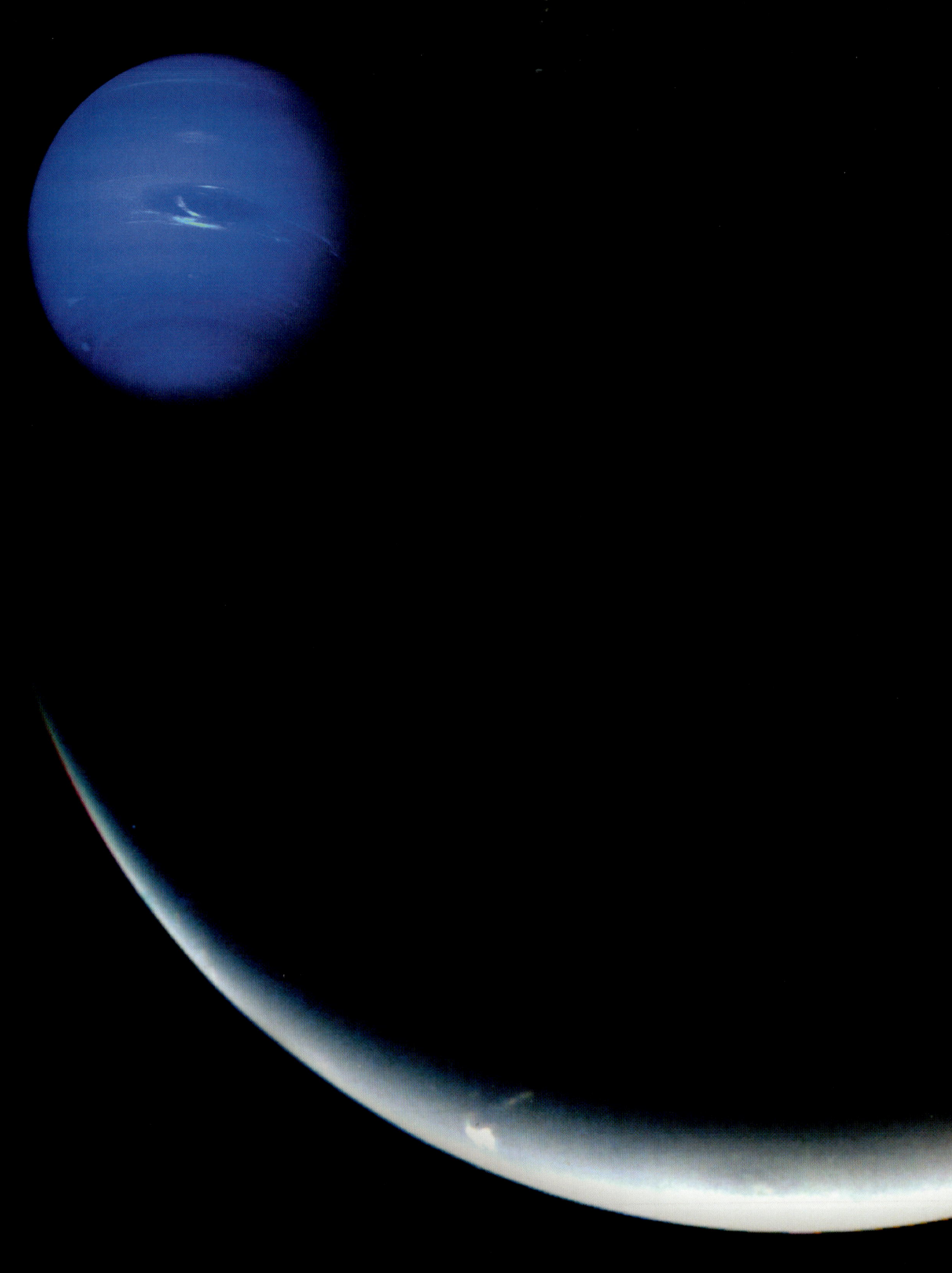

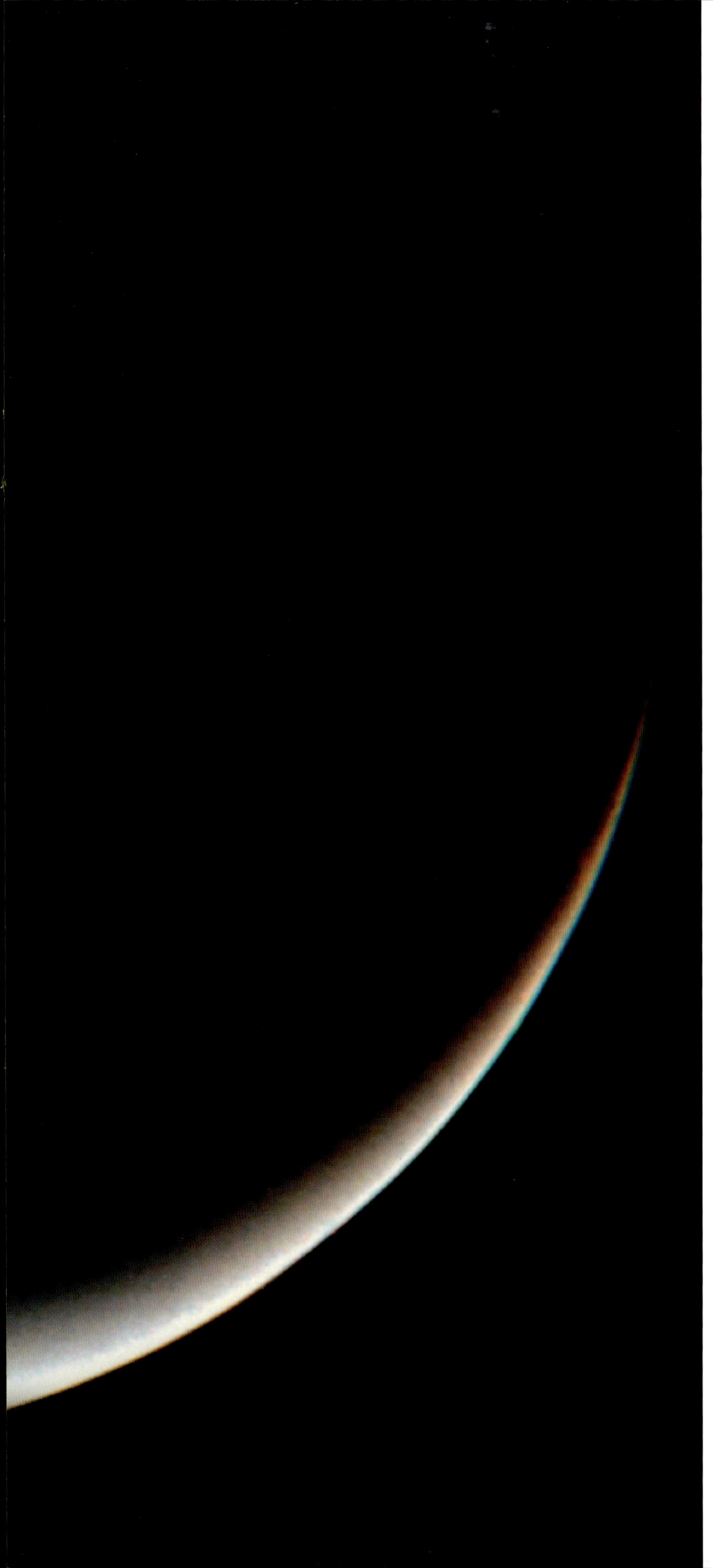

NEPTUN

Benannt nach dem römischen Gott des Meeres ist Neptun mit unvorstellbaren 4,5 Mrd. km der am weitesten von der Sonne entfernte Gasriese. Wegen der elliptischen Umlaufbahn Plutos ist Neptun alle 248 Jahre für die Zeit von 20 Jahren sogar der am weitesten von der Sonne entfernte Planet überhaupt.

Als erster Planet wurde Neptun durch Berechnungen „entdeckt", bevor man ihn tatsächlich sah. Unregelmäßigkeiten in der Bewegung des Uranus ließen die Anziehungskraft eines großen, noch unbekannten Planeten vermuten. Neptun ist so weit von der Sonne entfernt, dass ein Orbit 165 Jahre dauert. Seit seiner Entdeckung 1846 hat er noch keinen vollen Kreis beschrieben. Die Entfernung macht es auch unmöglich, ihn mit freiem Auge zu sehen.

Neptun und Uranus könnten fast Zwillinge sein, wobei Neptun etwas kleiner, dafür ein wenig schwerer ist. Auch im Inneren, das aus geschmolzenem Wasser-, Methan- und Ammoniakeis mit einem festen, etwa erdgroßen Kern besteht, gleicht Neptun Uranus. Das Methan in seiner Atmosphäre aus Wasserstoff, Helium und Methan absorbiert den Rotanteil des Sonnenlichts und gibt dem Planeten seine blaue Farbe. Die Stürme auf Neptun sind die heftigsten im Sonnensystem.

Neptun hat Ringe sowie 13 bekannte Monde. Triton ist nicht nur der größte Mond des Neptun, sondern auch der einzige im ganzen Sonnensystem mit retrograder Rotation.

NEPTUN MIT SEINEM GROSSEN DUNKLEN FLECK, EINEM WIRBELSTURM (OBEN LINKS)
ECHTLICHT-AUFNAHME
VOYAGER 2
7 MILLIONEN KM
VON VOYAGER 2
21. AUGUST 1989
4,8 MILLIARDEN KM
VON DER ERDE ENTFERNT

NEPTUNS SÜDPOL (GROSSES BILD)
ECHTLICHT-AUFNAHME
VOYAGER 2
20. AUGUST 1989

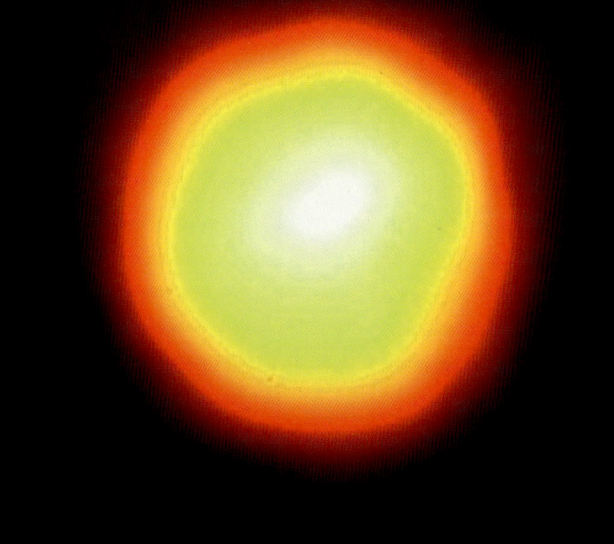

PLUTO

FÜR DIE GRIECHEN WAR PLUTO DER Gott der Unterwelt, der sich als Herr der Dunkelheit unsichtbar machen konnte. Auch der Planet Pluto, der äußerste des Sonnensystems, ist dunkel und geheimnisvoll. Plutos einziger Mond Charon wurde erst 1978 entdeckt. Die beiden drehen sich um eine gemeinsame Achse, sodass man auch von einem Doppelplaneten spricht.

Seit seiner Entdeckung 1930 gilt Pluto als der kleinste, kälteste und sonnenfernste Planet. Noch wissen wir wenig über ihn. Keine Raumsonde drang je zu ihm vor. Bevor die geplante New Horizons Mission Pluto und Charon im Jahr 2015 erreicht, beruht unser Wissen auf erdgebundenen Beobachtungen, Infrarot-Satellitenbildern und Aufnahmen von Hubble.

Demnach braucht Pluto 248 Jahre für einen Sonnenorbit. Seine im wahrsten Sinne des Wortes exzentrische Umlaufbahn wird von Neptun beeinflusst. Die beiden spielen Katz-und-Maus, wobei Pluto während seiner elliptischen Umlaufbahn der Sonne sogar für 20 Jahre – zuletzt von 1979 bis 1999 – näher ist als Neptun. Pluto hat etwa zwei Drittel der Größe unseres Mondes und auch seine Masse — ein felsiger Kern umgeben von einem eisigen Mantel — ist geringer als die des Erdenmonds. Seine Oberfläche scheint von einer hellen Schicht aus Methan, Stickstoff und Kohlenmonoxid überzogen, die schmilzt, sobald sich der Planet der Sonne weiter nähert.

Während des „Tauwetters" entsteht eine dünne, flüchtige Atmosphäre, deren Druck etwa einem Millionstel des Drucks auf der Erde entspricht. Wenn sich Pluto wieder von der Sonne entfernt, sollte sie eigentlich gefrieren und, da der Druck fällt, schrumpfen, doch aktuelle Beobachtungen zeigen, dass sich die Atmosphäre Plutos immer weiter ausdehnt.

Für die Astronomen ist Pluto ein einzelner Planet einer ganzen Reihe von Himmelskörpern, die jenseits des Neptun, im Kuiper-Gürtel, um die Sonne kreisen: Eisgebilde, entstanden in den Anfängen des Sonnensystems, mit einer Größe von bis zu 1.000 km — manche davon möglicherweise Kometen. So besehen, wagen einige zu behaupten, wäre Pluto gar kein „echter" Planet.

PLUTO (LINKS) MIT SEINEM MOND CHARON
UV-AUFNAHME HUBBLE-WELTRAUM-TELESKOP (IN ERDUMLAUFBAHN) MIT DER FAINT OBJECT KAMERA — KAMERA FÜR LICHTSCHWACHE OBJEKTE — DER ESA
21. FEBRUAR 1994
4,4 MILLIARDEN KM VON DER ERDE ENTFERNT

KOMETEN

Kometen kann man sich als Miniplaneten vorstellen, kleine Brocken aus Eis, Staub und Gestein, die innerhalb unseres Sonnensystems ihre eigenen Kreise ziehen. In elliptischen Umlaufbahnen kommen sie der Sonne entweder regelmäßig (wie der Halley'sche Komet alle 76 Jahre) oder ganz selten nahe.

Das Auffälligste an einem Kometen ist sein Schweif, der entsteht, wenn sich der Komet der Sonne nähert. Die Sonne erwärmt den eisigen Kern des Kometen, das Eis verdampft zu Gas und etweicht explosionsartig ins All, wobei eine Menge Staub mitgerissen wird. Der Staub sammelt sich um den Kern und bildet eine oft tausende von Kilometern große, Coma genannte Hülle. Durch den Strahlungsdruck des Sonnenlichts auf die Staubpartikel lösen sich diese langsam aus dem Coma und bilden den hellen Staubschweif des Kometen.

Während das Gas entweicht, verlieren die Gasatome einige Elektronen, die verbleibenden gelangen durch den Einfluss von Sonnenlicht und Vakuum auf ein höheres Energieniveau. Diese nun positiv geladenen Ionen werden vom Sonnenwind mitgerissen, wobei die äußeren Elektronen zu ihrem Normalzustand zurückkehren und in fluoreszierendem Licht erstrahlen: Der Beobachter erkennt den bis zu 100 Millionen km langen, blau schimmernden Ionenschweif.

Die meisten Kometen sollen der so genannten Oortschen Wolke entstammen, einer annähernd kugelförmigen Sphäre Billionen Kilometer von der Sonne entfernt. Sie könnte Millionen, wenn nicht Milliarden schlafender Kometen enthalten.

Die Begegnung der NASA-Raumsonde Stardust mit dem Kometen Wild 2 (oben) brachte einige Überraschungen. Anstatt des „schmutzigen Schneeballs", den man zu sehen erwartet hatte, zeigen die Bilder eine strukturierte Oberfläche mit Erhebungen, steilen Klippen und tiefen Kratern sowie eine große Zahl von Jets, die Material von der Oberfläche ausstoßen. Die Jets sind bis zu 100 m hoch, die Krater bis zu 150 m tief. Als Stardust einige dieser Jets durchquerte, wurde durch den heftigen Materialausstoß der äußere Schild der Sonde beschädigt. Für die Wissenschaftler sind die Erkenntnisse über Wild 2 exemplarisch auch für andere Kometen.

Neue Kometen werden für gewöhnlich nach ihren Entdeckern benannt. So hat Wild 2 seinen Namen vom Schweizer Astronomen Paul Wild. Andere, etwa der Halley'sche Komet, tragen den Namen jenes Wissenschaftlers, der ihre Umlaufbahn berechnet hat. Wieder andere benennt man nach den Observatorien oder Satelliten, die sie aufspüren.

KOMET WILD 2 (OBEN)
DIE NAHAUFNAHME LÄSST OBERFLÄCHENSTRUKTUREN ERKENNEN
ECHTLICHT-AUFNAHME
RAUMSONDE STARDUST
236 KM VON STARDUST ENTFERNT
2. JANUAR 2004
389 MILLIONEN KM VON DER ERDE ENTFERNT

COMET C/2001 Q4 (NEAT) (RECHTS)
ECHTLICHT-AUFNAHME MIT ROT-, GRÜN- UND BLAUFILTERN
WIYN 0,9M TELESKOP
KITT PEAK NATIONAL OBSERVATORY
7. MAI 2004
47,9 MILLIONEN KM VON DER ERDE ENTFERNT

MONDE
IM BANNKREIS DER PLANETEN

So wie sich die Sonne mit Planeten umgibt, werden die Planeten selbst von Monden umkreist. In unserem Planetensystem gibt es mehr als 140 bekannte Monde oder „natürliche Satelliten", mindestens 63 davon gehören zu Jupiter. Doch auch alle anderen Planeten, außer Merkur und Venus, haben Trabanten unterschiedlichster Größe, manche größer als der Mond der Erde, manche nur ein Stück planetarer Abfall. Einige könnten auch Asteroiden sein, die vom Gravitationsfeld des Planeten festgehalten werden. Nach Ansicht der Wissenschaft zählen dazu etwa die Marsmonde Phobos und Deimos.

Zwar gibt es nach heutigem Wissensstand auf keinem der Satelliten Wasser, allerdings fand man Wassereis, z. B. auf Europa und Ganymed, ja unter der eisigen Oberfläche Europas könnte es sogar einen Ozean geben. Manche Monde haben eine Atmosphäre, manchmal ist sie dicht und dunstig, wie etwa die des Saturnmondes Titan. In der planetenähnlichen Atmosphäre des Titan sieht die Forschung eine Art „präbiologisches Labor", das uns Aufschluss über die Vergangenheit der Erde geben könnte. Andere wiederum, wie etwa der Jupitermond Europa, haben eine sehr dünne Atmosphäre. Die Wasserstoff-Atmosphäre von Europa könnte aus Wasserdampf-Rückständen bestehen, einem Produkt der eisigen Oberfläche des Mondes.

Der Jupitermond Io, der auf dem Bild majestätisch seinen Mutterplaneten umkreist, ist jener Himmelskörper in unserem Sonnensystem mit der höchsten vulkanischen Aktivität. Magma und andere Emissionsrückstände von Pele und den anderen Vulkanen des Io bedecken die gesamte Oberfläche des Mondes. Ios Außenhülle wird von den Gravitationskräften Jupiters und seiner anderen Galileischen Monde ständig weiter zusammengedrückt. Und genau so, wie man einen Gummiball erwärmen kann, wenn man ihn immer wieder zusammendrückt, wird Io durch diesen Druck aufgeheizt: Die unteren Schichten bleiben heiß und der Vulkanismus bleibt bestehen.

Ganymed ist nicht nur der größte Mond des Jupiter, sondern der größte des gesamten Sonnensystems – sogar größer als die Planeten Merkur und Pluto. Würde Ganymed die Sonne direkt umkreisen, könnte er aufgrund seiner Größe und seines Aufbaus aus Gestein und Eis durchaus als selbstständiger Planet gelten.

DER MOND IO IM ORBIT UM JUPITER
ECHTLICHT-AUFNAHME
RAUMSONDE CASSINI
9,9 MILLION KM
VON CASSINI ZU JUPITER
1. JANUAR 2001
422.000 KM
VON IO ZU JUPITER

ERDEN-MOND

Als „prächtige Einöde" haben jene den Mond beschrieben, die ihn aus der Nähe sahen. Obwohl es das einzige Festland außerhalb der Erde ist, das Menschen je betraten, gibt es noch so vieles, was wir nicht verstehen. Der Mond scheint uns als unfruchtbare, von Kratern übersäte Kugel ohne Wasser oder Atmosphäre, die die Erde umkreist.

Manchmal sichtbar, manchmal verschwunden, bleibt der Mond ein Mysterium, ein Ort, den man nie ganz erforschen kann, der immer ein Geheimnis birgt.

Mythen und Aberglaube haben unsere Einstellung zum Mond seit Urzeiten geprägt. Dem zufolge soll der Vollmond die Leute verrückt machen, und tatsächlich leitet sich z. B. das englische Wort „lunatic" (wahnsinnig) vom lateinischen Luna ab und bedeutet wortwörtlich „vom Mond getroffen". Wir Europäer glaubten, im Mond das Gesicht

eines Mannes zu sehen, die Maya sahen das Gesicht eines Kaninchens. Seit jeher ist der Mond ein beliebtes Thema der Literatur, so sandte im 19. Jahrhundert Jules Verne seine Helden Von der Erde zum Mond.

Manche der Mythen gehen sicher auf die „wechselnden Gesichter", die Mondphasen zurück. Der Mond benötigt für eine Erdumkreisung etwa einen Monat und wechselt dabei seine Gestalt vom kreisrunden Vollmond bis zur Unsichtbarkeit, dem Neumond.

Da der Mond nicht selbst leuchtet, sehen wir nur jenen

DER MOND – TRABANT DER ERDE
(LINKS)
DUNKLE, LAVAGEFÜLLTE MEERE AUF DER NORDHALBKUGEL
MONTAGE DES NORDPOLS AUS 18 ECHTLICHT-AUFNAHMEN
JUPITERSONDE GALILEO
908.000 KM ENTFERNT VON GALILEO
7. DEZEMBER 1992
389.000 KM VON DER ERDE ENTFERNT

DIE ERDE GEHT AUF
(RECHTS - VOM LUNAR-ORBIT AUS GESEHEN)
ECHTLICHT-AUFNAHME
HASSELBLAD 70 MM AUS DER HAND DURCH MODUL-FENSTER
APOLLO 17
384.000 KM VON APOLLO ZUR ERDE
DEZEMBER 1972

Teil, der von der Sonne bestrahlt wird. Auch sehen wir immer nur dieselbe Seite des Mondes, da er synchron zur Erde rotiert. Für eine Achsdrehung benötigt er ebenso lang wie für eine Erdumkreisung, genau 27,3 Tage.

Die Wissenschaft ist noch uneinig, wie der Mond entstand. Viele meinen, er verdankt sein Bestehen einem Asteroiden oder kleinen Planeten, der vor 4,5 Milliarden Jahren mit der Erde kollidierte. Dabei wurde so viel Materie ins All geschleudert, dass sich daraus der Mond formen konnte.

Zu Beginn war das Mondgestein heiß und flüssig. Mit der Zeit kühlte es ab und bildete die kraterübersäte Außenschicht, den Mantel, um einen Eisenkern. Auf der der Erde zugewandten Seite des Mondes findet man zwei Geländetypen: helle, verkraterte Hochländer, Terrae (lat. für Land) genannt, umgeben dunklere, glattere Mares („Meere", da man früher dachte, sie wären Wasserflächen). Die Krater entstanden höchstwahrscheinlich durch Meteoriteneinschläge, deren größte wie von Mauern umgebene Ebenen wirken.

Der Mond hat keine Atmosphäre und nur ein schwaches Gravitationsfeld – etwa ein Sechstel der Erdanziehungskraft: Ein etwa 90 kg schwerer Mensch würde auf dem Mond daher nur 15 kg wiegen. Davon profitierten die Astronauten bei ihren Mondspaziergängen, denn die Raumanzüge mit all den Überlebensgeräten hatten ein enormes Gewicht.

Am 20. Juli 1969 – nur 66 Jahre, nachdem die Gebrüder Wright zum allerersten Mal überhaupt geflogen waren – landete Apollo 11 auf unserem Trabanten, im „Meer der Ruhe". Neil Armstrong setzte als erster Mensch einen Fuß auf den Mond.

DAS KRATERBECKEN MARE ORIENTALE ERSTRECKT SICH ZWISCHEN DER ERDNAHEN UND DER ERDABGEWANDTEN SEITE DES MONDES
ECHTLICHT-MONTAGE
LUNAR ORBITER 4
2.700 KM ENTFERNT VOM ORBITER
25. MAI 1967
384.000 KM VON DER ERDE ENTFERNT

MARE ORIENTALE

Das Mare Orientale befindet sich von der Erde aus gesehen am äußersten östlichen Rand des Mondes, an der Grenze zwischen der sichtbaren und der erdabgewandten Seite. Genau von oben kann man es nur von einem Raumschiff aus sehen.

Das tellerförmige Becken mit einem Durchmesser von 1000 km entstand vor über 3 Milliarden Jahren durch einen Asteroideneinschlag. Das innerste Tal wird von drei ringförmig angeordneten, konzentrischen Bergketten umsäumt, wodurch es wie eine Zielscheibe aussieht. Wie etwa 40 andere Mond-Krater wird das imposante Einschlagbecken „Mare" (lat. für Meer) genannt, da die Astronomen früherer Zeiten glaubten, diese großen dunklen Stellen wären Wasserflächen. Doch es gibt kein Wasser auf dem Mond.

Die „Meere", viele davon dunkle, flache Regionen, die über früheren Vulkanismus Auskunft geben, bedecken etwa 30% der Mondoberfläche. Im Gegensatz dazu ist das Mare Orientale, das jüngste der riesigen Einschlagbecken, nicht dunkel, da es nie mit Lava gefüllt war. Auch ist seine Basaltkruste flacher, nur etwa 1 km tief.

APOLLO 17: DIE LETZTE MISSION

„Absolut unglaublich – man kann Geröllhalden sehen – da gibt es überall Felsen", zeigte sich Harrison Schmitt, der einzige Geologe, der je den Mond betrat, begeistert.

Der Flug von Apollo 17 stand am Ende einer Ära. Er war die letzte Mondlandemission des 20. Jahrhunderts und vieles deutet darauf hin, dass die NASA damit unter das gesamte Apollo-Programm einen Schlussstrich ziehen wollte.

Im Dezember 1972 landete die Crew in der Taurus-Littrow Region, einem Tal am Rand des Meeres der Heiterkeit, und untersuchte die Geologie der Mondoberfläche. Der Landeplatz zeichnete sich durch das Vorhandensein sowohl von jungem Vulkangestein als auch von älterem Gestein aus Gebirgen aus. Die Astronauten kehrten mit der größten, je von Apollo aufgelesenen Mineraliensammlung zurück: 110 kg Gestein und Erde.

Doch die Mission Apollo 17 ist auch aus anderen Gründen bemerkenswert: Die Männer

Der Geologe Schmitt verwendet zum Aufsammeln von Gesteinsproben einen ganz gewöhnlichen Rechen aus rostfreiem Stahl.
(MISSIONSZEIT 122:26:17 H)

Ein uralter Felsen, Überrest jenes Asteroideneinschlags, der zur Bildung des Meeres der Heiterkeit geführt hat, wurde nach Cerans Tochter Tracy's Rock genannt.
(MISSIONSZEIT 165:00:58 H)

verbrachten 75 Stunden auf der Mondoberfläche und fuhren dabei in ihrem Lunar-Rover (LRV, einem Elektrofahrzeug mit Vierrad-Antrieb und Handsteuerung) die weiteste, je von Menschen auf dem Mond zurückgelegte Strecke – 35 km. Sie schossen 2.218 Fotos, viele davon als Panorama-Sequenzen.

Schmitt und dem Kommandanten der Mission, Eugene Cernan, bleibt bis auf Weiteres die Gewissheit, dass sie die letzten Menschen waren, die den Mond betreten haben.

EUGENE CERNAN UND HARRISON SCHMITT UNTERSUCHEN DIE REGION TAURUS-LITTROW IM MEER DER HEITERKEIT
ECHTLICHT-AUFNAHMEN
HASSELBLAD 70MM, IN BRUST-HÖHE AN DEN DRUCKANZÜGEN DER ASTRONAUTEN BEFESTIGT
APOLLO 17
DEZEMBER 1972
384.000 KM
VON DER ERDE ENTFERNT

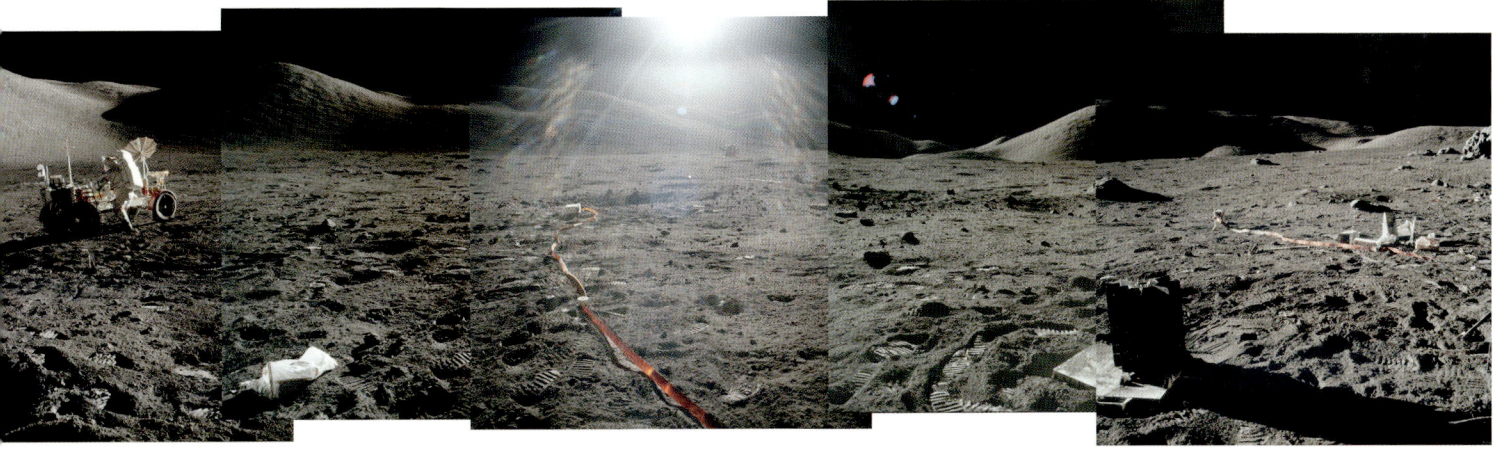

Schmitt (der Schatten links) fotografiert Cernan, der Werkzeug aus dem LRV nimmt. Links außen das Apollo Lunar Surface Experiments Package.
(MISSIONSZEIT 120:48:56 H)

APOLLO 17

DER MARSMOND PHOBOS
ECHTLICHT-MONTAGE
MARSSONDE VIKING 1 IM ORBIT
1.590 KM ENTFERNT
VON VIKING 1
10. JUNI 1977
9.500 KM
VON PHOBOS ZUM MARS

PHOBOS

Haben Sie sich jemals an einem Ort wiedergefunden, wo Sie um nichts in der Welt sein wollten? Ein fremdes Stadtviertel, das unwirtlich und bedrohlich wirkt. Und Sie haben Angst. Das griechische Wort Phobos bedeutet Angst. Der Mond hat seinen Namen von einem Sohn des Kriegsgottes Mars und ist der größere der beiden Marsmonde. (Der andere ist Deimos.) Phobos ist 28 km lang und 20 km breit. Er umkreist den Planeten dreimal an einem Marstag.

Das auffälligste Merkmal von Phobos ist Stickney, ein Krater von zehn km Durchmesser, der erstmals auf Bildern der Marsmission Mariner 9 entdeckt und später auch vom Orbiter Viking 1 aufgenommen wurde. Stickney hat seinen Namen von Chloe Angeline Stickney Hall, der Ehefrau von Asaph Hall, der beide Marsmonde, Phobos und Deimos entdeckt hatte. Der massive Einschlag, der den Mond beinahe zerstört hätte, erzeugte ein Muster von Rissen über die gesamte Oberfläche des Satelliten.

Phobos hat keine Atmosphäre und seine Oberfläche scheint mit feinem Staub überzogen, erzeugt durch das ständige Bombardement von Meteoriten. Der Mond besteht aus kohlenstoffreichem Gestein, wie man es bei vielen Asteroiden findet.

Die fehlende Atmosphäre lässt den Mond nach Sonnenuntergang rasch abkühlen. Die Temperaturunterschiede zwischen Tag und Nacht sind enorm, sie reichen von −4°C bei Sonneneinstrahlung bis zu −112°C des „Nachts".

Das Ende dieses Trabanten ist vorhersehbar. Er wird auf den Mars stürzen oder zu einem Ring aufbrechen. Da er dem Planeten jedes Jahr um 1,8 m näher kommt, sieht man sein Ende in etwa 50 Millionen Jahren kommen.

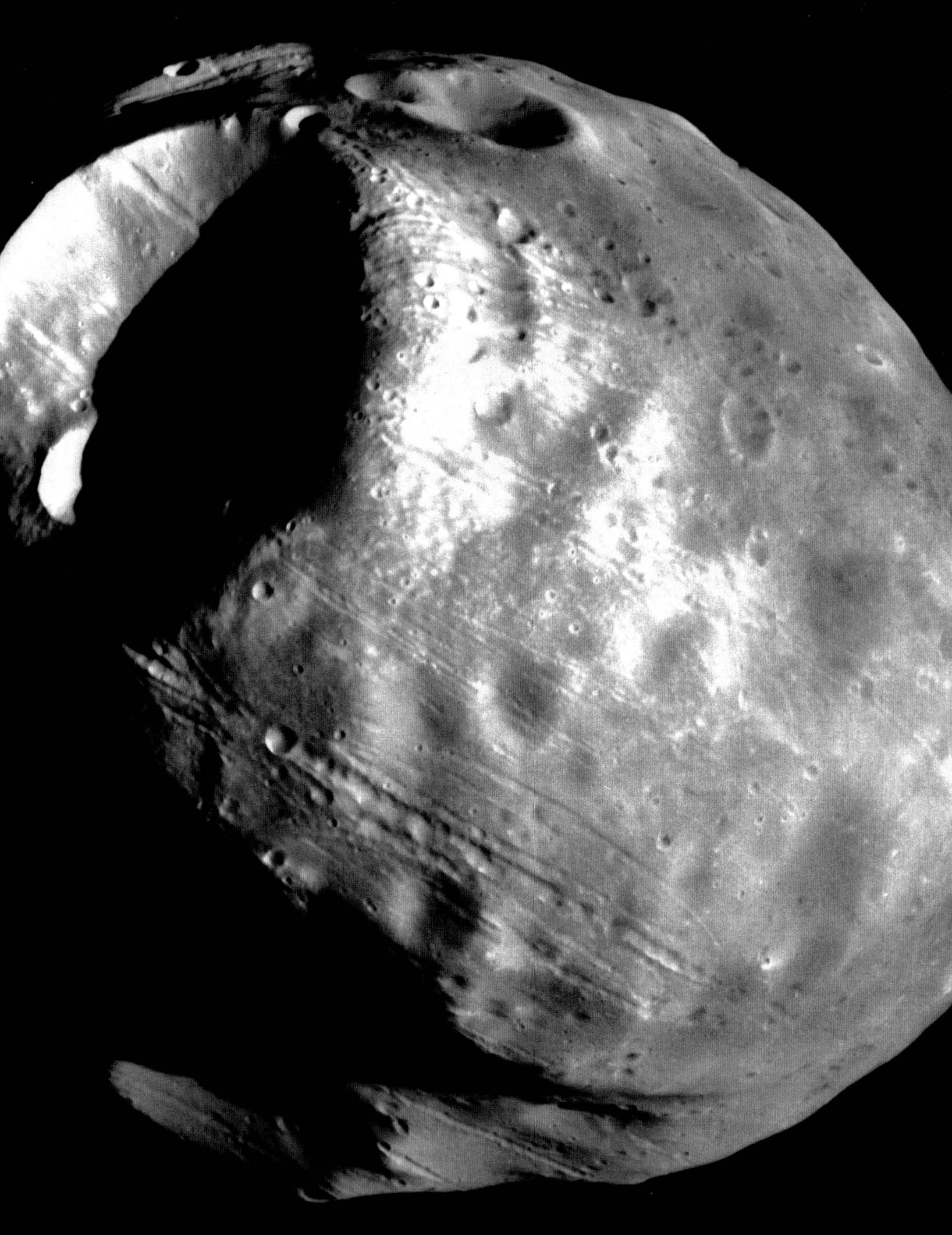

Io

In der Mythologie war Io eine Jungfrau, die von Jupiter in eine Kuh verwandelt wurde, um sie vor der Eifersucht seiner Gattin zu schützen. Vergeblich: Hera erkannte die Rivalin und sandte eine Bremse, um sie zu piesacken. Die so Gepeinigte zieht seither ziellos in der Welt umher. Auch der Jupitermond Io kann als ein Geplagter angesehen werden – allerdings aufgrund seiner vulkanischen Aktivität.

Io ist der drittgrößte Mond des Jupiter, etwas größer als der Erdenmond. Er ist dem Planeten sehr nahe, mit einem Abstand von nur 422.000 km ist er der innerste der vier Galileischen Monde.

Schwefelhaltige Lava ist für die körnige Oberfläche und die Farbe des Satelliten verantwortlich. Hunderte Schwefeleruptionen, die Wolken von rotem und gelbem Schwefel in die dünne Schwefeldioxid-Atmosphäre des Mondes schießen, wurden in der äußersten Schicht Ios beobachtet. Man vermutet, dass der Kern des Satelliten aus Eisen besteht, sodass er ein eigenes Magnetfeld haben könnte.

DER JUPITERMOND IO
GELBE UND WEISSE BEREICHE KENNZEICHNEN GEBIETE MIT HOHEM SCHWEFELGEHALT, ROTE UND SCHWARZE JENE MIT VULKANISCHER AKTIVITÄT
ECHTLICHT-AUFNAHME (FARBVERSTÄRKT)
JUPITERSONDE GALILEO
500.000 KM ENTFERNT VON GALILEO
19. SEPTEMBER 1997
422.000 KM
VON DER ERDE ENTFERNT

IO: PELE BRICHT AUS

Ios Nähe zum riesigen Jupiter macht ihn zu dem Himmelskörper mit der höchsten Vulkanaktivität im ganzen Sonnensystem. Rauchschwaden erheben sich mehr als 100 km über Vulkane, wie den Pele, und überziehen die gesamte Oberfläche.

Die Gezeitenkräfte von Jupiter selbst und den anderen Galileischen Monden führen zu einer Oberflächenbewegung, die das Innere von Io ständig aufheizt. Dadurch bleibt die Kruste des Mondes knapp unter der Oberfläche stets flüssig. Um den Druck zu vermindern, versucht die flüssige Masse, durch die Oberfläche nach außen zu dringen. Flüssige Lava füllt Meteoriten-Krater, geschmolzenes Gestein ergießt sich über sanfte Ebenen. Über die Zusammensetzung der Lavaströme ist sich die Wissenschaft noch nicht klar. Man nimmt an, dass es sich größtenteils um Schwefel und Schwefelverbindungen oder Silikatgestein handelt.

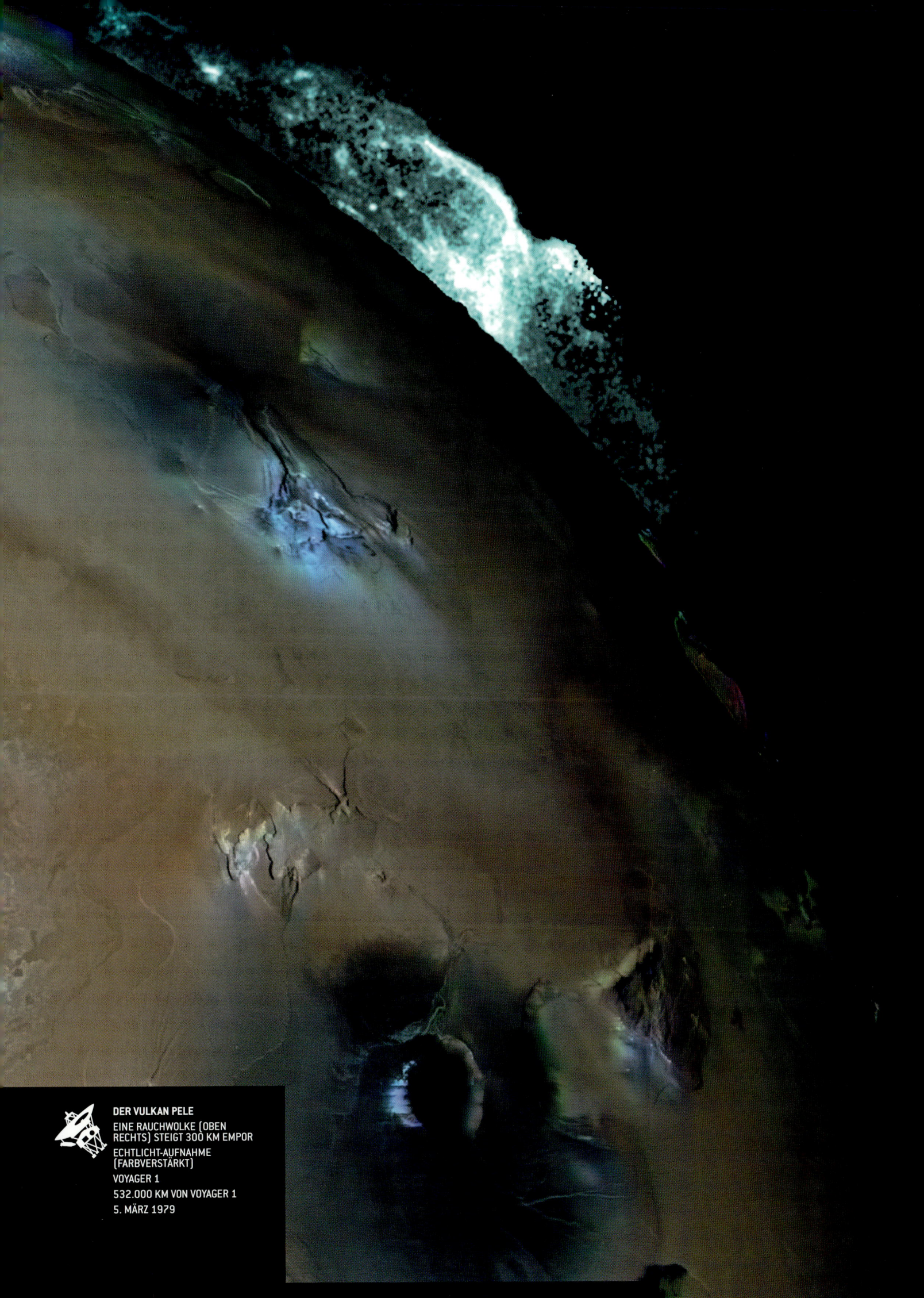

DER VULKAN PELE
EINE RAUCHWOLKE (OBEN RECHTS) STEIGT 300 KM EMPOR
ECHTLICHT-AUFNAHME (FARBVERSTÄRKT)
VOYAGER 1
532.000 KM VON VOYAGER 1
5. MÄRZ 1979

EUROPA

IN DER GRIECHISCHEN MYTHOLOgie wird die schöne Prinzessin Europa von dem als weißer Stier verkleideten Zeus verführt. Das reizvolle Äußere von Europa, einem der vier Galileischen Jupitermonde, ist einzigartig in unserem Sonnensystem. Sanft und fremdartig schön, gleicht die Maserung Farbspritzern auf einer Palette. Verantwortlich für diese Oberfläche könnte Wasser sein, da Europa größtenteils eine flüssige Kugel ist. Das Muster entstand durch die Ausdehnung des Mondes, wobei sich Risse bildeten, die von mittlerweile gefrorenem Wasser gefüllt wurden.

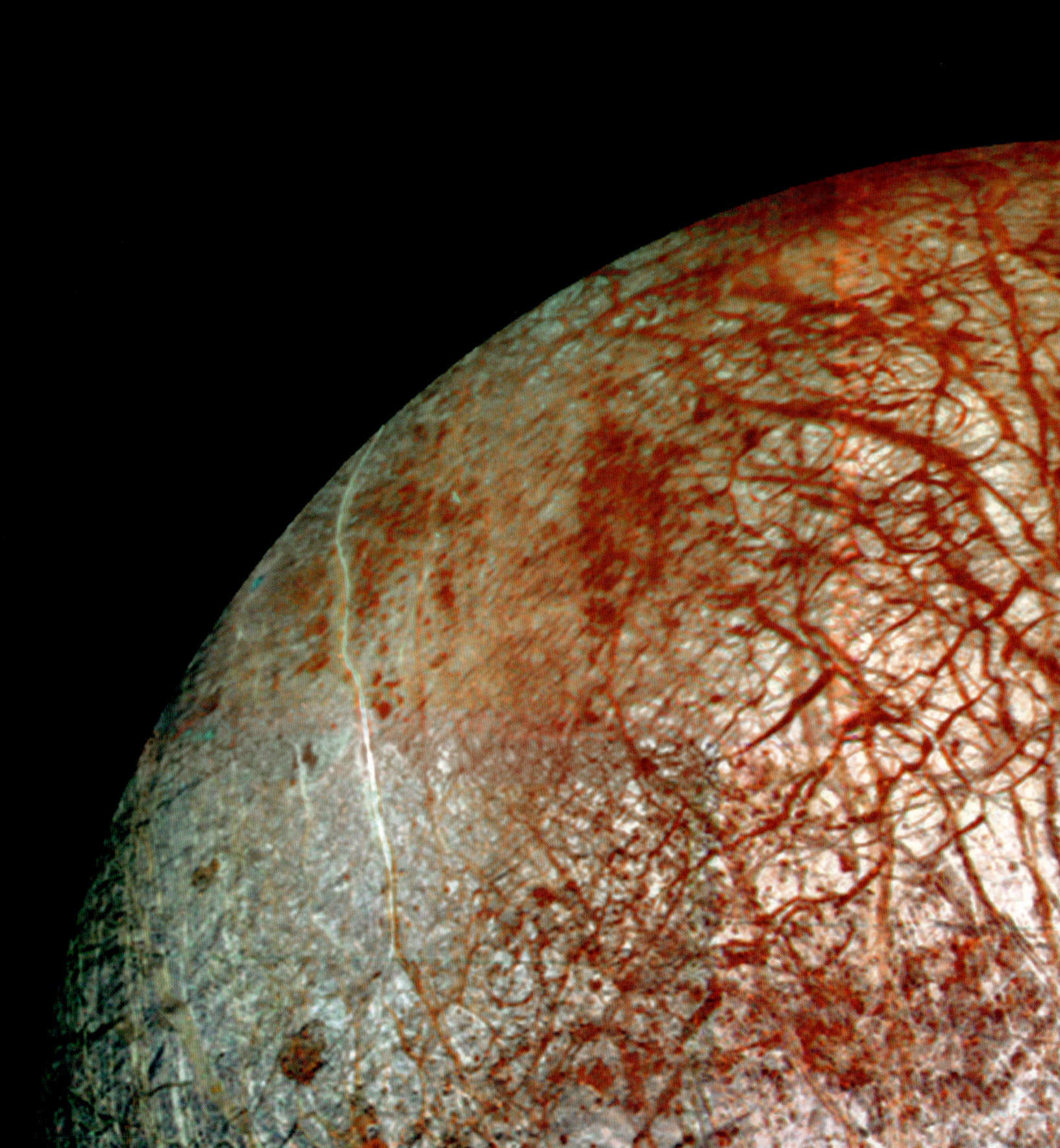

Auch im Inneren könnte es Fließwasser geben, da die Gezeitenkräfte durch Gravitationseinflüsse zu einer Erwärmung führen: Einander entgegengesetzt, wirken die Anziehungskraft Jupiters auf der einen, jene der anderen Jupitermonde auf der anderen Seite von Europa. Es könnte auf Europa sogar mehr Wasser geben als auf der Erde, da der Wassermantel des Mondes sehr tief reicht. Die salzhaltigen Ozeane unter der 5 km dünnen Kruste könnten bis zu 50 km tief sein. Die Kruste selbst besteht aus Wasser und Eis. So verlockend dieses Wasser auch sein mag, die dünne Atmosphäre enthält nur wenig Sauerstoff. Durch Sonneneinstrahlung und den Aufschlag geladener Partikel wird zwar Eis von der Oberfläche verdampft und Sauerstoff entsteht – jedoch zu wenig für biologisches Leben.

DER JUPITERMOND EUROPA
RISSE UND GRATE AUF
DER GEFRORENEN OBERFLÄCHE
KOMPOSITBILD UNTER VERWENDUNG
VON GRÜN-, VIOLETT- UND NAHE-
INFRAROT-FILTERN (FARBVERSTÄRKT)
JUPITERSONDE GALILEO
2.100 KM ENTFERNT
VON GALILEO
1996 – 1998
671.000 KM
VON EUROPA ZUM JUPITER

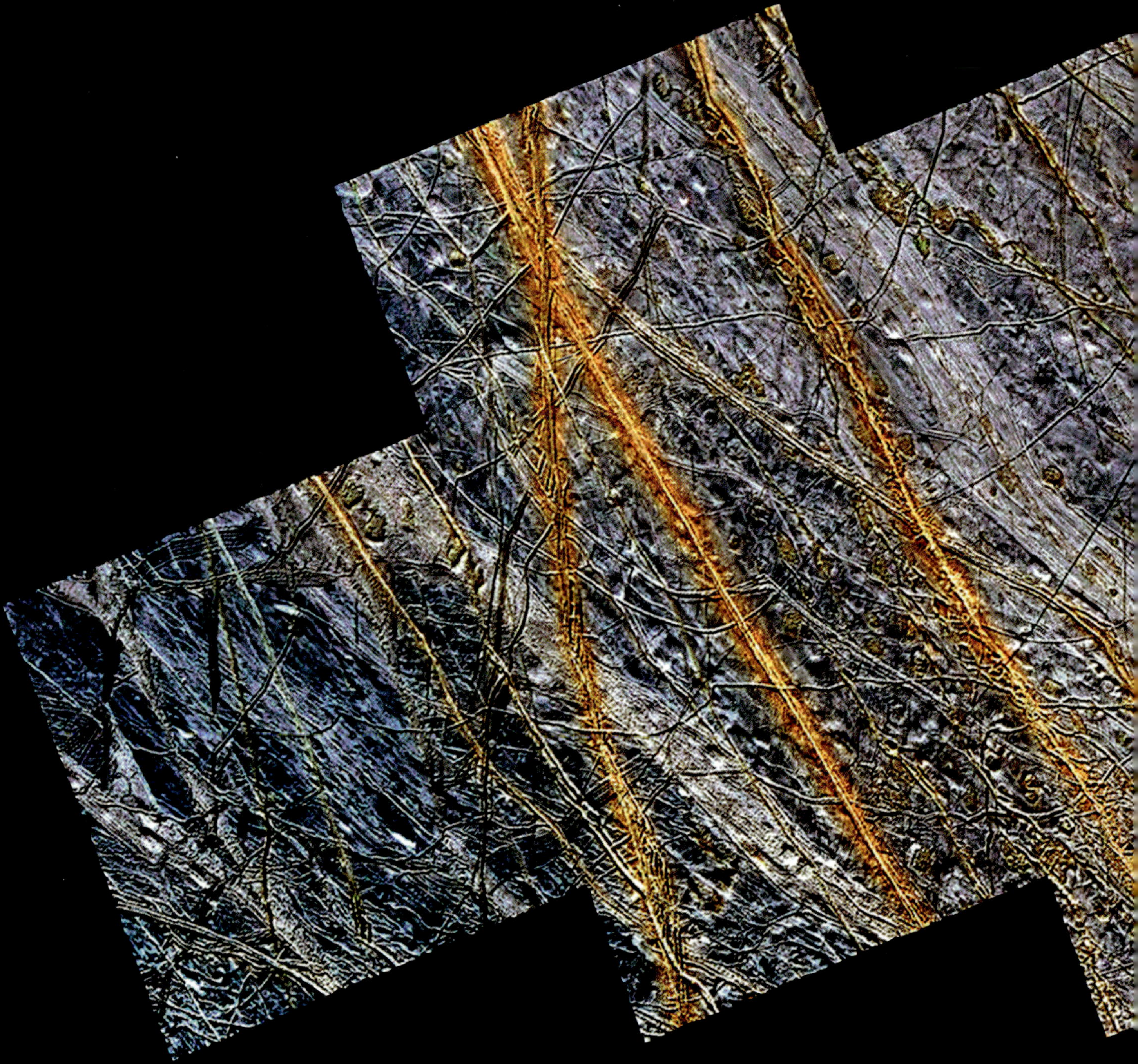

**CHARAKTERISTISCHE DOPPEL-
LINIEN LASSEN DAS AUSTRETEN
VON WASSER VERMUTEN**
(OBEN)

ECHTLICHT-MOSAIK
(FARBVERSTÄRKT)

JUPITERSONDE GALILEO

25.000 KM ENTFERNT
VON GALILEO

28. JUNI 1996 UND 31. MAI 1998

671.000 KM VON EUROPA
ZUM JUPITER

**EINSCHLAGKRATER VON
DER GRÖSSE HAWAIIS,
VERURSACHT VON EINEM
BERGGROSSEN ASTEROIDEN
ODER KOMETEN** (RECHTS)

ECHTLICHT-KOMPOSIT
(FARBVERSTÄRKT)

JUPITERSONDE GALILEO

29.000 KM ENTFERNT
VON GALILEO

4. APRIL 1997

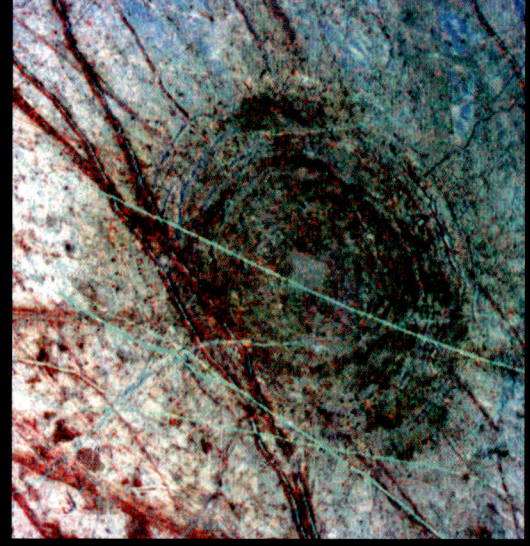

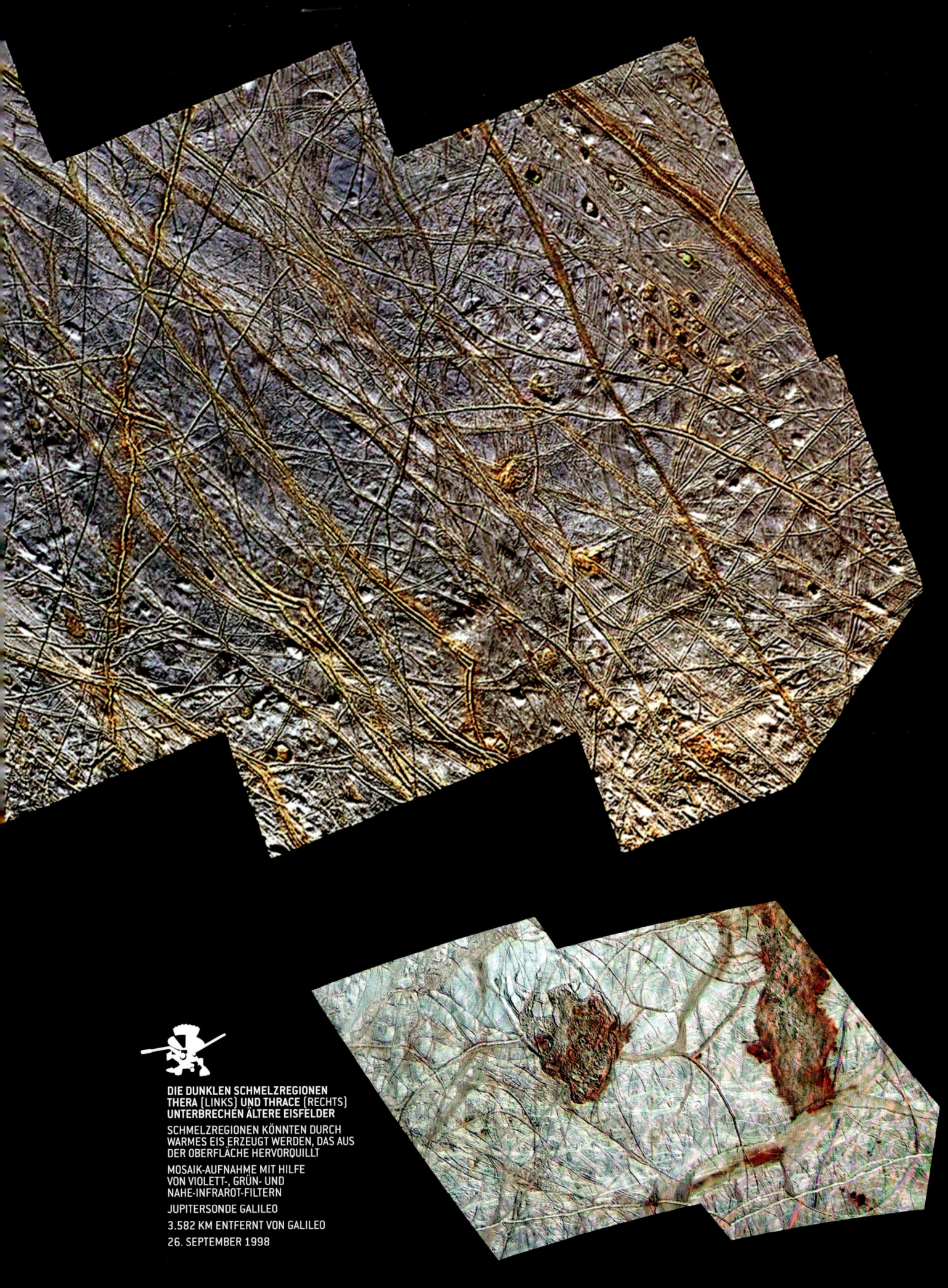

DIE DUNKLEN SCHMELZREGIONEN THERA (LINKS) UND THRACE (RECHTS) UNTERBRECHEN ÄLTERE EISFELDER

SCHMELZREGIONEN KÖNNTEN DURCH WARMES EIS ERZEUGT WERDEN, DAS AUS DER OBERFLÄCHE HERVORQUILLT

MOSAIK-AUFNAHME MIT HILFE VON VIOLETT-, GRÜN- UND NAHE-INFRAROT-FILTERN

JUPITERSONDE GALILEO

3.582 KM ENTFERNT VON GALILEO

26. SEPTEMBER 1998

GANYMED

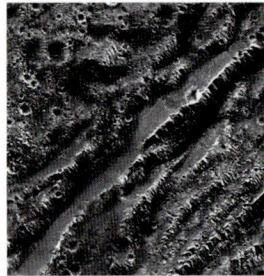

DIE STUFENARTIGEN KLIPPEN AUF GANYMEDS OBERFLÄCHE KÖNNTEN DAS ERGEBNIS TEKTONISCHER VERWERFUNGEN SEIN
ECHTLICHT-AUFNAHME
JUPITERSONDE GALILEO
2.100 KM ENTFERNT VON GALILEO
20. MAI 2000
1,1 MILLIONEN KM VON GANYMED ZUM JUPITER

DER GRÖSSTE JUPITERMOND Ganymed ist gleichzeitig der größte Mond in unserem Sonnensystem. Wollen wir Jupiter mit dem Zentrum einer Metropole vergleichen, ist Ganymed der größte Block in der City. Mit einem Durchmesser von 5.262 km ist er größer als der Planet Merkur.

Er hat seinen Namen von dem schönen Jüngling Ganymed, dem Mundschenk der Götter, und besteht aus einem zum größten Teil felsigen Kern, einem Mantel aus (gefrorenem) Wasser und einer Kruste aus Fels und Eis. Der Trabant weist eine komplexe geologische Struktur auf, es gibt Berge, Täler, Krater und Lavafelder.

Auf seiner Oberfläche sind helle und dunkle Regionen zu erkennen. Die dunklen Gebiete sind stark zerklüftet, was auf hohes Alter hinweist. Die hellen Flächen sind vor kürzerer Zeit entstanden, vermutlich durch tektonische Verwerfungen (Plattenverschiebungen knapp unter der Oberfläche). Diese Gebiete sind von Furchen und Graten durchzogen, manche Felsformationen erstrecken sich über tausende von Kilometern.

Obwohl Ganymed keine nennenswerte Atmosphäre aufweist, entdeckte das Hubble Weltraumteleskop Spuren von Sauerstoff. Nach Ansicht der Wissenschaft wird Ozon durch Ionenstrahlung aus dem Magnetfeld von Jupiter freigesetzt. Die geladenen Partikel regnen auf die eisige Oberfläche herab und regen das im Eis enthaltene Wasser zur Ozonproduktion an. Die Entdeckung des Ozons lässt die Vermutung zu, dass auch Ganymed, wie sein Geschwistertrabant Europa, eine dünne, leicht flüchtige Sauerstoff-Atmosphäre besitzt.

DER JUPITERMOND GANYMED
ECHTLICHT-MOSAIK (FARBVERSTÄRKT)
VOYAGER 2
300.000 KM ENTFERNT VON VOYAGER 2
26. JUNI 1996
1,1 MILLIONEN KM VON GANYMED ZUM JUPITER

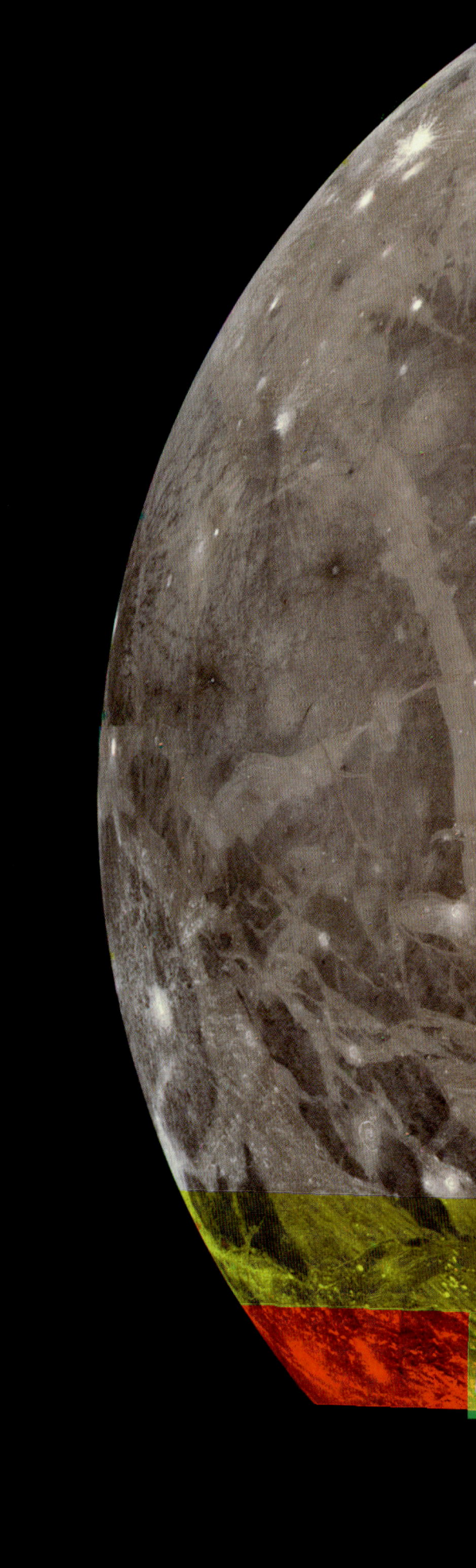

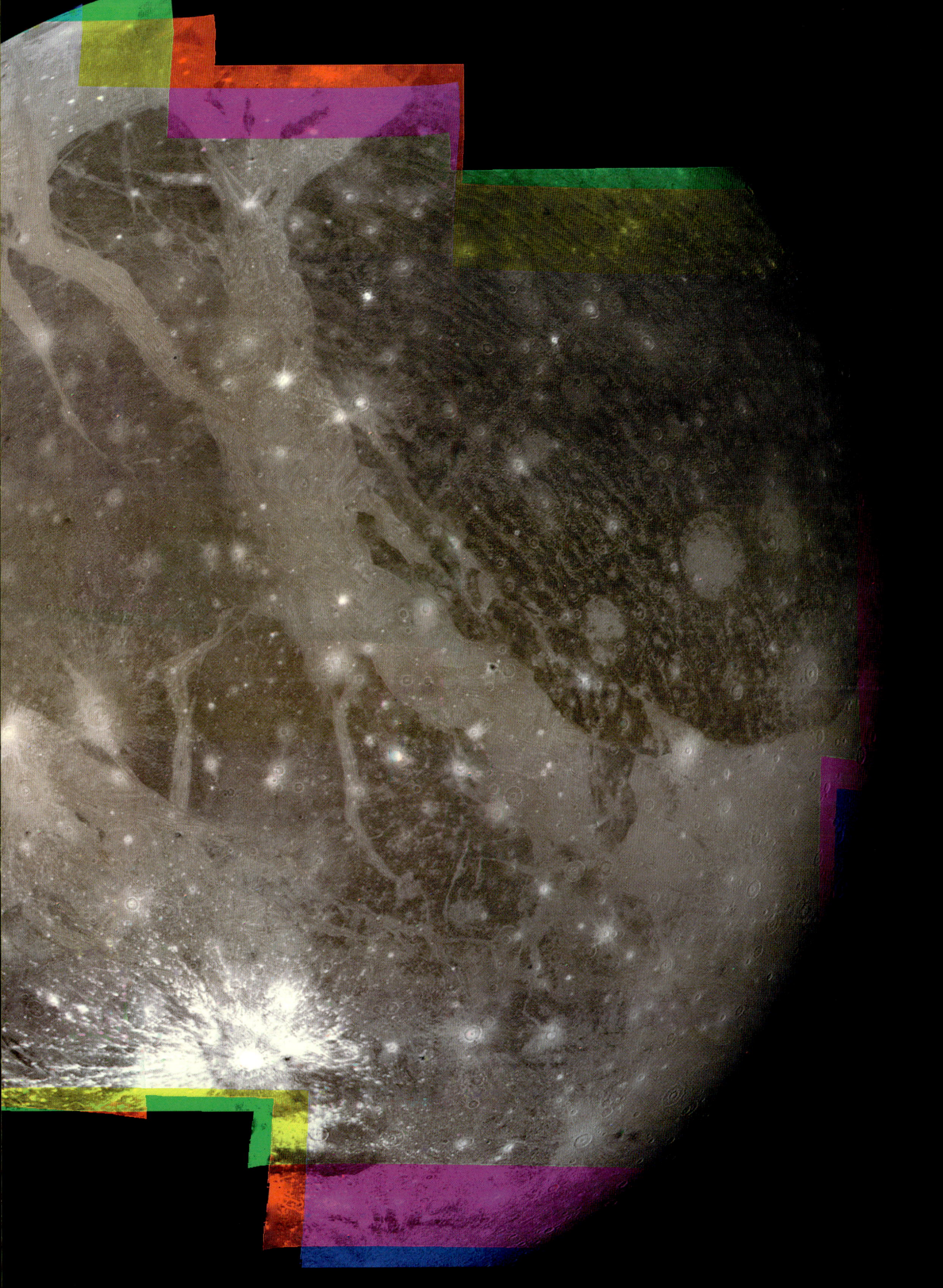

TITAN

Titan, der grösste Mond des Saturn, blieb durch seine dichte Atmosphäre lange ein Geheimnis. Doch am 14. Januar 2005 durchdrang die Huygens-Sonde den dicken Nebel.

Während sie sich langsam der Mondoberfläche näherte, sandte Huygens Daten an das Mutterschiff Cassini, das die Sonde in siebenjähriger Reise bis zum Saturn gebracht hatte. Huygens (benannt nach dem niederländischen Entdecker des Titan, Christiaan Huygens), fotografierte den Saturnmond, nahm Proben aus seiner Atmosphäre und erforschte die klimatischen Bedingungen. Der Sonde gelang eine sanfte Landung in einem wüstenähnlichen Gebiet, beleuchtet vom charakteristischen orangen Himmel über Titan. Huygens übermittelte noch 72 Minuten lang Daten, bevor Cassini auf seinem Orbit hinter dem Horizont verschwand.

Ursprünglich hielt man Titan für den größten Mond des Sonnensystems, daher rührt auch sein Name: Die riesigen Titanen waren das erste Göttergeschlecht der griechischen Mythologie. Obwohl sein Durchmesser von 5.500 km letztendlich nur für den zweiten Platz hinter dem Jupitermond Ganymed reicht, ist Titan noch immer größer als der Planet Merkur. Er umkreist Saturn in einer Entfernung von 1,2 Millionen Kilometern und braucht dafür 16 Tage.

Das Besondere an Titan ist, dass er als einziger Trabant eine dichte, planetengleiche Atmosphäre hat. Auch seine Oberfläche weist manch frappante Ähnlichkeit zur Erde auf. Flussbetten durchziehen die Landschaft, münden in Meere – komplett mit Untiefen und Inseln. Sein Aussehen verdankt Titan sicher denselben Prozessen, die die irdischen Landschaften formten, die Chemie unterscheidet sich jedoch dramatisch.

Frostige Temperaturen von −170°C lassen das Wasser des Satelliten niemals schmelzen und die „Felsen", die überall verstreut liegen, sind tatsächlich Eisberge. Doch es gibt Methan (ein wichtiges, farb- und geruchloses Biogas), wegen der tiefen Temperaturen und des hohen Drucks sowohl in flüssigem als auch in gasförmigem Zustand. Methandämpfe verdunsten von der eisigen Oberfläche, werden erwärmt und verflüssigt und regnen wieder auf Titan herab.

Zwar wird das Methan in der Atmosphäre durch Sonneneinstrahlung zerstört, wobei Kohlenwasserstoffe entstehen, die für den dichten Nebel um den Mond verantwortlich sind, doch eine Quelle an der Oberfläche scheint den Vorrat stets wieder aufzufüllen. Außer Stickstoff und Ethan entdeckte Huygens auch Spuren von Argon 40, was vulkanische Aktivität beweist. Doch die Vulkane des Titan stoßen nicht Lava aus, sondern gefrorenes Wasser und Ammoniak.

DIE ATMOSPHÄRE VERBIRGT TITAN WIE EIN SCHUTZSCHILD (OBEN)
MONTAGE VON 4 ULTRAVIOLETT- UND INFRAROT-AUFNAHMEN (COLORIERT)
CASSINI ORBITER
1.200 KM VON CASSINI ENTFERNT
26. OKTOBER 2004
1,3 MILLIONEN KM VOM TITAN ZUM SATURN

GRATE, ABFLUSSKANÄLE, GROSSE FLUSSGEBIETE UND EIN SEE (MITTE)
NAHE INFRAROT-MOSAIK
HUYGENS SONDE
16 KM VON HUYGENS ENTFERNT
14. JANUAR 2005
1,2 MILLIARDEN KM VON DER ERDE ENTFERNT

FELSEN AUS GEFRORENEM WASSER ÜBERALL VERSTREUT AUF DER OBERFLÄCHE AUS KOHLENWASSERSTOFF UND WASSER-SEDIMENT (UNTEN)
NAHE-INFRAROT-AUFNAHME (BEINAHE FARBECHT)
HUYGENS SONDE
DIE BEIDEN FELSÄHNLICHEN GEBILDE UNTERHALB DER MITTE SIND 85 CM VON HUYGENS ENTFERNT
14. JANUAR 2005

TITAN VON OBEN (GRÖSSE CA. 64 KM) (RECHTS)
MONTAGE VON 30 NAHE-INFRAROT-AUFNAHMEN
HUYGENS SONDE
8 – 13 KM ENTFERNT VON HUYGENS
14. JANUAR 2005

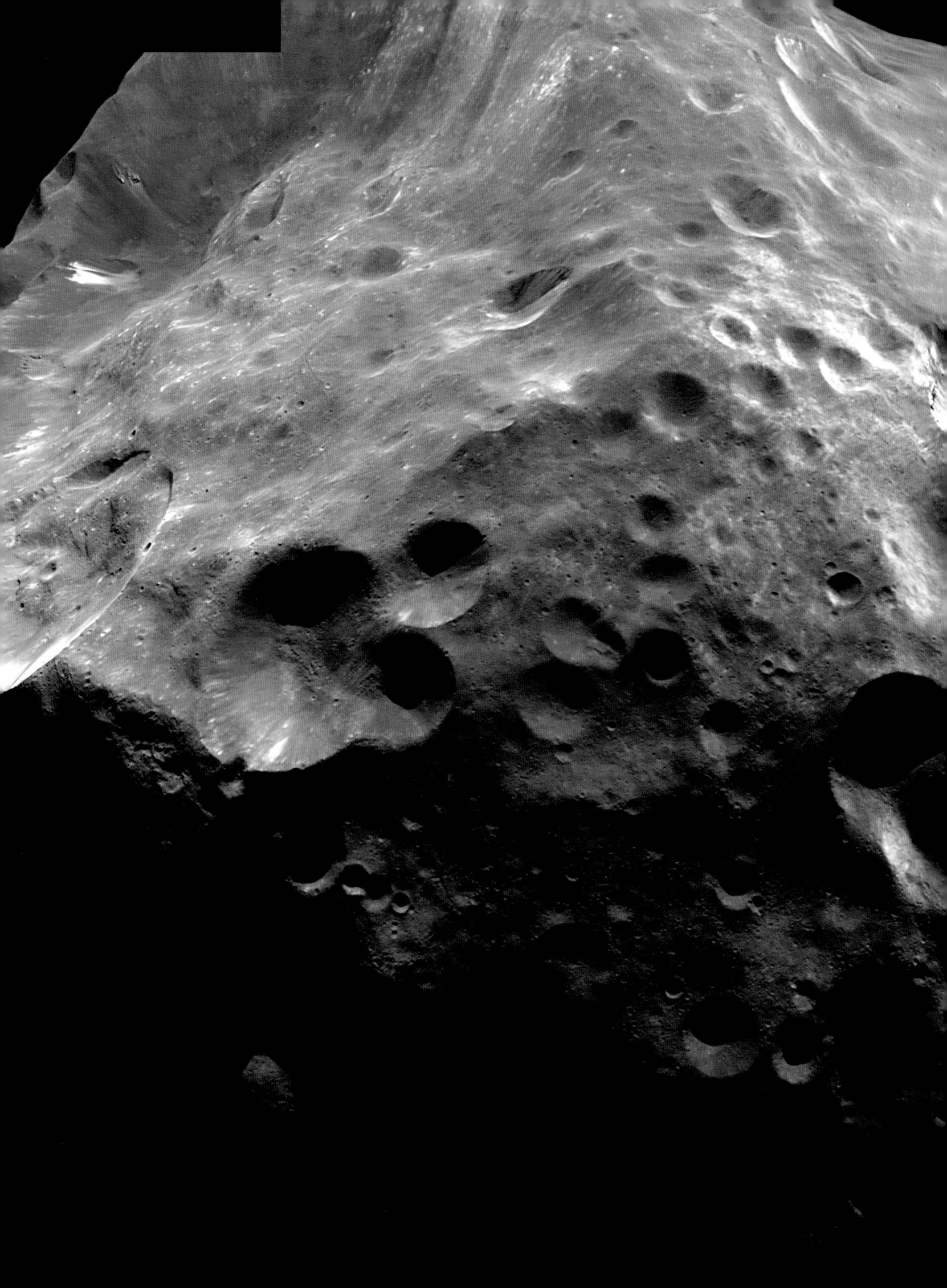

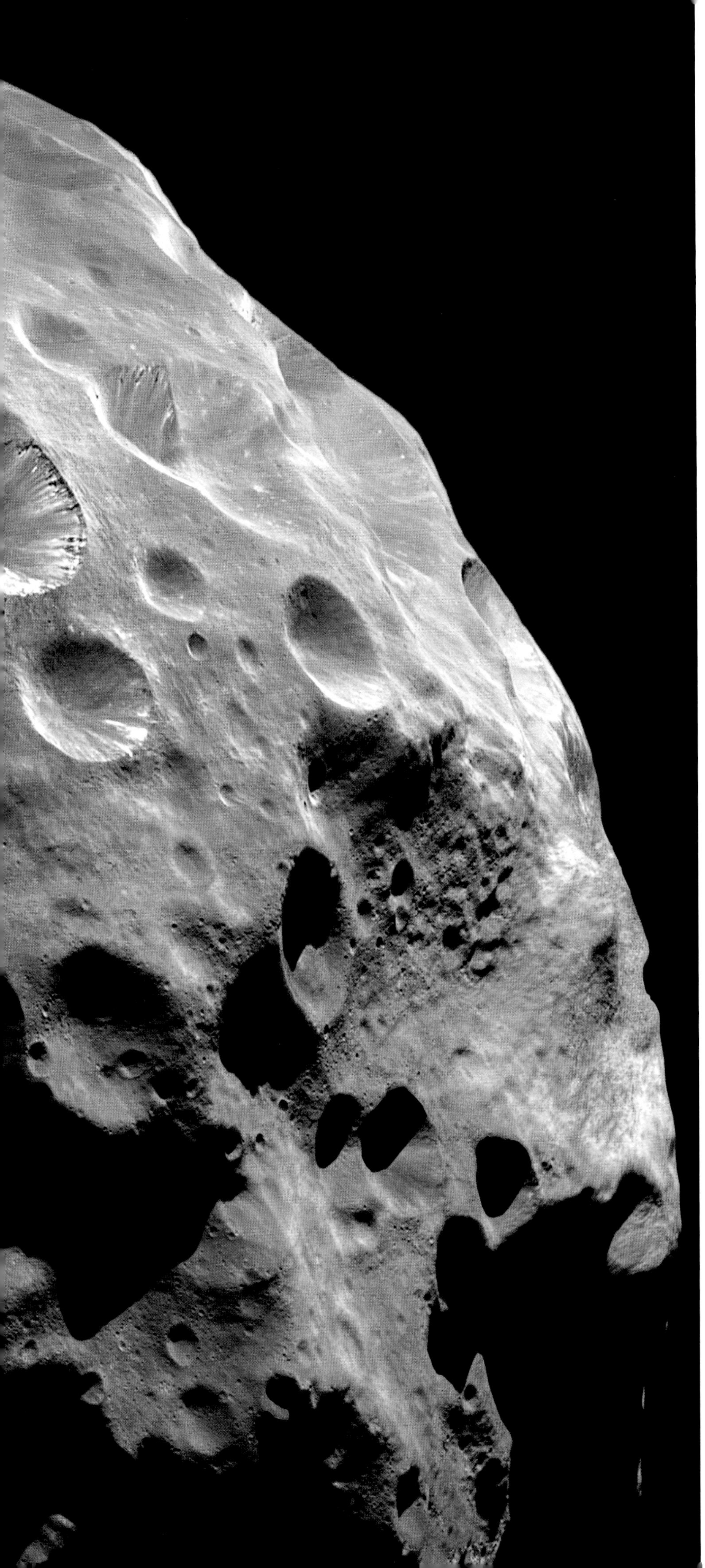

PHOEBE

Die Daten, die die Raumsonde Cassini zur Erde liefert, lassen den Schluss zu, dass der Saturnmond Phoebe ein gefrorener Überrest aus der „Gründerzeit" des Sonnensystems vor über vier Milliarden Jahren ist. Die Messwerte bestätigen, dass Phoebe aus einer urzeitlichen Mischung aus Eis, Fels und Kohlenstoff besteht. Demnach scheint er in seiner Zusammensetzung eher einem Kometen zu gleichen, als einem Mond.

Ebenfalls ungewöhnlich, wenn nicht einzigartig ist der Orbit des etwa 212 km großen Satelliten: Phoebe benötigt für eine Achsdrehung neun Stunden und umkreist Saturn in 18 Monaten – allerdings in retrograder, also den meisten anderen Objekten und Monden des Sonnensystems entgegengesetzter Richtung. Auch sein Abstand zu Saturn ist bemerkenswert: 13 Millionen km.

Anders als die meisten Saturnmonde reflektiert Phoebe kaum Sonnenlicht. Die dunkle Färbung sowie die retrograde Rotation haben Wissenschaftler zu der Annahme geführt, dass es sich bei diesem Satelliten um einen eingefangenen Asteroiden (der durch die Schwerkraft Saturns an den Planeten gebunden wird) handelt.

Objekte wie Phoebe sind laut Forschungsmeinung in den Außenregionen des Sonnensystems häufig anzutreffen. Sie bilden den so genannten Kuiper-Gürtel, der sich jenseits des Neptun erstreckt. Anscheinend ist Phoebe etwas weiter nach innen geraten und wurde von Saturn gekapert.

SATURNMOND PHOEBE
MOSAIK VON 6 ECHTLICHT-AUFNAHMEN
CASSINI ORBITER
12.400 KM
ENTFERNT VON CASSINI
11. JUNI 2004
13 MILLIONEN KM VON
PHOEBE ZUM SATURN

TRITON

Kaum einen Monat nach der Entdeckung Neptuns fand man seinen größten Mond, Triton. Benannt nach dem Sohn des griechischen Meeresgottes Neptun ist Triton das kälteste Objekt des Sonnensystems: Seine Oberflächentemperatur beträgt −235°C. Gäbe es etwas Vergleichbares auf der Erde (was natürlich nicht der Fall ist), könnte man vielleicht an die Arktis im tiefsten Winter denken.

Triton hat eine dünne Atmosphäre mit Wolken aus gefrorenem Stickstoff. Damit ist er eines von nur drei bekannten Objekten mit stark stickstoffhaltiger Atmosphäre. (Die anderen beiden sind die Erde und der größte Saturnmond Titan.) Seine Masse ist relativ dicht und enthält mehr Felsanteile als die Eismonde von Saturn und Uranus.

Auch Triton zeichnet sich – wie der Saturnmond Phoebe – durch retrograde Rotation aus, er zieht also in entgegengesetzter Rotationsrichtung zu Neptun um den Planeten. Aufgrund seiner Dichte und der „Rückwärtsrotation" vermutet die Wissenschaft, dass es sich auch bei diesem Trabanten um einen gekaperten Asteroiden handelt. Neptun könnte ihn auf seiner Wanderung durchs All vor Milliarden von Jahren in seine Umlaufbahn gezogen haben.

Tritons Oberfläche ist relativ jung. Darauf deuten einerseits die scharfen Kanten der sichtbaren Einschlagkrater hin, andererseits konnte man aktive Geysire beobachten, die Stickstoffgas und dunkle Staubwolken hochschleudern. Die Raumsonde Voyager 2 hat kilometerhohe Rauchpilze beobachtet.

Die Eiseskälte auf dem Mond lässt den Großteil des Stickstoffs in seiner Atmosphäre gefrieren. Dadurch wird Triton zum einzigen Mond des Sonnensystems, dessen Oberfläche von Stickstoffeis bedeckt ist. Der gefrorene Stickstoff in Verbindung mit ebenso gefrorenem Methan erzeugt die auffallend bunten Streifen auf der südlichen Polarkappe Tritons.

DER NEPTUNMOND TRITON
MOSAIK MIT GRÜN-, VIOLETT-
UND ULTRAVIOLETT-FILTERN
VOYAGER 2
530.000 KM
VON VOYAGER 2
24. AUGUST 1989
355.000 KM
VON TRITON ZU NEPTUN
VOYAGER 2 IST
4,4 MILLIARDEN KM
VON DER ERDE ENTFERNT

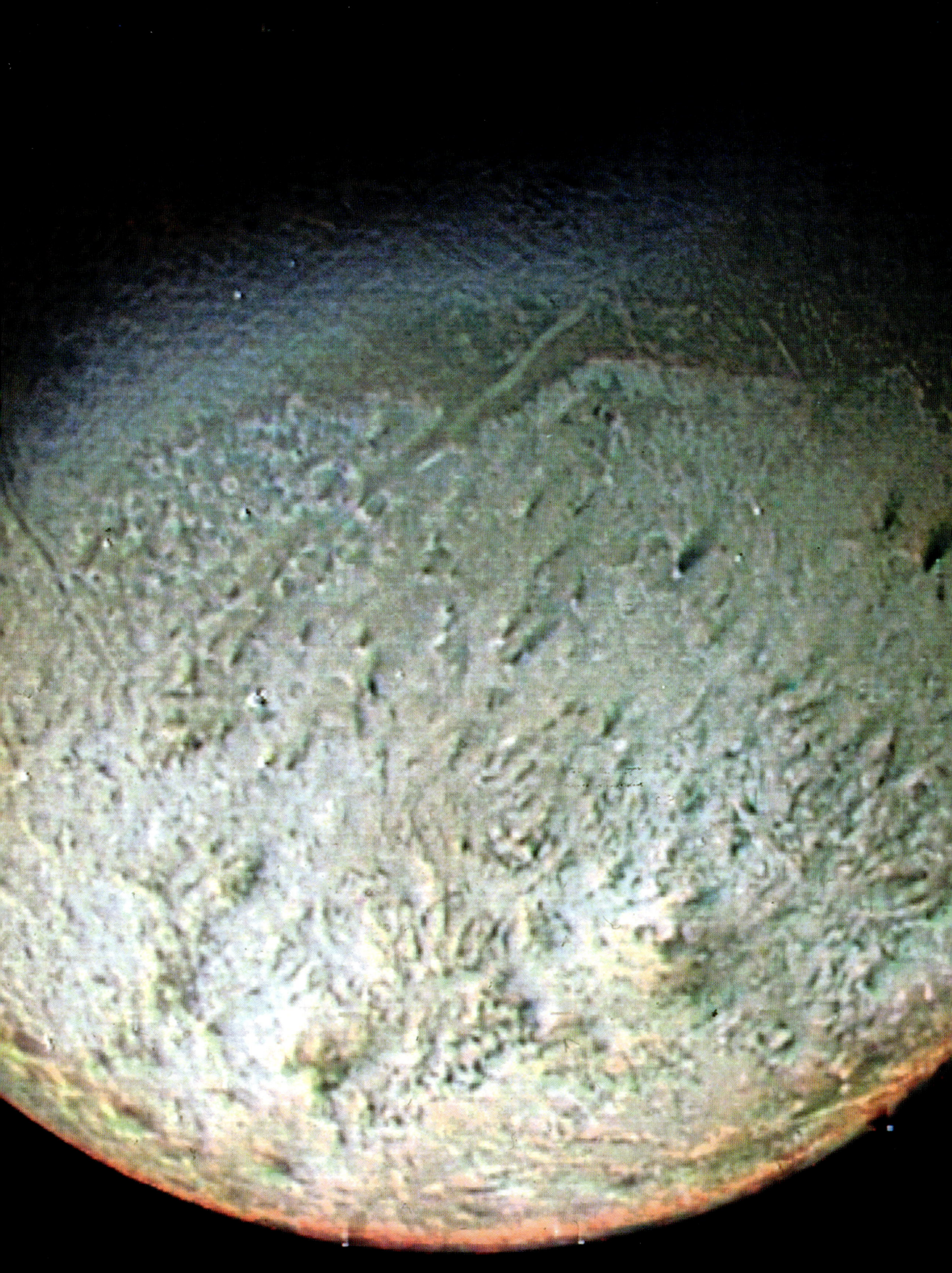

**SOMBRERO-GALAXIE (M 104)
IM STERNBILD JUNGFRAU**

DETAILAUFNAME,
DURCHMESSER
50.000 LICHTJAHRE

ECHTLICHT-MOSAIK

HUBBLE-WELTRAUM-
TELESKOP
(IN ERDUMLAUFBAHN)

MAI – JUNI 2003

28 MILLIONEN LICHTJAHRE
VON DER ERDE ENTFERNT

GALAXIEN

DIE ANZIEHUNGSKRAFT DER STERNE

Eine Galaxie ist eine gigantische Ansammlung von Sternen, sie kann mit einer Metropole verglichen werden. Wie Städte befinden sich Galaxien in ständiger Entwicklung und Veränderung. Ihre Strukturen sind fließend.

Die Kraft der Gravitation verbindet die strahlende und dunkle Materie des interstellaren Raums zu einer Galaxie, führt sie zusammen und hält sie zusammen. Galaxien wachsen durch Kollision und Verschmelzung. Und es ist die Gravitation, die Galaxien zu Haufen verbindet. Unsere eigene Galaxie, die Milchstraße, ist Teil eines Haufens aus drei Dutzend Galaxien, der „Local Group".

Galaxien können unterschiedlich groß sein. Jumbo-Galaxien bestehen aus bis zu 3.000 Milliarden Sternen und Protosternen. Und selbst die kleinste Galaxie soll wenigstens 200.000 Sterne zählen. Zu unserer Milchstraße rechnet man 100 bis 200 Milliarden stellare Bewohner.

Galaxien werden nach drei Grundformen beschrieben: Elliptische Galaxien, in etwa wie ovale Bälle geformt, sind die größten. Spiral-Galaxien, wie unsere Milchstraße, haben eine zentrale Aufwölbung und spiralförmige, schlanke Arme, die eine Scheibe bilden. Unregelmäßige Galaxien – Scheiben ohne Spiralform – sind meist klein mit nur wenigen Sternen.

Edwin Hubble meinte in seiner Klassifikation der Galaxien, dass spiralförmige aus elliptischen Galaxien entstünden. Die aktuelle Forschung vertritt das Gegenteil, spiralförmige wüchsen demnach zu elliptischen Galaxien an.

NAHAUFNAHME EINER STAUBREICHEN SPIRAL-GALAXIE (NGC 3370) IM STERBNILD DES LÖWEN
ECHTLICHT-AUFNAHME
HUBBLE-WELTRAUMTELESKOP (IN ERDUMLAUFBAHN)
APRIL/MAI 2003
98 MILLIONEN LICHTJAHRE VON DER ERDE ENTFERNT

SAGITTARIUS-ZWERG (SAGDIG)
(LINKS)
DIESE ANSAMMLUNG MATTER STERNE IST EINE SATELLITEN-GALAXIE DER MILCHSTRASSE
ECHTLICHT-AUFNAHME
HUBBLE-WELTRAUMTELESKOP (IN ERDUMLAUFBAHN)
18. AUGUST 2003
3,5 MILLIONEN LICHTJAHRE VON DER ERDE ENTFERNT

ZWERG-GALAXIE

Das beste Modell für die Geburt von Galaxien in der Urzeit des Universums nimmt die Existenz so genannter „dunkler Materie" an. Dieser Materie fehlt jedes Licht, man erkennt sie nur aufgrund ihrer Gravitation. Kurz nach dem Urknall zog die dunkle Materie normale Materie als riesige Gaswolken an. Die mächtigsten Wolken verdichteten sich zu Sternen und Galaxien. Zwerg-Galaxien waren die ersten.

Die Schwerkraft der neuen, sehr kleinen Galaxien war naturgemäß gering. Materie konnte entweichen, mit anderer Materie reagieren, das All wurde von Zwerg-Galaxien überzogen. Die Zwerge wuchsen – teils, weil sie sich zu größeren Galaxien zusammenballten, teils, weil sich größere Galaxien die kleinen „einverleibten", quasi durch Kannibalismus weiter wuchsen.

Heutige galaktische Strukturen, Spiralen und Ellipsen, stammen von den winzigen Vorfahren ab.

Typische Zwerg-Galaxien sind unregelmäßig, manche fast kugelförmig. Man vermutet, dass die ersten Zwerg-Galaxien Scheiben waren. Die Urscheiben verschmolzen nach und nach mit anderen kindlichen Galaxien, flache Scheiben wuchsen zu kugelförmigen Gebilden heran. Auch heute sind beide Varianten zu beobachten. Die Milchstraße wird von mehr als drei Dutzend Zwerg-Galaxien begleitet, Überlebende des üblichen galaktischen Verschmelzungsprozesses. Einer dieser Satelliten, der kugelförmige Sagittarius-Zwerg (oben) wirkt trübe und ausgefranst, da er von der übermächtigen Gravitation der Milchstraße langsam gefressen wird.

WHIRLPOOL-GALAXIE (NGC 5194) IN NAHAUFNAHME
DIE GRAVITATION EINER NACHBAR-GALAXIE (NGC 5195, RECHTS) LÖST IN DEN ROT LEUCHTENDEN BEREICHEN STERNBILDUNGSPROZESSE AUS
ECHTLICHT-AUFNAHME
KANADISCH-FRANZÖSISCHES-HAWAII-TELESKOP (ERDGESTÜTZT)
2000
40 MILLION LICHTJAHRE VON DER ERDE ENTFERNT

SPIRAL-GALAXIE

Spiral-Galaxien sind die häufigsten Sternenstädte im All. Lange, blau-weiße Spiralarme winden sich in weit ausladenden, flachen Scheiben aus Sternen, Gas und Staub um eine zentrale Wölbung. Dort findet man die ältesten Sterne. Noch vor 100 Jahren hielt man die Gebilde für Spiral-Nebel nahe neu geborener Sterne: Sie sind zu weit entfernt, um ohne hochauflösende Teleskope einzelne Sterne zu erkennen. Innerhalb der Spiral-Galaxie verläuft ein permanenter Recyclingprozess: Aus stellarem Abfall wird die nächste Sternengeneration. Allein durch die Dichteunterschiede, konzentrische Kreise wie Wellen

auf einem Teich, kann man eine galaktische Scheibe von der anderen unterscheiden. Die Wellen bilden wahrscheinlich die Spiralarme, in denen sich Gas und Staub konzentrieren, bis eine Fusion zum Feuersturm der Sternengeburt führt. Computersimulationen belegen, dass diese Arme dynamisch sind, sich in anderen Regionen der Scheibe neu formieren. Wären sie starr, würden sie über kurz oder lang durch die Rotation der Galaxie so eng gewickelt wie die Feder einer Uhr, was jedoch nicht geschieht. Der noch nicht ganz geklärte Prozess macht jede Spiral-Galaxie einzigartig.

Spiral-Galaxien entstanden in der Urzeit des Universums durch Verschmelzung kleinerer Galaxien. Als unser Universum halb so alt war wie heute, waren die Spiralarme voll ausgebildet. Doch die Evolution ist nicht abgeschlossen. Verschmelzende Spiral-Galaxien bilden elliptische Galaxien, da Sterne außerhalb der Scheibe verstreut werden. In unserer Region ist die Milchstraße die zweitgrößte Galaxie nach Andromeda, 2,2 Millionen Lichtjahre entfernt. Die Spiralen nähern sich einander mit etwa 483.000 km/h. In einigen Milliarden Jahren werden sie zusammenstoßen und eine riesige elliptische Galaxie bilden.

BALKEN-SPIRAL-GALAXIE

Balken sind Strukturen, die in etwa einem Drittel aller Spiral-Galaxien beobachtet werden. In jüngster Zeit wurde auch in unserer Milchstraße ein kleiner Balken entdeckt. Man spricht von einer Balken-Spiral-Galaxie, wenn in der zentralen Wölbung, dem Bulge, Sterne und interstellare Materie einen Balken bilden, an dessen Enden die Wirbel der Spiralarme ansetzen.

Nach der aktuellen Theorie sind die meisten Balken-Galaxien Ergebnis einer Interaktion mit benachbarten Galaxien, die zu Instabilität führt. Zusätzlich verändern Gravitationskräfte die Umlaufbahnen einiger Sterne, weg vom Kreis und hin zur Ellipse. Eben diese Sterne bilden den Balken und verringern überdies die Bewegungsenergie der Gase in der Scheibe, die deswegen entlang des Balkens in Richtung Zentrum abströmen. Schockwellen verhindern, dass die Gasblasen kollabieren und innerhalb des Balkens neue Sterne bilden.

Der Balken in unserer Milchstraße ist eher kurz. Er wurde durch Messung der Geschwindigkeit von Wasserstoff, die von den Gravitationskräften der Sterne beeinflusst wird, und durch die Bestimmung der Lichtstärke im Infrarotbereich, wo interstellare Verschmutzungen keine Rolle spielen, identifiziert.

Weit eindrucksvoller ist die Balken-Spiral-Galaxie NGC 1365 (links). Ihr in sanftem Gelb leuchtender Balken erstreckt sich fast über ihren gesamten Durchmesser von 200.000 Lichtjahren. Er wird durch eine deutlich erkennbare Staubstraße in zwei Hälften geteilt. Von seinen Enden geht ein Paar schmächtiger Arme aus Gas und Staub aus, die durch die Gravitationskräfte des Stabes aufgewirbelt wurden. Alte Sterne verleihen dem Stab seine rote Farbe, das Blau der Arme stammt von jungen, hellen Sternen, die aus der Störung entstanden sind.

ELLIPTISCHE GALAXIE

Wenn alternde Spiral-galaxien einander durchdringen und verschlingen, löst sich die Form der verletzten Scheiben auf, die Sterne verändern ihre Bahnen, fast wie ein Bienenschwarm. Die neu entstandene, sternengeschmückte Kugel nennt man elliptische Galaxie.

Elliptische Galaxien wirken wie etwas groß geratene Wattebällchen. Ihre dreidimensionale Form kann rund bis oval sein. Da sie nicht genügend Staub und Gas zur Sternbildung enthalten, ist ihre Farbe wegen des hohen Anteils an älterer Sternenpopulation meist eher gelblich-rot, während Spiral-Galaxien mit ihren jüngeren Sternen blau schimmern. Elliptische Galaxien sind meist in der Nähe dichter Galaxienhaufen zu finden, was die Theorie stützt, dass sie das Produkt von Verschmelzungen und Kollisionen sind.

NGC 1316 im Sternbild Fornax (oben) sieht wie eine typische elliptische Galaxie aus. Wir ertappen sie dabei, wie sie eben die Scheibe einer kleineren Spiral-Galaxie schluckt. Spuren einer Scheibe und von Spiralarmen beweisen, dass die Fusion noch nicht vollendet ist.

ÜBERRIESIGE BALKEN-SPIRAL-GALAXIE NGC 1365 IM STERNBILD FORNAX
(LINKS)
EINE VOLLE UMDREHUNG DER GALAXIE DAUERT 350 MILLIONEN JAHRE
ECHTLICHT-AUFNAHME
EUROPÄISCHE SÜDSTERNWARTE
VLT UT1 TELESKOP
(ERDGESTÜTZT)
1999
60 MILLIONEN LICHTJAHRE VON DER ERDE ENTFERNT

ELLIPTISCHE RIESEN-GALAXIE NGC 1316 IM STERNBILD FORNAX
(OBEN)
GEÄDERTE STAUBSTRASSEN ZEIGEN, DAS NGC 1316 MIT EINER SPIRAL-GALAXIE VERSCHMILZT
ECHTLICHT-AUFNAHME
EUROPÄISCHE SÜDSTERNWARTE
VLT ANTU + FORS 1
(ERDGESTÜTZT)
9. – 19. JANUAR 2000
50 MILLIONEN LICHTJAHRE VON DER ERDE ENTFERNT

IRREGULÄRE GALAXIE

Eine irreguläre Galaxie ist genau das, was ihr Name vermuten lässt – unstrukturiert. Ihre Form ist weder eine typische Spirale noch eine Ellipse. Galaxien, die in keine Gruppe passen, nennt man irregulär.

Manchmal existieren irreguläre Galaxien als Einzelgänger, manchmal entstehen sie durch Kollisionen, Nahbegegnungen oder den Einfluss benachbarter Galaxien. Sie sind kleiner als Spiral- oder elliptische Galaxien, meist von geringer Masse und bestehen lediglich aus Millionen, nicht Milliarden Sternen.

Auf der südlichen Hemisphäre können mit bloßem Auge zwei primär irreguläre Galaxien beobachtet werden – die Große und die Kleine Magellan'sche Wolke. Diese beiden Satelliten-Galaxien sind durch die Gravitationskraft an unsere Milchstraße gebunden und werden durch die Anziehungskraft der größeren Galaxie gestreckt.

Die oben abgebildete irreguläre Zwerg-Galaxie ähnelt der Großen Magellan'schen Wolke, liegt jedoch in einer 12 Millionen Lichtjahre entfernten Galaxiengruppe. Die roten Punkte sind Brutkästen der Sternenbildung. In den blauen Gebieten sind die Sterne aus der Babyboomzeit dieser Galaxie angesiedelt.

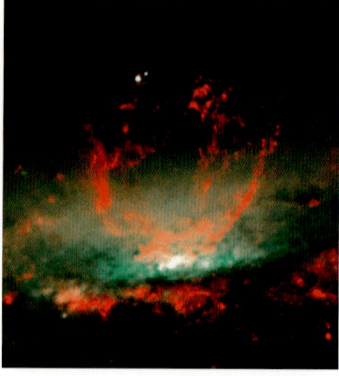

SEYFERT-GALAXIE

Seyfert-Galaxien sind Sonderformen der Spiral-Galaxien: Aus ihrem energiereichen Zentrum werden helle Gaswolken und Filamente ins All geschleudert. Die Materie wird von hochenergetischen Superwinden mitgerissen, deren Energie von einem supermassiven Schwarzen Loch stammt. Seyfert-Galaxien zählen zur Gruppe der Active Galactic Nuclei (AGN).

Die quellenähnliche Struktur in der Mitte der Bilder ist eine Gasblase aus sehr schnellen Partikelströmen, die während einer intensiven Sternentstehungsphase freigesetzt wurden. Die vier Partikelströme (Bild oben) lassen Gase mit mehr als sechs Millionen km/h emporschießen. Das Gas wird am Rand der Blase verwirbelt und gelangt ins All. Eventuell regnet es später wieder auf die Galaxie nieder, stößt dort mit anderen Gaswolken zusammen, komprimiert diese und führt so zur Entstehung neuer Sterne. Vermutlich brechen alle Spiral-Galaxien ab und an so aus, auch unsere Milchstraße könnte einmal eine Seyfert-Galaxie gewesen sein oder noch werden.

DIE IRREGULÄRE ZWERG-GALAXIE NGC 4449, TEIL DER CANES VENATICI GALAXIENGRUPPE
ECHTLICHT-AUFNAHME
RCOS 20-ZOLL TRUSS TELESKOP AUF KITT PEAK MOUNTAIN
6. DEZEMBER 2004
12 MILLIONEN LICHTJAHRE VON DER ERDE ENTFERNT

SEYFERT-GALAXIE NGC 3079 (RECHTS) **UND EINE NAHAUFNAHME IHRES KERNS** (OBEN)
ECHTLICHT-AUFNAHME
HUBBLE-WELTRAUMTELESKOP (IN ERDUMLAUFBAHN)
26. NOVEMBER 1998
50 MILLIONEN LICHTJAHRE VON DER ERDE ENTFERNT

STARBURST-GALAXIE

Starburst-Galaxien sind kurze, mit einem Feuersturm vergleichbare Phasen intensivster Sternbildung. Etwa zehn Millionen Jahre – eine relativ kurze Zeit im zehn Milliarden langen Leben einer Galaxie – ist die Geburtenrate hundertmal höher als in einer normalen Galaxie. Die jungen Sterne sind groß und hell, daher zählen Starburst-Galaxien zu den hellsten am Himmel.

Die Explosion der Geburtenrate dürfte durch Kollision oder Nahbegegnung mit einer anderen Galaxie ausgelöst werden. Schockwellen führen zum Kollaps gigantischer Gas- und Staubwolken, Sterne entstehen. Da die jungen Sterne äußerst massiv sind, brennen sie schnell aus und enden als Supernova. Eine Kettenreaktion aus Schockwellen und Sternbildung pflanzt sich durch das Zentrum der Galaxie, wo die größte Gaskonzentration vorliegt, fort. Wenn fast das gesamte Gas verbraucht oder weggeschleudert wurde, endet der Aktivitätsschub.

Heute gibt es kaum noch Starburst-Galaxien in unserem Universum, vor Milliarden von Jahren waren sie weit verbreitet. Die Galaxien lagen damals näher beieinander, Zusammenstöße waren häufig. Auch zahlreiche Nahbegegnungen lösten Starburst-Prozesse aus. Nunmehr dominieren jene Galaxieformen, deren Entstehung mit der Expansion des Universums in Verbindung steht.

LENTIKULÄR-GALAXIE

Von der Seite betrachtet, erinnern Lentikulär-Galaxien an bikonvexe Linsen. Von vorne gesehen ähneln sie nahezu kreisförmigen elliptischen Galaxien. Man könnte meinen, sie wären eine Übergangsform zwischen Spiral-Galaxien und Ellipsen. Die runde Form dürfte jedoch andere Ursachen haben: Linsen-Galaxien könnten Spiral-Galaxien mit so eng um das Zentrum gewundenen Armen sein, dass diese im ausgeprägten Bulge und seinem Schatten verschwinden.

Bei der Lentikulär-Galaxie NGC 2787 (oben) kann man in den, in konzentrischen Ringen um den hellen Kern wirbelnden Staubmassen einen Hinweis auf die verschwundenen Arme entdecken.

STARBURST-GALAXIE M 82
(LINKS)
EIN SUPERGALAKTISCHER WIND WEHT LINKS UND RECHTS EINER NAHEZU VERTIKALEN STERNENSCHEIBE
ÜBERLAGERUNG VON ECHTLICHT- UND FARBKODIERTER AUFNAHME
WIYN 3,5 M TELESKOP AUF DEM KITT PEAK, MIT DATEN DES HUBBLE-WELTRAUMTELESKOPS
SEPTEMBER 1997, MÄRZ 1997, AUGUST 1998, DEZEMBER 2001
12 MILLIONEN LICHTJAHRE VON DER ERDE ENTFERNT

LENTIKULÄR-GALAXIE NGC 2787
(OBEN)
ECHTLICHT-AUFNAHME
HUBBLE-WELTRAUMTELESKOP
(IN ERDUMLAUFBAHN)
29. JANUAR 1999
24 MILLIONEN LICHTJAHRE VON DER ERDE ENTFERNT

GEKRÜMMTE GALAXIE

Galaxien wie unsere Milchstraße sind grundsätzlich dünne, flache Scheiben. Allerdings sind die äußeren Regionen leicht gewölbt, wie eine Hutkrempe, die an einer Seite nach oben, an der anderen nach unten gebogen ist. Heute meint man, dass diese Krümmung für Spiral-Galaxien normal ist.

Die Seitenansicht der Galaxie ESO 510-G13 (oben), einer sanft gewellten Scheibe im Sternbild Hydra, zeigt eine weit stärkere Krümmung. Die große Spiral-Galaxie verdaut eben eine kleinere Galaxie, die mit ihr zusammengestoßen ist und sie durch Gravitationskräfte verformt. Die gebogene Form wird vom zentralen Bulge beleuchtet. Wahrscheinlich wird die Spiral-Galaxie wieder wie gewohnt aussehen, wenn der Zusammenschluss abgeschlossen ist. ESO 510-G13 wurde erstmals auf Bildern der Europäischen Südsternwarte identifiziert.

SEITENANSICHT DER GEKRÜMMTEN GALAXIE ESO 510-G13
DIE GEWÖLBTE STRUKTUR DER SCHEIBE WEIST AUF EINE KOLLISION MIT EINER NACHBAR-GALAXIE HIN
ECHTLICHT-AUFNAHME
HUBBLE-WELTRAUM-TELESKOP (IN ERDUMLAUFBAHN)
6. – 7. APRIL 2001
150 MILLIONEN LICHTJAHRE VON DER ERDE ENTFERNT

RING-GALAXIE

Im seltenen Fall einer Ring-Galaxie läuft eine Galaxie durch die Scheibe einer anderen und verändert deren Struktur dramatisch. Der Gravitationsschock beim Eintritt presst die Gase zu einem Ring, in dem neue Sterne geboren werden. Im Ring zur Rechten hat die eindringende Galaxie eine normale Spirale durchlaufen. Das Collier aus blau strahlenden, jungen, heißen Sternen entstand aus Materie der Ziel-Galaxie.

RING-GALAXIE AM 0644-741
ECHTLICHT-AUFNAHME
HUBBLE-WETRAUMTELESKOP (IN ERDUMLAUFBAHN)
16. – 17. JANUAR 2004
300 MILLIONEN LICHTJAHRE VON DER ERDE ENTFERNT

VERKEHRT DREHENDE GALAXIE

BEI VERKEHRT ODER RÜCKWÄRTS drehenden Spiral-Galaxien sind die äußeren, aus Gas und Sternen bestehenden Arme in Drehrichtung der Galaxie offen, eilen ihr gleichsam voraus. Bei der Mehrzahl der Spiral-Galaxien, auch bei unserer Milchstraße, weisen die dichten Arme nach hinten, als würden sie einer Spur folgen. Die abgebildete, rückwärts drehende Spirale hat überdies einen in Gegenrichtung drehenden inneren Arm. Eine mögliche Erklärung: NGC 4622 wurde durch eine kleinere Galaxie gestört, die sie sich jetzt einverleibt.

VERKEHRT DREHENDE SPIRAL-GALAXIE NGC 4622
MONTIERTE ECHTLICHT-AUFNAHME
HUBBLE-WELTRAUM-TELESKOP (IN ERDUMLAUFBAHN)
25. MAI 2001
111 MILLIONEN LICHTJAHRE VON DER ERDE ENTFERNT

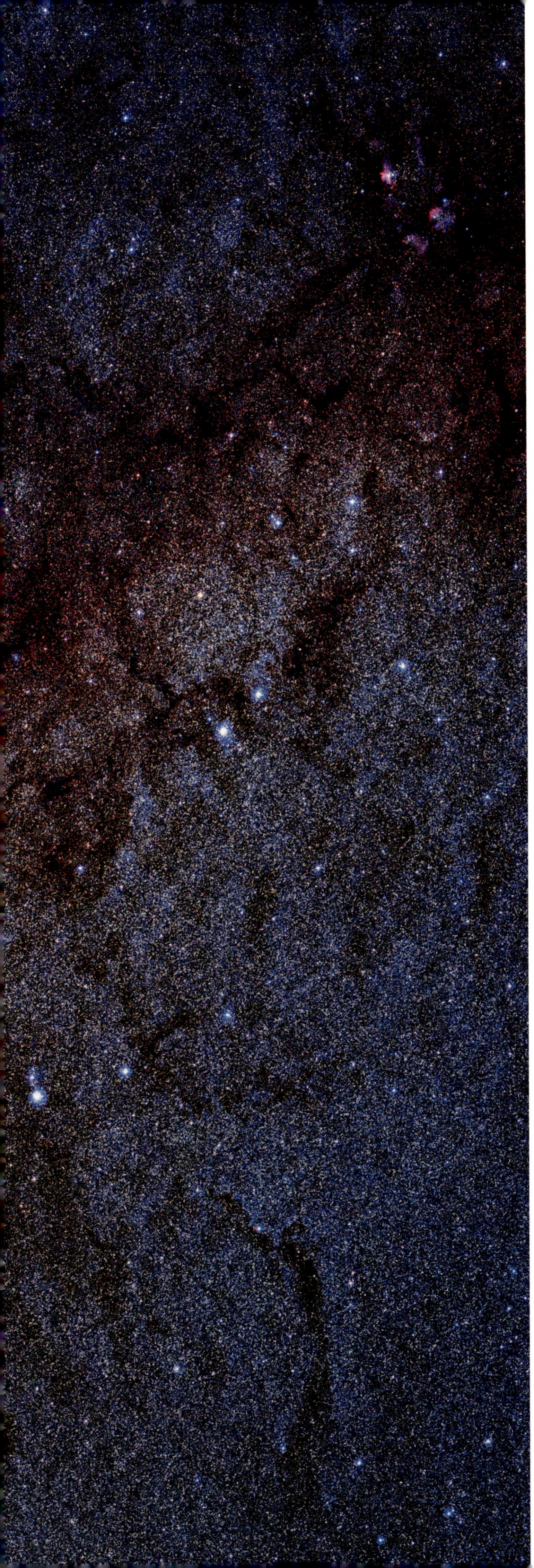

GALAKTISCHES ZENTRUM

In Richtung des Sternbilds des Schützen, rund 25.000 Lichtjahre entfernt, drängen sich Millionen von Sternen um das Zentrum der Milchstraße. Es gibt junge Überriesen, Rote Riesen, ihrem Ende nah, und ein Schwarzes Loch, das keine Materie aufnimmt. Es ist die Nabe, der Kern, das Gravitationszentrum.

Der äußere Bereich des Zentrums mit einem Durchmesser von 500 Lichtjahren, wird Bulge genannt. Man erkennt sein Glühen im großen Bild links unten, hinter einem Staub-Nebel. Der stark leuchtende Punkt innerhalb der glühenden Fläche ist der Kern – eine dichte Sternenmasse mit 30 Lichtjahren Weite (Bild oben). In den Wolken versteckt, ein dreiarmiges Gebilde, die Minispirale: Sie umgibt das Schwarze Loch im Zentrum.

Das supermassive Schwarze Loch, Sagittarius A* (lies: Stern A), ist das geometrische Zentrum unserer Galaxis. Seine Masse ist drei Millionen Mal größer als die unserer Sonne. Sein Ereignishorizont misst 39 Millionen km. Schwarze Löcher im Zentrum von Galaxien haben großen Appetit. Sie verschlingen Gas und Staub und geben Strahlung ab. Die vergleichsweise geringen Emissionen von Sagittarius A* legen den Schluss nahe, dass Explosionen seine gasförmige Nahrung weggeschleudert haben könnten.

DAS SUPERMASSIVE SCHWARZE LOCH SAGITTARIUS A* IM ZENTRUM DER MILCHSTRASSE (RECHTS OBEN)
RÖNTGENAUFNAHME
CHANDRA RÖNTGEN-OBSERVATORIUM
(IN ERDUMLAUFBAHN)
21. SEPTEMBER 1999 – 4. JUNI 2002
25.000 LICHTJAHRE VON DER ERDE ENTFERNT

DAS GALAKTISCHE ZENTRUM DER MILCHSTRASSE IM STERNBILD SCHÜTZE (SAGITTARIUS) (LINKS)
DER BULGE UNTEN LINKS BEHERBERGT DAS SCHWARZE LOCH
DAS INFRAROT-KOMPOSITBILD ENTHÜLLT ANDERENFALLS VERBORGENE STERNE
2MASS
(ERDGESTÜTZT)
APRIL 1997, MÄRZ 2001
25.000 LICHTJAHRE VON DER ERDE ENTFERNT

DIE MÄUSE

„Die Mäuse" ist der Spitzname der beiden kollidierenden Galaxien NGC 4676 A und B im Sternbild Coma Berenices, 300 Millionen Lichtjahre entfernt.

Galaxien können über Millionen von Jahren miteinander interagieren. Zieht die Gravitation Galaxien aufeinander zu, kann dies zu Verschmelzung und

Verzerrungen führen. Die Mäuse sind Galaxien in Verschmelzung, typisch für überall im All zu findende, kaulquappenförmige Objekte mit einem Schwanz und einem oder zwei strahlenden Köpfen, die zeigen, dass zwei Galaxien zusammenstoßen.

Die langen Schwänze bestehen aus Haufen junger Sterne, die nach dem Gravitationskollaps aus Gas und Staub gebildet wurden. Computersimulationen erlauben den Schluss, dass die Mäuse zwei nahezu identische Galaxien sind, die einander vor rund 160 Millionen Jahren begegneten. Nach Abschluss der Verschmelzung werden sie eine elliptische Galaxie bilden.

DIE MÄUSE (NGC 4676 A UND B) IM STERNBILD COMA BERENICES

DIESE BEINAHE IDENTISCHEN SPIRAL-GALAXIEN KOLLIDIEREN UND WERDEN MÖGLICHERWEISE ZU EINER ELLIPTISCHEN GALAXIE VERSCHMELZEN

ECHTLICHT-AUFNAHME

HUBBLE-WELTRAUMTELESKOP (IN ERDUMLAFBAHN)

7. APRIL 2002

ÜBER 300 MILLIONEN LICHTJAHRE VON DER ERDE ENTFERNT

IN DEN WEITEN DES ALLS
WIE ALLES BEGANN

DAS ZENTRUM DES GALAXIEN-HAUFENS ABELL 1689 WIRKT ALS RIESIGE LUPE IM ALL
DIE GRAVITATIONSLINSE MACHT GALAXIEN SICHTBAR, DIE MILLIARDEN LICHTJAHRE WEIT DAHINTER LIEGEN
ECHTLICHT-AUFNAHME
HUBBLE-WELTRAUMTELESKOP (IN ERDUMLAUFBAHN)
JUNI 2002
2,2 MILLIARDEN LICHTJAHRE VON DER ERDE ENTFERNT

WAS IST IN DEN WEITEN DES ALLS verborgen? Wie weit können wir ins Universum sehen? Wie alt ist es? Wie weit blicken wir in die Vergangenheit zurück? Wann leuchtete das erste Licht? Seit langem beschäftigen uns diese Fragen: Sie können uns helfen, zu erkennen, wer wir sind und warum wir überhaupt da sind. Die Wissenschaft erforscht das All mit Hilfe des Lichts aus der Vergangenheit – sie will verstehen, wie das Universum entstand, wie es ist und wohin es geht.

Stellen wir uns vor, wir schweben in der Atmosphäre und sehen die Erde durch ein riesiges Vergrößerungsglas. Im All gibt es natürliche Phänomene die wir als Lupen oder Zoomobjektive nutzen können, so genannte Gravitationslinsen: massereiche Objekte, wie große Galaxien oder Galaxienhaufen, die das Licht von weit dahinter liegenden Himmelskörpern beugen und verstärken.

Wie funktioniert eine solche Gravitationslinse? Wie beugt sie das Licht? Licht breitet sich zwar geradlinig aus, doch seine Richtung wird durch den Raum beeinflusst. Im All dominiert dunkle Materie, die, wenn auch unsichtbar, die Quelle fast aller Gravitation ist. Sie verbindet Galaxien und Galaxienhaufen. Einsteins Allgemeine Relativitätstheorie besagt, dass Gravitation den Raum krümmt und so auch Lichtstrahlen wie ein Zerrspiegel ablenkt. Läuft Licht durch eine Gravitationslinse, etwa einen Galaxienhaufen, wird es abgelenkt und gebogen. Einstein dachte noch, dass dieser Effekt von der Erde aus kaum je zu beobachten sein würde.

Gravitationslinsen wurden bereits in den 1970er-Jahren entdeckt, doch erst mit dem Hubble-Weltraumteleskop war man in der Lage, sie zur Darstellung feinster Details zu nutzen. Man verwendete den 2,2 Milliarden Lichtjahre entfernten Galaxienhaufen Abell 1689 als Gravitationslinse, um ein Bild der entferntesten Bereiche des Alls zu gewinnen. Dabei entdeckte man erstmals Objekte, die mehr als 13 Milliarden Lichtjahre entfernt sind.

Gravitationslinsen als Zoomobjektive und andere herausragende, in diesem Kapitel beschriebene Ideen und Techniken ermöglichen es, weiter denn je in die Tiefe des Alls zu blicken. Und je weiter wir sehen, desto weiter blicken wir in die Vergangenheit.

GEMS SURVEY

Diese sammlung galaktischer Juwelen (Gems), ein Mosaik aus 70 Einzelbildern, hilft bei der Analyse der Struktur des Universums. Das Bild ist ein Ausschnitt aus einer weit größeren Aufnahme, der GEMS Survey. Das großartige Kompositbild, das 40.000 Galaxien im Sternbild Fornax zeigt, wurde aus 78 Einzelbildern der Advanced Camera for Surveys des Hubble-Weltraumteleskops zusammengesetzt. Die GEMS Survey ist die größte, je von Hubble erstellte Farb-Aufnahme. Dennoch zeigt sie nur einen winzigen Teil des Himmels – etwa in Größe einer Aspirintablette auf einer gestreckten Hand.

Mit Hilfe von GEMS (Galaxy Evolution from Morphology and Spectral Energy Distribution) will man das relative Alter, die Entwicklung und die Beziehungen der Galaxien unseres Universums untereinander verstehen lernen. Dieses bisher am weitesten ins All reichende Bild lässt uns neun Milliarden Jahre in die Vergangenheit blicken. Es liefert möglicherweise Antworten auf Fragen, wie z. B. die Gravitation Entstehung, Verschmelzung und Entwicklung von Galaxien beeinflusst. Man studiert auch die Rolle „stellarer Balken", die die Form einer Galaxie beeinflussen, indem sie Gase zu deren Zentrum lenken, aus denen manchmal neue Sterne geboren werden.

GEMS SURVEY

ANALYSE DER EVOLUTION DER GALAXIS ANHAND IHRER MORPHOLOGIE UND DER VERTEILUNG DER SPEKTRALENERGIE

ECHTLICHT-MOSAIK EINIGER GALAXIEN DES GEMS SURVEY

HUBBLE-WELTRAUMTELESKOP IM AUFTRAG DES SPACE TELESCOPE SCIENCE INSTITUTE; OBSERVING PROGRAM: MPIA

AUGUST 2002 – MÄRZ 2003

100 MILLIONEN – 10 MILLIARDEN LICHTJAHRE VON DER ERDE ENTFERNT

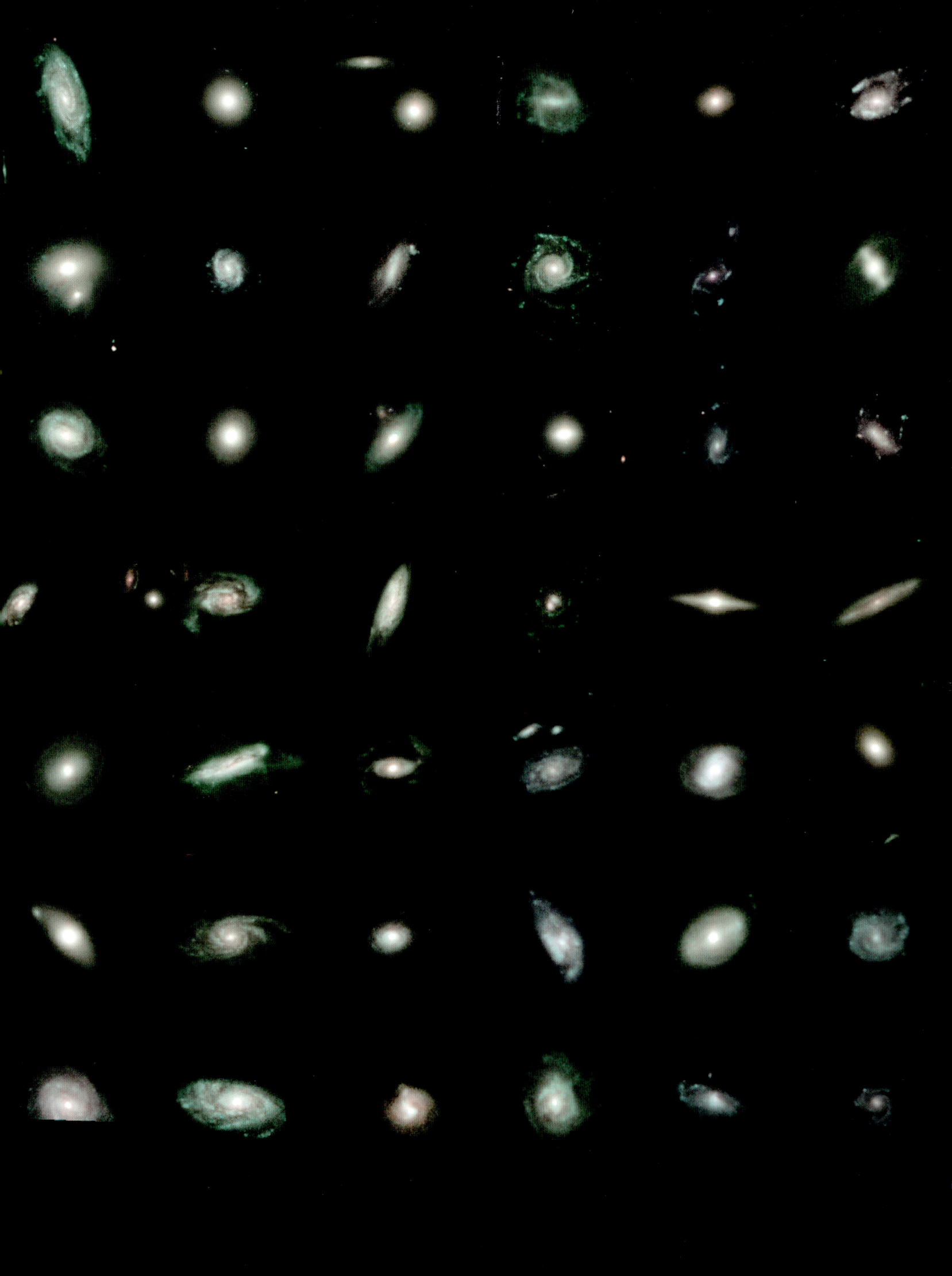

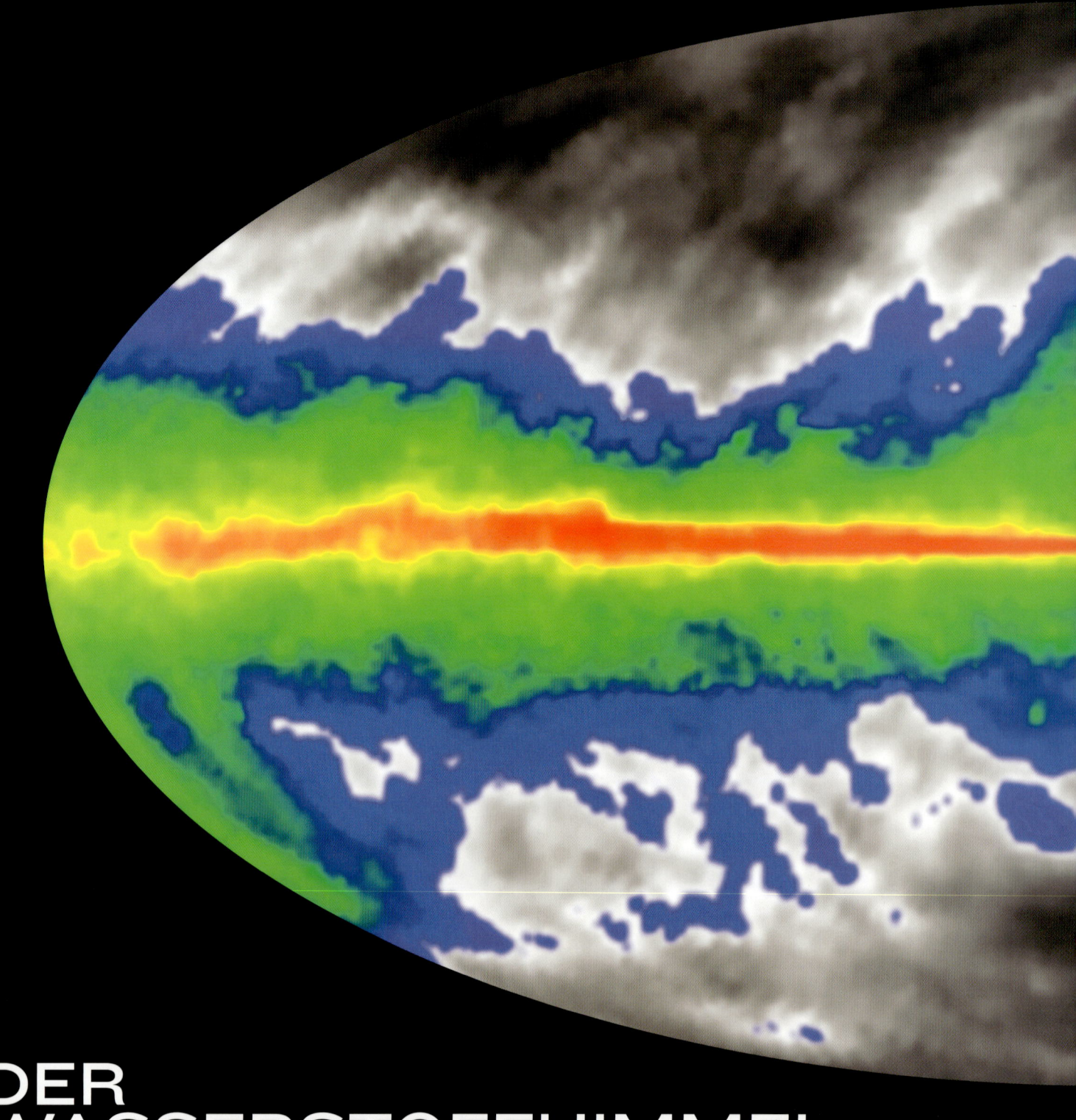

DER WASSERSTOFFHIMMEL

Wasserstoff ist überall. Seit dem Urknall ist er Urstoff und Hauptbestandteil des Universums. Die All-Sky Hydrogen Survey Karte zeigt die Verteilung dieses Elements in der Milchstraße.

„Die Atmosphäre unserer Galaxie besteht aus Wasserstoff", meint Dr. Jay Lockman vom National Radio Astronomy Observatory in Green Bank, West Virginia. Diese Atmosphäre, oder interstellare Masse, ist zum einen die Quelle sternbildender Wolken, zum anderen die „Luft", die bestehende Sterne abgeben. Sie dehnt sich viel weiter aus, als die sichtbaren Teile der Milchstraße. Wasserstoff beherrscht die Zukunft unserer Galaxie, er bestimmt, wo neue Sterne entstehen und wie sie aufgebaut sind.

Ein neutrales Wasserstoffatom besteht aus einem Proton und einem Elektron, die um eine Achse rotieren. Im niedrigsten Energiezustand drehen die Partikel gegenläufig. Doch von Zeit zu Zeit stoßen die Atome zusammen und die Elektronen werden auf ein höheres Energieniveau katapultiert. Nach ein paar Millionen Jahren kehrt das Elektron spontan in seinen Normalzustand zurück, wobei es Radiostrahlung aussendet. Dieser Prozess verläuft äußerst langsam, doch da es unendlich viele Wasserstoffatome in der Milchstraße gibt, können moderne Radioteleskope leicht ihr kollektives Signal messen.

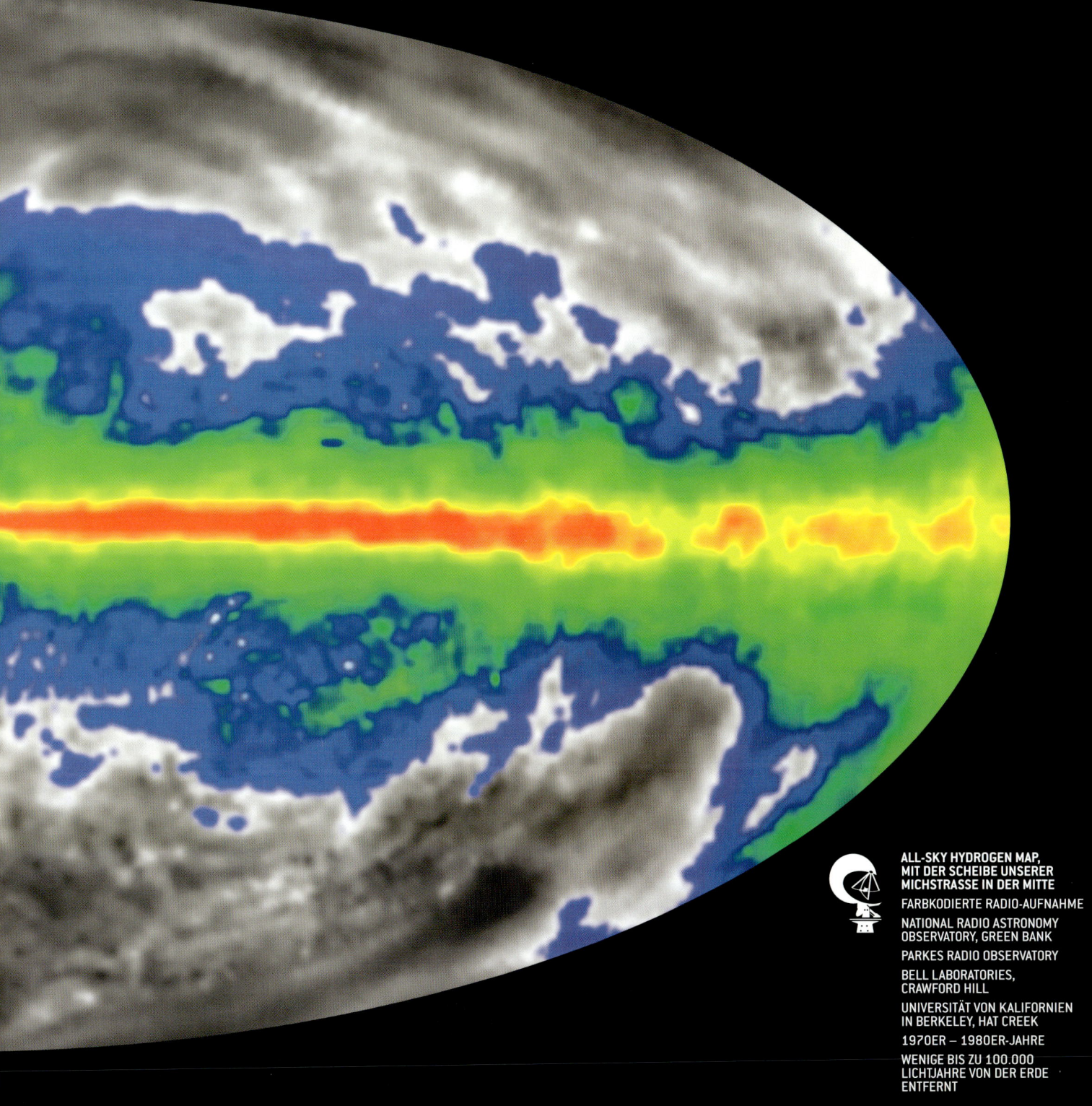

ALL-SKY HYDROGEN MAP, MIT DER SCHEIBE UNSERER MICHSTRASSE IN DER MITTE
FARBKODIERTE RADIO-AUFNAHME
NATIONAL RADIO ASTRONOMY OBSERVATORY, GREEN BANK
PARKES RADIO OBSERVATORY
BELL LABORATORIES, CRAWFORD HILL
UNIVERSITÄT VON KALIFORNIEN IN BERKELEY, HAT CREEK
1970ER – 1980ER-JAHRE
WENIGE BIS ZU 100.000 LICHTJAHRE VON DER ERDE ENTFERNT

Die höchste Konzentration an Wasserstoff (rot eingefärbt) findet man um die Scheibe der Galaxie, daher können dort neue Sterne entstehen: Sterne bestehen zum Großteil aus Wasserstoff. Man schätzt, dass in den Wasserstoffwolken der Milchstraße ein Stern pro Jahr geboren wird. Am anderen Ende des stellaren Lebenszyklus stehen die wellenförmigen Wolken (links, etwas oberhalb der Mitte). Sie entstehen, weil massive Sternhaufen ins Stadium der Supernova gelangen.

Die Studien über neutralen Wasserstoff können auch für die Identifikation dunkler Materie bedeutend sein. Man stellte bei der Messung der weit von der Scheibe entfernten Verwirbelungen des Wasserstoffes fest, dass diese von der Gravitation einer großen Masse beeinflusst werden. Diese geheimnisvolle Kraft nannte man ursprünglich fehlende Materie, doch wir wissen, dass sie keineswegs fehlt, da der Wasserstoff auf ihre Schwerkraft reagiert. Das Einzige, was ihr fehlt, ist Licht, daher wird sie nun Dunkle Materie genannt.

INFRAROT-ZIRRUS-WOLKEN

Dem blossem Auge erscheinen weite Teile des Himmels dunkel und leer – wie ein Samtvorhang, vor dem sich Sterne und Planeten tummeln. Doch das All ist keineswegs leer. Überall sieht man im Infrarotlicht Federwolken. Erst gegen Ende des 20. Jahrhunderts gelang die überraschende Entdeckung, dass die „unendliche Leere" voll Staub sowie Ansammlungen von Gaswolken ist. An Gasen fand man vorwiegend Wasserstoff und Helium, die feinen Staubteilchen bestehen hauptsächlich aus Kohlenstoff, Silizium und Sauerstoff.

Da die amorphen, nur im Infrarotbereich sichtbaren Strukturen an irdische Zirruswolken erinnern, nennt man sie

Infrarot-Zirrus. Sie bestehen aus äußerst kalten und nur gering erwärmten Bereichen und sind daher nur im nahen Infrarotlicht sichtbar. Im kosmischen Tiefkühlschrank herrschen Temperaturen von bis zu −240 °C. Das bisschen Wärme, das einzelne Sterne durch sichtbares und ultraviolettes Licht spenden, wird effizient vom Staub absorbiert, der diese Energie nur im Infrarotspektrum abgibt.

Die Infrarot-Zirruswolken tragen zum Verständnis des Aufbaus unserer Galaxie bei. Aktuell geht man davon aus, dass die Milchstraße eine Balkenspiral-Galaxie ist. Im Balken ist die Konzentration von Gas und Staub hoch, von daher stammt ein Gutteil der auf der Abbildung erkennbaren Strahlung. Interstellare Materie ist ungleichmäßig über das All verteilt: Sie wird durch die Explosion einer Supernova oder durch interstellare Winde verblasen oder konzentriert sich in den Nebeln. Infrarot-Zirrus enthält das Recyclingmaterial der Sterne – Überreste stellarer Katastrophen, die zum Baustoff neuer Sterne werden.

INFRAROT-ZIRRUS-WOLKEN
DIE „LEERE" ZWISCHEN DEN STERNEN IST MIT STAUB ERFÜLLT, DER IM SICHTBAREN LICHT NICHT ZU ERKENNEN IST.
INFRAROT-AUFNAHME
MSX SATELLIT
(IN FAST SONNENSYNCHRONER ERDUMLAUFBAHN)
24. APRIL 1996 – 20. FEBRUAR 1997
15.000–18.000 LICHTJAHRE VON DER ERDE ENTFERNT

ULTRA DEEP FIELD

Wie alt sind die Galaxien des Universums? Je weiter wir ins All blicken, desto weiter reisen wir in der Zeit zurück. Mit Hilfe des Hubble-Weltraumteleskops drang die Astronomie auf den Spuren des Lichts tief ins Weltall vor. Und blickte gleichzeitig zurück bis zu den Anfängen des Universums, als die Galaxien geboren wurden. Wie auf einer, mit erheblicher Verspätung zugestellten Postkarte sehen wir Galaxien, wie sie 400 – 800 Millionen Jahre nach dem Urknall ausgesehen haben mögen.

Hubble erforschte mit seinem „scharfen Auge" über Milliarden von Lichtjahre hinweg einen kleinen Ausschnitt mit galaktischen Formationen im Sternbild Fornax. Kaum durch Objekte im Vordergrund beeinträchtigt, gelang so gleichsam ein Blick durch das Schlüsselloch in die Weiten des Universums. Nie zuvor wurden im Bereich des sichtbaren Lichts entferntere Objekte abgebildet, wie auf der Hubble-Aufnahme des Ultra Deep Field. Sie ermöglicht uns, weit in der Zeit zurückzureisen.

Die beispiellose Abbildung der Galaxiengruppe differiert erheblich von allen, je mit erdgestützten Teleskopen gesehenen Bildern: Für diese leuchten die Galaxien zu schwach, um wahrgenommen werden zu können. Im Gegensatz dazu ist das Ultra Deep Field mit rund 10.000 Galaxien von außergewöhnlicher Vielfalt an Größe, Form und Helligkeit dicht bestückt. Um die endgültige Aufnahme zu erhalten, musste Hubble über vier Monate und mit einer kumulativen Belichtungszeit von 16 Tagen unzählige Einzelbilder erstellen.

Unter den vielfältigen Gebilden finden sich vertraute, wie Spiralen und Ellipsen, die unserer Vorstellung vom Aussehen einer Galaxie entsprechen, doch auch viele unerwartete und ungewöhnliche Formen. Einige erinnern an Zahnstocher, andere an die Glieder eines Armbandes, wieder andere an Solitäre. Einige wenige scheinen miteinander zu interagieren. Ihre Verschiedenheit im Aussehen entspricht dem Altersunterschied, wobei die jüngsten das Chaos widerspiegeln, in dem sich das kindliche Universum befand, das sie formte.

DIE HUBBLE-AUFNAHME DES ULTRA DEEP FIELD AUS DEM STERNBILD FORNAX

KOMPOSITBILD AUS ECHTLICHT- UND NAHE INFRAROT-AUFNAHMEN

HUBBLE-WELTRAUMTELESKOP (IN ERDUMLAUFBAHN)

24. SEPTEMBER 2003 – 16. JANUAR 2004

BLICK DURCH EINEN KORRIDOR VON 13 MILLIARDEN LICHTJAHREN

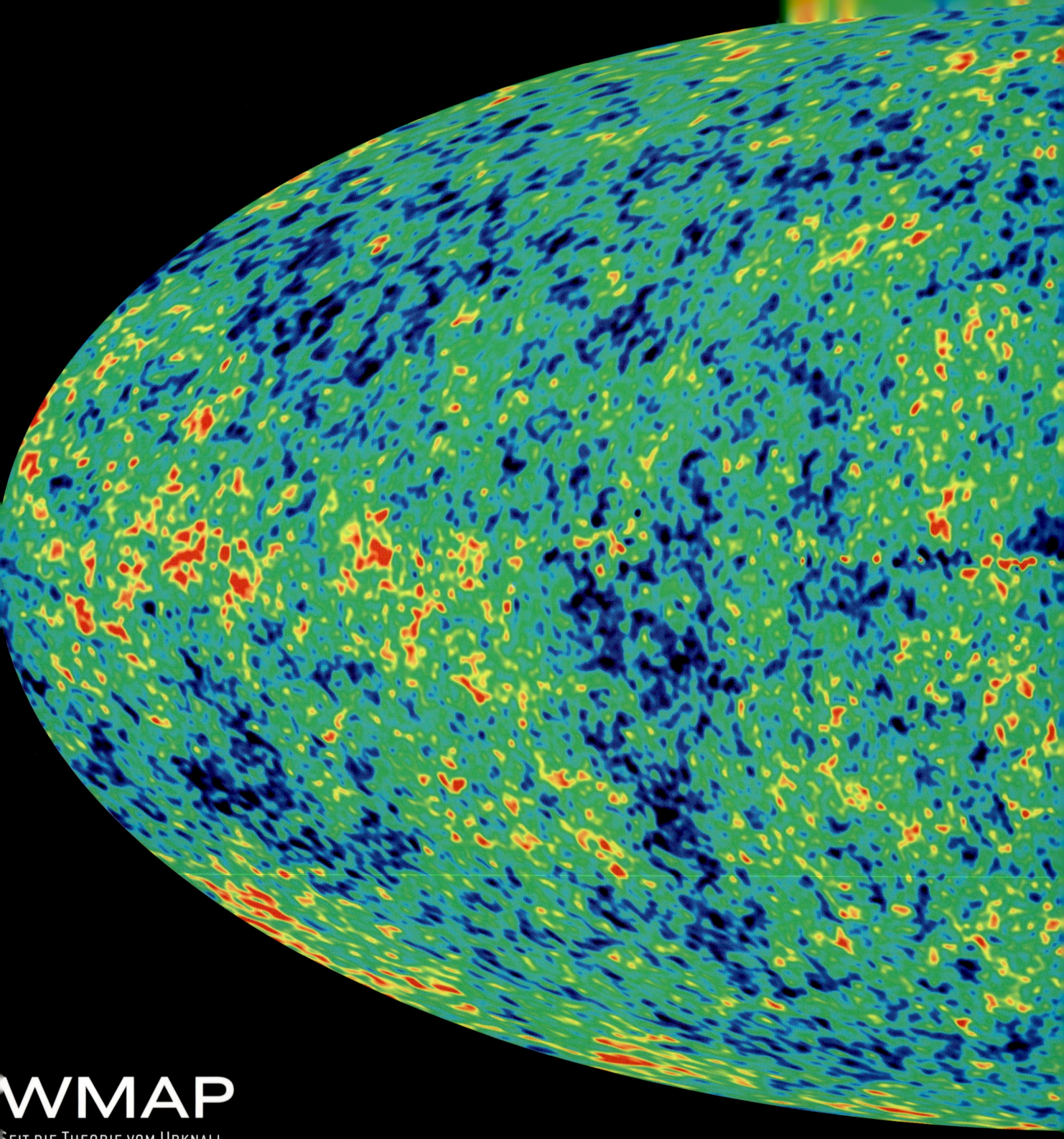

WMAP

SEIT DIE THEORIE VOM URKNALL allgemeine Akzeptanz fand, versucht die Wissenschaft zu ergründen, was danach geschah. Im Jahr 2002 ermöglichte es die geniale Anwendung der einfachen Grundregel der Astronomie, dass nämlich alles Licht, das wir am Himmel sehen, eine lange Reise hinter sich hat, die erste detaillierte Full-Sky Karte des Universums zum Anfang der Zeit.

Die „Wilkinson Microwave Anisotropy Probe" (WMAP) der NASA liefert quasi ein „Babyfoto" des heute etwa dreizehn Milliarden Jahre alten Universums aus dem Jahr 379.000 seiner Existenz. Das Bild ist nicht nur ein triftiger Beweis für die Urknall-Theorie, sondern auch die erste Aufnahme des Lichts, als es die undurchdringliche Dunkelheit brach, die auf den explosiven Beginn des Universums folgte.

Ähnlich einer Infrarotwetterkarte zeigt es deutlich die Unterschiede zwischen heißen und kalten Gebieten. Das WMAP Bild liefert eine Momentaufnahme der Lichtverteilung, kurz nachdem das Universum zu expandieren begann. Man datiert die „Zündung" des allerersten Sterns auf das Jahr 400.000 nach dem „Big Bang". Während das Universum abkühlte, verschmolzen Protonen und Elektronen zu neutralem Wasserstoff, dessen Interaktion mit den Photonen der kosmischen

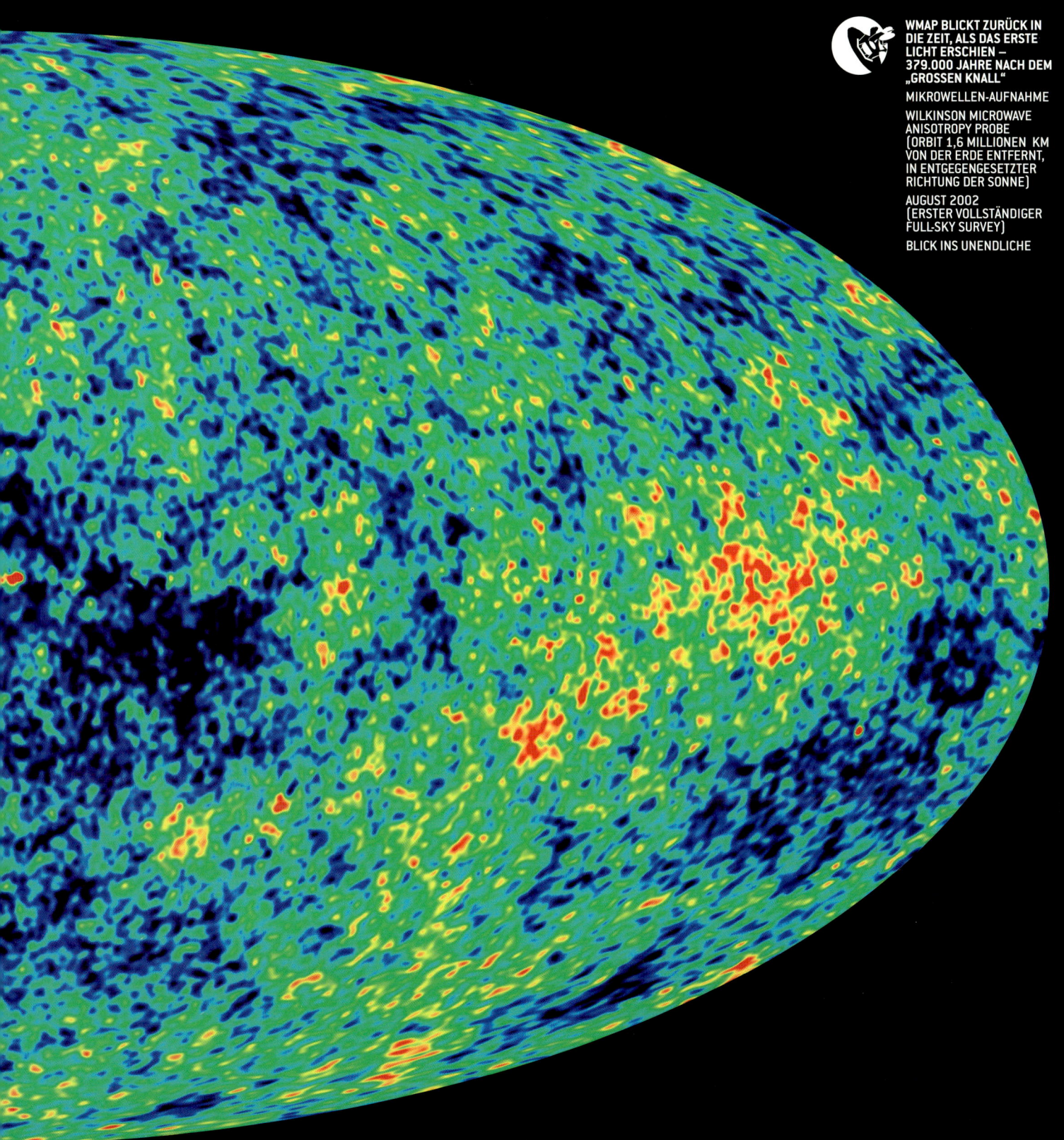

WMAP BLICKT ZURÜCK IN DIE ZEIT, ALS DAS ERSTE LICHT ERSCHIEN – 379.000 JAHRE NACH DEM „GROSSEN KNALL"

MIKROWELLEN-AUFNAHME

WILKINSON MICROWAVE ANISOTROPY PROBE (ORBIT 1,6 MILLIONEN KM VON DER ERDE ENTFERNT, IN ENTGEGENGESETZTER RICHTUNG DER SONNE)

AUGUST 2002 (ERSTER VOLLSTÄNDIGER FULL-SKY SURVEY)

BLICK INS UNENDLICHE

Hintergrundstrahlung die WMAP-Aufnahme im Mikrowellenbereich über eine Zeitspanne von Milliarden von Jahren hinweg ermöglichte.

Aufgrund der von WMAP gelieferten „Strahlungsblaupause" des Universums, auf der Rot „wärmeren" und Blau „kälteren" Gebieten entspricht, konnten selbst schwache Vorläufer von Galaxien identifiziert werden. Eine herausragende Leistung, so als hätte man aus den Zellen eines wenige Tage alten Fötus die endgültige Gestalt des Erwachsenen voraussagt.

Mit Hilfe der Daten von WMAP konnte vieles bestätigt oder präzisiert werden, was bis dahin nur Theorie war: Allem voran die Zusammensetzung des Universums selbst. Nach heutigem Wissenstand besteht es zu 4% aus Atomen, zu 23% aus kalter, „dunkler" Materie und zu 73% aus „dunkler" Energie.

Auch die Expansionsrate des Universums wurde mit nur 5% Fehlertoleranz errechnet, ein entscheidender Faktor für die Bestimmung seines Alters, das man mit nur 1% Ungenauigkeit auf 13,7 Milliarden Jahre festlegen kann.

Schlussendlich unterstützen die aus WMAP gewonnen Daten die Theorie, dass die Expansion des Unversiums andauern wird, wodurch seine Lebenserwartung nahezu ins Unendliche reichen dürfte.

DAS UNIVERSUM

Die Technik hinter den Bildern

Die Astronomie muss sich mehr als jede andere Wissenschaft auf das Auge verlassen. Die flüchtigen Photonen des Sternenlichts sind für sie ebenso wertvoll wie fossile Funde für Paläontologen oder Gesteinsproben für Geologen. Da alle Himmelskörper jenseits des Sonnensystems für uns physisch unerreichbar sind, liegt all unser Wissen darüber im Licht der Sterne. Es beruht auf der Helligkeit des Objekts, seiner Form, der Position am Himmel und, am Wichtigsten, auf seiner Farbe.

In einer klaren Nacht sehen wir die Sterne am Himmel als weiße Punkte, der Nachthimmel ist nicht gerade bunt. Um manche Sterne erkennt ein aufmerksamer Betrachter einen zarten Schimmer in Blau, Gelb, Orange. Tatsächlich bedeutet der Name des Sommersterns Antares etwa „Mars-Rivale", da sein oranges Leuchten den „roten Planeten" imitiert.

In Wahrheit ist das Universum jedoch weit bunter, als diese flüchtigen Schatten andeuten. Nur unsere Augen können die lebhaften Farben nicht sehen, die sich über den nachtschwarzen Himmel ergießen. Dem Licht eines Sterns bleibt nach seiner Reise über hunderte, gar tausende Lichtjahre zu wenig Kraft, um die roten, blauen und grünen Zäpfchen auf unserer Netzhaut zu stimulieren, welche die Farbinformationen ins Sehzentrum unseres Gehirns übertragen, wo sie zu einem Farbbild zusammengesetzt werden. Die viel lichtempfindlicheren Stäbchen arbeiten hingegen auch bei schwachem Licht, liefern uns allerdings nur ein Schwarz-Weiß-Bild der Nacht.

Um auch die Farben einzufangen, braucht man Teleskope, die das Sternenlicht extrem verstärken. Die dann sichtbaren Farben vermitteln neben all ihrer Schönheit vor allem Informationen über die chemischen Vorgänge auf einem Himmelskörper, seine Temperatur, Geschwindigkeit und sogar seine Entfernung zur Erde. Die Farben sind das natürlichste, einfachste Mittel zur Erforschung der Planeten, die ja nicht selbst leuchten, sondern das Sonnenlicht reflektieren wie irdische Landschaften. Die Farben der Planeten entstehen, da ihre Oberfläche bestimmte Wellenlängen des Lichts absorbiert. Der hellblaue Schimmer von Neptun und Uranus erklärt sich durch Methan in ihrer Atmosphäre, das rotes Licht absorbiert. Auf der rostroten Marsoberfläche findet man Eisenoxid, das grünes Licht „verschluckt". Die lebhaften Streifen des Jupiter könnten von Schwefelverbindungen in seiner unruhigen Atmosphäre herrühren. Diese Farbigkeit unterscheidet sich in nichts von dem Grün eines Blatts. Chlorophyll absorbiert rotes Licht, daher sehen wir das Blatt grün.

Jeder, der je ein Feuerwerk beobachtet hat, weiß, dass sehr heiße Objekte Licht und Farbe erzeugen. Man kann anhand der Farbe auf die Temperatur eines Sterns schließen. Wie bei den Heizschlangen in einem Toaster wechselt ihre Farbe mit steigender Erwärmung von Rot zu einem hellen Orange. Das Orange glühender Kohlen wird jedoch beim Abkühlen zu immer dunklerem Rot. Je kälter ein Stern ist, desto rötlicher ist er, die heißesten Sterne leuchten blau. Farbige Abbildungen von Galaxien liefern daher zuverlässige Informationen über die Temperatur ihrer stellaren Bewohner. Die äußere Scheibe ist reich an jungen, heißen, blauen Sternen. Die älteren Sterne, die in der zentralen Verdickung überlebt haben, sind eher gelb.

Interstellare Wolken glühender Gase ähneln der Neonreklame an Geschäften. Fließt Strom durch das Gas Neon, glüht es leuchtend gelb, andere Gase erzeugen ebenfalls für sie typische Farben. Diese Farben leuchten sehr satt und rein. Auch im Weltraum beginnen Gase zu leuchten, wenn sie durch ein Magnetfeld gefangen und erhitzt, ihre Atome durch UV-Strahlen gesprengt oder von der Schockwelle einer Supernova verwirbelt werden. Einige Farben stammen von Elementen, die die Grundlage biologischen Lebens sind: Sauerstoff glüht tief blau, Stickstoff in sattem Grün, Wasserstoff, je nach Aufladung, in Magenta oder Grün, Schwefel leuchtet gelb.

Um Farbe zu erzeugen, muss Energie aus den sichtbaren Bereichen des elektromagnetischen Spektrums aufgenommen werden. Ob Fotografie, Digitalkamera oder Druck, sie alle erzeugen farbige Bilder durch die Kombination der Farbinformationen einzelner Kanäle. Ein Fotofilm etwa weist drei lichtempfindliche Schichten auf: rot, grün und blau. Die Kombination dieser drei Grundfarben ergibt Millionen von Farbtönen. Um ein einheitliches, standardisiertes Farbergebnis zu erhalten, entwickelte die Filmindustrie in den 1930er-Jahren das Technicolor-Verfahren: Drei Schwarz-Weiß-Filme werden gleichzeitig durch je einen Rot-, Grün- und Blaufilter belichtet. Die drei Negative projiziert man dann unter Verwendung derselben Filter gleichzeitig auf einen Farbfilm.

Ebenso nehmen Raumfahrt-Kameras Bilder durch Farbfilter auf, die sich allerdings teilweise überlappen, sodass daraus ein Bild zusammengesetzt werden kann, welches tatsächlich das gesamte Farbspektrum enthält. Außerdem benötigen Forscher auch eine Reihe ganz spezieller, auf einen schmalen Wellenlängenbereich wirkender Filter. Der ausgedünnte Wasserstoff in den aktiven Regionen der Sonne

DAS ELEKTROMAGNETISCHE SPEKTRUM:
Aufnahmen des Kosmos in verschiedenen Wellenlängen erlauben die Erforschung andernfalls „unsichtbarer" Objekte. (HIER: Die Milchstraße)

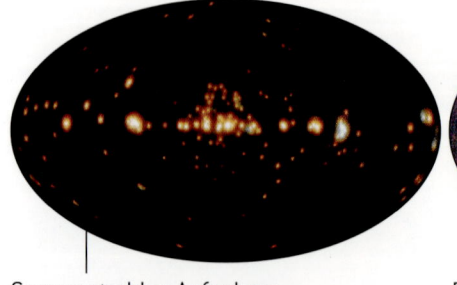
Gammastrahlen-Aufnahme

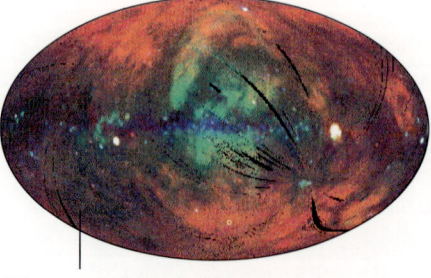
Röntgenstrahlen-Aufnahme

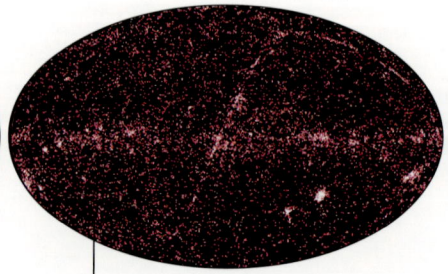
UV-Aufnahme

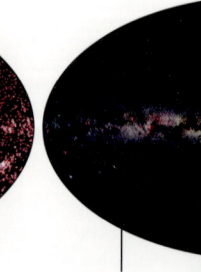
Echtlicht-Aufnahme

DER FARBEN

von Ray Villard

leuchtet etwa mit einer Wellenlänge von 6562 Angström (1A = 10^{-10} m). Genau so wie ein Funkgerät, kann man einen Filter so fein abstimmen, dass alle störenden Wellenlängen ausgeblendet werden: Die tatsächliche Struktur tritt zutage.

Jene Kameras, die die bisher spektakulärsten Aufnahmen lieferten – etwa Hubbles Advanced Camera for Surveys (ACS), die Kameras der Mars Rover oder die an Bord der Saturnsonde Cassini – haben Dutzende solcher Filter. So werden detaillierte Analysen möglich: Das Licht, das ein Objekt selbst ausstrahlt, kann von allen Störfaktoren – Reflexen, glühenden Gasen etc. – getrennt werden.

Bei der Ausarbeitung der Bilder liegt die große Herausforderung darin, ein möglichst getreues Abbild der Wirklichkeit zu erzielen. Dabei weichen die Anforderungen in keinem Punkt von jenen für „normale" Fotos ab: Das Bild muss das gesamte Helligkeitsspektrum und alle Farben des sichtbaren Lichts enthalten. Denn Farbe, und sei es ein nachträglich koloriertes Monochrombild, bietet der wissenschaftlichen Detailanalyse eine zusätzliche Dimension.

In den 1970er-Jahren, den Anfängen der digitalen Bildverarbeitung, wurden die Bilder künstlich koloriert, den verschiedenen Graustufen verschiedene Farbtöne zugeordnet. So erklärt sich die oft grelle Buntheit astronomischer Aufnahmen der 1980er-Jahre. Heutige Kameras sind weit leistungsfähiger, Computer ermöglichen komplexe Bearbeitungsvorgänge, sodass die Farbgebung präziser zu kontrollieren ist. Dennoch wird in die Ausarbeitung eines Bildes aus einem Raumschiff oder von einer Teleskopkamera immer auch ein Schuss Kreativität und Interpretation des wissenschaftlichen Bildbearbeiters einfließen. Die ersten Nahaufnahmen, die Pioneer 10 in den frühen 1970er-Jahren zur Erde funkte, sehen aus wie von einer Pappkamera: Der Spezialist nahm an, die Ammoniakkristalle in der Jupiter-Atmosphäre müssten vor Ort so weiß sein, wie wenn man sie durch ein terrestrisches Teleskop betrachtet. Als die erste Viking-Sonde 1976 auf dem Mars aufsetzte, wurden ihre Bilder so verfremdet, dass der Himmel tiefblau aussah, wie aus einem Flugzeug in der dünnen Atmosphäre 6000 m über der Erde gesehen. Nachträgliche Kalibrierung brachte die Peinlichkeit zu Tage: Auf dem Mars ist der Himmel lachsrosa!

Ein anderer Umstand, der uns einiges abverlangt, ist die Tatsache, dass das All auch in allen möglichen „unsichtbaren Farben" leuchtet, erfüllt ist von Energiestrahlen des elektromagnetischen Spektrums außerhalb der sichtbaren, Licht genannten Wellenlänge. Warmer Staub sendet Infrarotlicht aus, interstellare Gase Radiowellen, Röntgenstrahlen stammen von brodelndem, Milliarden Grad heißem Plasma, das in ein Schwarzes Loch stürzt oder von anderen Phänomenen zum Kochen gebracht wird. Der einzige Unterschied zwischen diesen Energien ist die Wellenlänge der Strahlung, so wie man auf ein und demselben Instrument Töne verschiedener Oktaven spielen kann.

Ebenso wie der Schall wird auch das Licht mittels Wellen übertragen. Wir hören langwellige Basstöne und extrem kurzwellige, kreischend hohe Töne. Unsere Augen nehmen nur einen kleinen Bereich, etwa in der Mitte des Spektrums wahr, das sichtbare Licht. Die strahlende Vielfalt des Universums bleibt uns ohne geeignete Teleskope ebenso verborgen, wie es unmöglich ist, den Klang eines Orchesters über das Telefon zu erfassen.

Selbstverständlich haben Infrarot- oder Röntgenstrahlen keine Farben im herkömmlichen Sinn. Der Bildbearbeiter muss dieses „unsichtbare Licht" durch Hinzufügen charakteristischer, jedoch willkürlicher Farben für uns wahrnehmbar machen. Zum Beispiel könnte man bei einem Infrarot-Bild mit unterschiedlichen Wellenlängen langwellige, mittellange und kurzwellige Strahlung in Rot, Grün und Blau darstellen. Das kann zu recht farbenprächtigen Bildern führen, wobei die künstliche Farbgebung manchmal deutlich wird, wenn etwa die Sterne rosa oder blau leuchten. Genauso werden Röntgenstrahlen in Farben umgesetzt, was zu noch grelleren Bildern führen kann, die jedoch wissenschaftlich höchst bedeutsam sind.

So bemerkenswert die Leistungen unseres Gehirns und unserer Augen auch sein mögen, unsere Wahrnehmung des Universums bleibt äußerst beschränkt. Teleskope in Verbindung mit Computern und den Fähigkeiten moderner Bildbearbeiter haben unsere Vorstellung von der Vielfalt des Alls um Einiges erweitert. Die heute möglichen astronomischen Aufnahmen bieten eine detailliertere Sicht als je zuvor. Die Bilder sprechen zu uns nicht nur auf einer wissenschaftlichen, intellektuellen Ebene, sie appellieren an unser Gefühl, lassen uns staunen über die Herrlichkeit des Alls. Viele der in diesem Buch gezeigten Himmelskörper nehmen wir nur in der Vergangenheit wahr, wie sie vor langer Zeit aussahen. Unsere einzige Möglichkeit, sie näher kennen zu lernen, wird daher immer die Macht des farbigen Bildes bleiben.

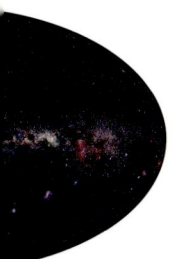  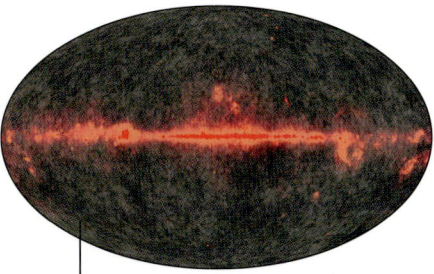 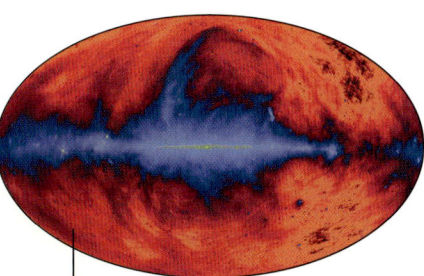

Infrarot-Aufnahme   Mikrowellen-Bild   Radiostrahlen-Bild

DIE ENTSTEHUNG DER BILDER

Meilensteine in der Erforschung des Universums

Lunar Orbiter 4

ERDGESTÜTZT

ANGLO-AUSTRALISCHES OBSERVATORIUM

Das Anglo-Australische Teleskop (AAT) hat einen Durchmesser von 3,9 m und ging 1974 in New South Wales, Australien, in Betrieb. Bis dahin standen fast alle großen Teleskope auf der Nordhalbkugel. Das AAT erforscht einige der faszinierendsten Regionen des südlichen Himmels, darunter das Zentrum der Milchstraße und die Magellan'schen Wolken. Die Kamera des Teleskops verwendet spezielle Schwarz-Weiß-Filme. Farbaufnahmen entstehen durch Kombination je drei dieser Filme, die durch Rot-, Blau- und Grünfilter belichtet werden.

KANADISCH-FRANZÖSISCHES-HAWAII TELESKOP

Das seit 1979 in Betrieb stehende Kanadisch-Französische-Hawaii Teleskop (CFHT) auf dem Gipfel des Mauna Kea auf Hawaii verfügt über eine 3,6 m Spiegeloptik und ein Infrarotteleskop. Das CFHT arbeitete ursprünglich mit großen fotografischen Platten, heute jedoch mit einer hochmodernen MegaPrime Optik und einem 340 Megapixel MegaCam Digitalkamerasystem, dessen Gesichtsfeld (relative Winkelöffnung) der Größe von vier Vollmonden entspricht.

EUROPÄISCHE SÜDSTERNWARTE

Das Very Large Telescope (VLT) des European Southern Observatory (ESO) besteht zurzeit aus einer Gruppe von vier gekoppelten 8,2 m Reflektorteleskopen. Die trapezförmig angeordneten Einheiten des VLT befinden sich auf dem Gipfel des Cerro Paranal in der chilenischen Atacama Wüste. Jede Einheit ist in einem vollklimatisierten Objekt untergebracht, das unabhängig oder synchron mit den drei anderen Teleskopen rotieren kann.

GEMINI OBSERVATORIUM

Das multinationale Projekt des Gemini Observatoriums besteht aus zwei identischen 8 m Teleskopen, die zu den größten der Erde gehören. Um den gesamten Himmel abzudecken, befindet sich je eines auf jeder Hemisphäre: auf dem Mauna Kea auf Hawaii sowie auf dem Cerro Pachón in den chilenischen Anden. Die aktiv gesteuerten und verstellbaren Spiegeloptiken reagieren auf optisches und auch auf Infrarotlicht, so werden Störungen, wie das „Funkeln" aus dem Sternenlicht herausgefiltert.

KITT PEAK

Der Kitt Peak in der Nähe von Tucson, Arizona, ist Standort des National Optical Astronomy Observatory mit seinen 0,9 und 3,5 m Wisconsin-Indiana-Yale (WIYN) Teleskopen. Die 0,9 m Teleskope, die 1960 in Betrieb gingen, wurden für spektroskopische, fotografische, fotometrische und wide-field Operationen verwendet. Die 3,5 m Teleskope beobachten seit 1994 Supernovas, Gammastrahlenausbrüche und Sternenhaufen. Auf dem Kitt Peak befindet sich auch das RCOS, das Ritchey-Chretien Zero Expansion Astro-Sitall Optics Carbon Truss Teleskop.

NRAO RADIOTELESKOPE

Das NRAO (US National Radio Astronomy Observatory) und die U.S. National Science Foundation entwarfen, bauten und betreiben zahlreiche hochmoderne Radioteleskope. Die NRAO beteiligt sich auch weltweit an Gemeinschaftsprojekten mit anderen Observatorien.

GREEN BANK (GBT) Das 100 m Radioteleskop in West Virginia besitzt den weltweit größten, vollständig ausrichtbaren Antennenspiegel. Wegen seiner Parabolschüssel, die aus 2004 beweglichen Aluminiumsegmenten besteht, ist die Empfindlichkeit des GBT für Radiowellen herausragend.

PARKES Australiens 64 m Parkes Radio Observatorium war das erste große Parabolantennen-Teleskop auf der Südhalbkugel. Es spielte eine entscheidende Rolle beim Studium der Quasare und entdeckte den ersten Pulsar außerhalb der Milchstraße. 1969, während der Mission von Apollo 11, empfing Parkes das erste Fernsehsignal von der Mondoberfläche und es empfängt auch heute Radiosignale bemannter und unbemannter Missionen der NASA (National Aeronautics and Space Administration der USA).

BELL LABS HORN-REFLEKTOR Mit dem 20-Fuss Mikrowellenempfänger mit „Hornantenne" in Crawford Hill, New Jersey, gelang Bell Laboratories 1965 der erste Nachweis der kosmischen Hintergrundstrahlung, dem „Nachglühen" des Urknalls. Forscher wollten das unangenehme Zischen einer vermeintlichen Antennenstörung beheben und realisierten dabei, dass dieses Signal aus dem ganzen All zu empfangen war – ein kosmisches Relikt. Die Entdeckung von Arno Penzias und Robert Wilson half, die Urknall-Theorie zu bestätigen. 1978 erhielten sie dafür den Nobelpreis für Physik.

HAT CREEK Das 26 m Radioteleskop der University of California in Berkeley, seit 1962 in Betrieb, wurde 1993 durch Sturm zerstört. Zu seinen Leistungen zählt die Entdeckung des ersten Masers im All, einem natürlichen Laser, der im Mikrowellenbereich aus Hydroxylgruppen Radiostrahlung erzeugt. Mit Hilfe dieses Teleskops wurden einige der ersten vollständigen Karten der Milchstraße erstellt.

PALOMAR SCHMIDT TELESKOP

Seit 1948 überblickt das 48-Zoll Schmidt-Teleskop des Palomar Observatoriums in Südkalifornien weite Bereiche des Nordhimmels. Eines der ersten Projekte, 1950, war die vollständige fotografische Durchmusterung des sichtbaren Himmels im blauen und roten Spektralbereich. Das Survey komplettieren Aufnahmen des Südhimmels, ebenfalls von einem – von Großbritannien betriebenen – Schmidt Teleskop. In den 1980ern digitalisierte man die Daten der 36 cm Glasplatten und erstellte einen Sternenkatalog für das Hubble-Weltraumteleskop.

SCHWEDISCHES 1M SOLARTELESKOP

Das schwedische 1m Solarteleskop (SST) vom Institut für Solarphysik der königlich schwedischen Akademie der Wissenschaften ist das größte seiner Art in Europa. Errichtet auf einem erloschenen Vulkan auf den Kanaren, rühmt es sich des ersten Spiegels, der seine Form 1.000 Mal pro Sekunde nachjustieren kann, um die sich rasch ändernden Verzerrungen des Sonnenlichts auszugleichen. Daher kann es Details auf der Sonnenoberfläche unterscheiden, die kleiner sind als 70 km.

2MASS

Das Two Micron All Sky Survey (2MASS), ein Zehn-Jahres-Projekt von NASA und U.S. National Science Foundation, erstellte im Infrarot-Bereich einen Atlas des ganzen Himmels. Infrarot-Licht durchdringt den interstellaren Staub, daher sah 2MASS nicht nur Sterne in den entferntesten Regionen unserer Galaxie, sondern auch zuvor im Dunklen verborgene Teile des Alls. Eine halbe Milliarde Objekte wurde von den 2MASS Teleskopen auf Mount Hopkins in Arizona (Nordhimmel) und im Cerro Tololo Interamerican Observatory, Chile (Südhimmel), katalogisiert.

Kanadisch-Französisches-Hawaii Teleskop

SOHO

Chandra

IN DER ERDUMLAUFBAHN

CHANDRA RÖNTGEN-OBSERVATORIUM

Das Chandra Röntgen-Observatorium trägt seinen Namen zu Ehren des indisch-amerikanischen Nobelpreisträgers Subrahmanyan Chandrasekhar, der als „Chandra" (Sanskrit: Mond oder leuchtend) bekannt war. Chandra wurde 1999 von der NASA ins All befördert und ist das zur Zeit modernste Röntgenobservatorium mit der größten Blendenöffnung für Röntgenstrahlen im All. Seine Umlaufbahn verläuft 200 Mal höher als die von Hubble – mehr als ein Drittel der Entfernung zum Mond. Es liefert Bilder des energiereichen Universums, der Schwarzen Löcher, Neutronensterne und Gase.

HUBBLE WELTRAUMTELESKOP

In den 1970ern gebaut und 1990 in die Umlaufbahn gebracht, ist das Hubble-Weltraumteleskop (HST) der NASA/ESA (European Space Agency) das zur Zeit größte optische UV-Observatorium im All. 580 km über der trüben Erdatmosphäre, sieht Hubble das Universum zehn Mal schärfer als große erdbasierte Teleskope. Das nach dem Astronomen Edwin Hubble benannte Teleskop kann Objekte entdecken, die 100 Millionen Mal kleiner sind als das Auflösungsvermögen des menschlichen Auges. Zurzeit liefert HST Aufnahmen vom ultravioletten bis zum nahen Infrarot-Bereich. Drei seiner vier Kameras haben CCD Sensoren: der Space Telescope Imaging Spectrograph (STIS), die Wide Field and Planetary Camera 2 (WFPC2) und die Advanced Camera for Surveys (ACS).

LANDSAT 7 SATELLIT

Um Umweltveränderungen auf der Erde zu studieren, wurde Landsat 7 im Jahr 1999 von der NASA gestartet. Aus einem Polarorbit in rund 705 km Höhe liefert er kontinuierlich Aufnahmen der Landflächen und Küstenregionen. Je 100 Bilder werden auf Festplatte gesammelt und zur Bodenstation übermittelt. Multispectral Scanner (MSS) messen von der Erde reflektiertes Sonnenlicht im sichtbaren und Infrarot-Bereich. Anhand der verschiedenen Wellenlängen spüren chemische Analysen Veränderungen an Land, in der Atmosphäre und im Meer auf.

MSX SATELLIT

1996 brachte die US Ballistic Missile Defense Organization den Satelliten des Midcourse Space Experiment (MSX), ein 2.700 kg schweres Objekt, in einen beinahe sonnensynchronen Orbit in 900 km Höhe. MSX ist mit einem gekühlten Infrarot-Sensor bestückt, um Raketen mit Testsprengköpfen auszumachen und zu verfolgen. In jenen zehn Monaten, in denen der Cryogenvorrat das System kühl halten konnte, wurden auch 200 GB Daten über den Hintergrund des Himmelsgewölbes gesammelt. Ein weiteres Ziel war, eine Karte der ganzen Scheibe unserer Galaxis im mittleren Infrarot-Bereich zu erstellen. Seit das Kühlmittel aufgebraucht ist, spüren die Sensoren Müll im All auf, der dem Bodenradar entgeht.

SONDE POLAR

Die Sonde POLAR der NASA wurde 1996 ins All gebracht und sammelt hoch über den Polen Daten über das Magnetfeld der Erde. Der Satellit bewegt sich auf einer elliptischen Umlaufbahn, die im unteren Bereich jene Höhe erreicht, in der Auroras entstehen, und im entferntesten Bereich den Van Allen Strahlungsgürtel, der die Erde umgibt. Die Sonde beobachtet, wie Ionen im Magnetfeld Sauerstoff und Stickstoff zum Fluoreszieren bringen und Auroras entstehen. Sein Visible Imaging System besteht aus drei Restlichtkameras, die aus bis zu 51.000 km Höhe Aufnahmen der nächlichen Auroraovale aus der Vogelperspektive ermöglichen. POLAR ist auch mit einer UV-Kamera zum Studium der Variationen von Auroras in Bezug auf Ausdehnung und Dauer bestückt.

SIR-C/X-SAR

Das Spaceborne Imaging Radar-C/X-band Synthetic Aperture Radar (SIR-C/X-SAR) wird seit 1994 von Zeit zu Zeit an Bord des NASA Space Shuttle eingesetzt. Die Radar-Aufnahmen bilden Umweltveränderungen, wie die Rodung des Regenwalds am Amazonas, die Ausdehnung der Wüste im Süden der Sahara sowie das Absinken des Grundwasserspiegels im Mittelwesten der USA ab. Die Mission im Jahr 2000 nahm rund 80% der gesamten Landmasse der Erde auf – 120 Mio. km². Die Technologie macht sowohl Nacht- als auch Tag-Aufnahmen möglich. Die Strahlen des mächtigen Radars durchdringen selbst dichteste Wolken und enthüllen bislang unsichtbare Ziele. Die Signale werden zur Erde zurückgespielt und dort verarbeitet.

SOHO SATELLIT

Mit dem Solar and Heliospheric Observatory (SOHO) brachten NASA und ESA 1995 das komplexeste Observatorium, das je die Sonne beobachtete, auf eine Gravitations-neutrale Umlaufbahn, etwa 1,6 Mio. km von der Erde und 148 Mio. km von der Sonne entfernt. SOHO trägt das Extreme Ultraviolet Imaging Telescope (EIT), das Large Angle and Spectrometric Coronograph (LASCO) und drei speziell konstruierte Teleskope, die das helle Licht blockieren, um die schwachen Emissionen der Corona aufzunehmen. Der Michelson Doppler Imager (MDI) dient der Untersuchung der Prozesse in der Sonne, das Solar Ultraviolet Measurements of Emitted Radiation (SUMER) Teleskop und Spektrometer der Beobachtung der Spektren des Sonnenlichtes, der ruhigeren sowie der aktiven Regionen der Corona.

SPITZER WELTRAUMTELESKOP

Das Spitzer Space Telescope (SST) der NASA, benannt nach dem amerikanischen Astronomen Lyman Spitzer, wurde 2003 gestartet. Während seiner Mission wird das SST das Universum im Infrarot-Bereich beobachten, jenem Spektrum, das die staubreichen Regionen des Alls aussenden und das optischen Teleskopen verborgen bleibt. Der 0,85 m Spiegel des SST konzentriert das Licht auf drei nahezu auf den absoluten Nullpunkt gekühlte wissenschaftliche Instrumente, die Infrarot-Signale ohne jede Störung durch ihre Eigenwärme auswerten.

SATELLIT TERRA

Als Teil des Earth Observing System (EOS) der NASA umkreist Terra (lat: Land) die Erde auf einer Umlaufbahn von Pol zu Pol. Seine Aufnahmen zeigen die Effekte der globalen Erwärmung und der Klimaveränderungen auf die Umwelt. Die Sensoren arbeiten wie eine Digitalkamera. Von der Erde reflektiertes Sonnen- und Infrarot-Licht wird auf Sensoren für unterschiedlichste Wellenlängen konzentriert.

TRACE SATELLIT

Der Satellit TRACE erforscht die dreidimensionalen magnetischen Strukturen, die von der Oberfläche der Sonne in ihre obere Atmosphäre steigen. Sein Spiegel mit einer Blendenöffnung von 30 cm sammelt UV- und Extrem-UV-Licht. Sein Chip kann während jeder Beobachtungsphase ein Drittel der Sonnenscheibe abbilden.

WMAP

Die Wilkinson Microwave Anisotropy Probe (WMAP) der NASA erstellt die bislang schärfsten Momentaufnahmen des Universums aus der Zeit kurz nach dem Urknall. WMAP, die zu Ehren von David Wilkinson von der Universität Princeton

Mars Express

Viking Orbiter

benannt wurde, startete 2001 und befindet sich in einem 1,6 Mio. km von der Erde entfernten Orbit. Die beiden Teleskope der Raumsonde zeichnen synchron die Mikrowellenstrahlung von zwei nahezu gegenüberliegenden Himmelsteilen auf. Im Lauf seines Orbits erstellen die Teleskope eine spirografische Karte des Himmels. Die im Lauf eines Jahres gemachten Aufnahmen ergeben eine vollständige Karte des Universums.

YOHKOH SATELLIT

Der 1991 gestartete Yohkoh Satellit ist eine Mission des japanischen Institute of Space and Astronomical Science (ISAS), unterstützt von britischen und amerikanischen Wissenschaftlern. Mittels seiner beiden bildgebenden Einheiten und zweier Spektometer beobachtet Yohkoh („Sonnenstrahl") Sonneneruptionen im Röntgen- und Gammastrahlenbereich. Der Einsatz von Filtern gibt Informationen über Temperatur und Dichte des Plasmas.

RAUMSCHIFFE, SONDEN UND KAMERAS

APOLLO 12 / APOLLO 17 70MM HASSELBLAD AUS DER HAND

Von 1968 bis 1972 schossen Astronauten der Apollomissionen mit der schwedischen Hasselblad EL mehr als 18.000 Farb- und Schwarz-Weiß-Bilder. Die halbautomatischen, für den Einsatz im Vakuum sowie in der Druckkabine von Apollo adaptierten Kameras arbeiteten mit Batterien sowie mit 60 oder 500 mm Optik. Bei der Erkundung der Mondoberfläche wurden sie in Brusthöhe an den Raumanzügen fixiert. Die 70 mm Magazine hielten Kodak S0368 Ektachrome MS (ASA 64) oder 3401 PlusXX (ASA 80-125) Schwarz-Weiß-Filme. Um beim Rückflug Gewicht zu sparen, ließ man meist Kameras und Objektive auf dem Mond zurück.

CASSINI-HUYGENS

Cassini-Huygens ist ein Gemeinschaftsprojekt von NASA/ESA/ASI (Italian Space Agency) zur Erforschung des Saturns und seiner Monde. Nach siebenjähriger Reise über 3,2 Mrd. km schwenkte die Sonde 2004 in eine Umlaufbahn um den Saturn ein. Für seine weitere Reise, die mindestens vier Jahre dauern soll, sind 79 Orbits mit Flügen, die an vielen Saturnmonden, vor allem an Titan, vorbeiführen, vorgesehen. Die Sonde besteht aus dem Cassini Orbiter und dem Huygens Lander. Huygens ging im Januar 2005 mit Hilfe von Fallschirmen auf dem größten Mond, Titan, nieder. Seine Daten werden von Cassini zur Erde weitergeleitet. Cassini selbst ist mit zwei Kameras, für den Tele- sowie für den Weitwinkelbereich bestückt, die mit nahezu zwei Dutzend Filtern vom UV- bis zum Infrarot-Bereich arbeiten.

CLEMENTINE

Die 1994 begonnene Clementine Mission war ein Gemeinschaftsprojekt der NASA mit der U.S. Strategic Defense Initiative Organization (SDIO), bei dem über etwa zwei Monate der Mond kartografiert wurde. Zur Erstellung einer mineralogischen Karte der Mondoberfläche wurden Aufnahmen unterschiedlichster Wellenlängen angefertigt. Das hochauflösende Kamerasystem bestand aus einem Teleskop, einem Bildverstärker und einem CCD-Chip als bildgebender Einheit. Clementine war auch mit zwei Sternverfolgerkameras ausgestattet, die durch Abbildung des Sternenhintergrundes bei seiner Navigation helfen sollten. Seine Breitbandkapazität war auf die Abbildung schwach beleuchteter Objekte, wie der Mondoberfläche im Erdenschein, beschränkt.

GALILEO

1989 startete die NASA-Raumsonde Galileo, die als Erste einen der äußeren Planeten umkreiste. Während ihrer 14-jährigen Misson umkreise sie 34 Mal den Jupiter und gelangte dabei häufig in die Nähe seiner vier größten Monde, Europa, Ganymed, Callisto und Io. Die Kameraoptik war auf ein Narrow-Angle Teleskop mit 1.500 mm Brennweite abgestimmt, das ursprünglich für Voyager gebaut worden war. Das Wellenlängenspektrum reichte vom sichtbaren bis zum nahen Infrarot-Bereich. Herz des Systems war ein CCD-Sensor mit Filterrad für die Erstellung von Farbbildern. Um die Verschmutzung des Mondes Io zu verhindern wurde Galileo 2003 absichtlich in der Atmosphäre Jupiters zerstört.

LUNAR ORBITER 4

Die fünf Lunar Orbiter Missionen der NASA (1966 – 1967) sollten zur Vorbereitung der Landung der bemannten Flüge des Apolloprogramms die Mondoberfläche erkunden. 99% der Mondoberfläche wurden fotografiert, wobei Objekte bis zur Größe eines Kartentisches erkennbar waren. Die ersten drei Missionen entdeckten 20 potenzielle Landeplätze. Lunar Orbiter 4 fotografierte die ganze der Erde zugewandte Mondseite sowie 95% der der Erde abgewandten Mondseite. Das Stereolinsensystem nahm auf einer einzigen Rolle 70 mm Schwarz-Weiß-Film 300 Bilder auf, die in einem Minilabor an Bord entwickelt wurden. Ein optischer Scanner las die hellen und dunklen Bereiche auf der Filmemulsion ein und übertrug die Daten als analoges Videosignal zur Erde. Dort belichtete und montierte man einzelne Streifen Fotopapier zu einem Portrait des Mondes.

MAGELLAN

Die Magellan-Sonde der NASA, benannt nach dem ersten Weltumsegler, dem Portugiesen Magellan, wurde 1989 gestartet. Sie war die erste Sonde, die aus einer Umlaufbahn detaillierte Bilder von der Venus lieferte. Während der ersten acht Monate machte Magellan Radar-Aufnahmen von 98% der Venusoberfläche. Um die dichte und opake Atmosphäre mit seinem Synthetic Aperture Radar System (SARS) zu durchdringen, nutzte Magellan Stöße von Mikrowellenenergie, in etwa so wie eine Kamera einen Blitz, um die Planetenoberfläche zu erleuchten. Mit dem SARS wurden auch Höhenmessdaten über die verschiedenen Oberflächenstrukturen gesammelt, die die Erstellung dreidimensionaler Bilder ermöglichten.

MARINER 10

1973 besuchte die NASA-Sonde Mariner 10 als Erste den innersten Planeten Merkur. Sie war auch die erste Sonde, die die Schwerkraft als Antriebshilfe nutzte und sich mit Hilfe der Schwerkraft des einen Planeten zum nächsten schraubte – in diesem Fall von der Erde zur Venus und von der Venus zum Merkur. Mariner 10 besaß einen Sonnenschutz, der sich nach dem Start entfaltete, um die der Sonne zugewandte Seite zu schützen. Lüftungsschlitze an den, die Elektronik beherbergenden Abschnitten regelten die Innentemperatur. Das Kamerasystem bestand aus zwei Cassegrain Teleskopen mit acht Filtern. Weitwinkel- und Tele-Aufnahmen wurden mit zwei Vidicon Tube Kameras erstellt.

MARS EXPRESS

Die Sonde Mars Express der European Space Agency schwenkte 2003 in den Orbit um den Mars ein. Mars Express soll wasserfüh-

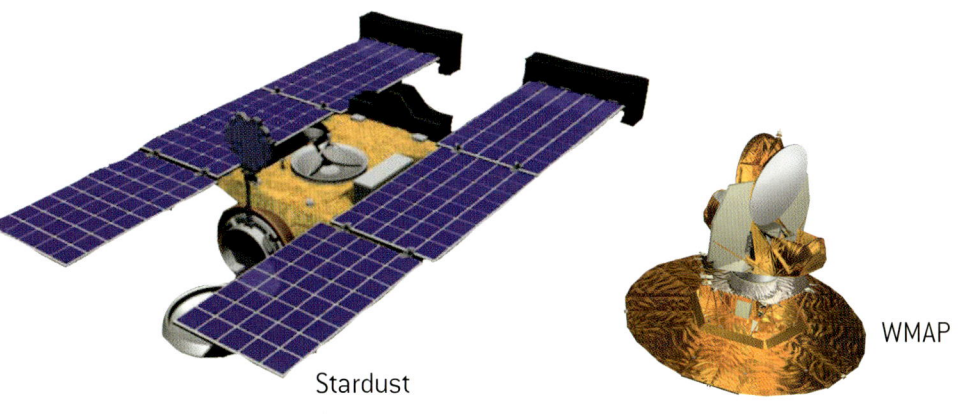

Stardust
WMAP

rende Schichten unter der Oberfläche kartieren, die für die Bildung von Kanälen und ähnlichen Strukturen verantwortlich sein könnten. Seine High Resolution Stereo Camera (HRSC) nimmt Vollfarbbilder auf, die Einzelaufnahmen können zu dreidimensionalen Bildern kombiniert werden, die Details von der Größe eines Hauses zeigen. 2004 bestätigte Mars Express die Existenz von Wassereis auf der südlichen Polarkappe.

MARS GLOBAL SURVEYOR

Die NASA-Sonde Mars Global Surveyor (MGS) befindet sich seit 1997 auf einem Polarorbit in geringer Höhe. MGS hat ihre primäre Mission bereits 2001 abgeschlossen und arbeitet nun an Zusatzaufgaben. Bislang hat sie die gesamte Marsoberfläche und Atmosphäre studiert und mehr Daten übermittelt, als alle anderen Marsmissionen zusammen. Ihr Kamerasystem sammelt Daten mit einem CCD Verbund, speichert diese in digitaler Form an Bord und übermittelt sie gesammelt zur Erde. Ihre Weitwinkel-Kamera liefert täglich eine Übersichtsaufnahme des Planeten, auf den Detailaufnahmen der Kamera mit Teleobjektiv erkennt man Objekte von der Größe eines Autos.

NEAR SHOEMAKER

Kaum so groß wie ein Auto ist die NASA-Raumsonde Near Earth Asteroid Rendezvous (NEAR). Sie wurde 1996 auf eine 3,2 Milliarden km lange Reise zu 433 Eros gesandt. NEAR hatte ihr Rendezvous mit Eros im Jahr 2000 und fotografierte den Asteroiden aus Höhen von 320 bis lediglich 120 m. Ihr Multispectral Imaging System (MIS) vermaß Form, Oberfläche und Farben des Asteroiden. Nachdem sich die Sonde ein Jahr im Orbit um Eros befunden hatte, landete sie – obwohl nicht dafür konstruiert – geplant und sanft auf der Oberfläche und arbeitete noch mehrere Wochen weiter.

SPIRIT UND OPPORTUNITY

Die Mars Exploration Rovers (MERs) der NASA, die Anfang 2004 auf entgegengesetzten Seiten des Mars landeten, sind die ersten Fernerkundungsroboter zur Erforschung einer Planetenoberfläche. Jedes dieser solarbetriebenen Radfahrzeuge ist mit neun Kameras bestückt. Sechs Kameras mit geringer Auflösung (vier Haz Cams und zwei Navigationskameras) dienen als „Navigationsaugen" der Sonden. Je ein Paar hochauflösender, dreidimensionaler Farbkameras sind auf einem Mast angebracht. Gesichtsfeld und Blickhöhe entsprechen annähernd jenen eines Menschen. Ein auf einem Roboterarm montiertes Mikroskop liefert extreme Nahaufnahmen von Boden und Felsen.

STARDUST

Stardust wurde 1999 von der NASA gestartet, um einen Kometen zu erforschen. Als erste Robotikmisson soll sie extraterrestrisches Material zur Erde bringen. Die Sonde sammelte während einer Nahbegegnung mit dem Kometen Wild 2 Staub und kohlenstoffhaltiges Material. Mit einer „Aerogel" genannten Substanz fing Stardust die Proben ein und verstaute sie für die lange Rückreise. Im Januar 2006 soll Stardust eine 57 kg schwere Wiedereintrittskapsel an Fallschirmen in der Wüste von Utah absetzen. Das Kamerasystem der Stardust besteht aus einem Voyager Weitwinkelteleskop, einem Spiegelsystem und einem Periskop, das den Spiegel schützte, während das Raumfahrzeug das Coma des Kometen durchflog.

VIKING

Beim Viking-Projekt sandte die NASA 1975 zwei unabhängige Raumfahrzeuge mit je einem Orbiter und einem Lander zum Mars. Zuerst wurden mit Hilfe von Aufnahmen aus dem Orbit die Landegebiete ausgewählt, dann die Lander sanft abgesetzt. Die Orbiter nahmen den Planeten weiter aus der Umlaufbahn auf – Viking 1 bis 1979, Viking 2 bis 1982. Die Visual Imaging Subsystems der Viking bestanden aus hochauflösenden Zwillings-Fernsehkameras auf einer Scanplattform. Zwischen Objektiv und Blende befand sich ein Filterrad mit sechs Farbfiltern.

VOYAGER

1977 startete die NASA mit Voyager 1 und 2 nach den Pioneer-Missionen der frühen 1970er-Jahre das zweite Raumsondenpaar, das das äußere Sonnensystem erforschen sollte. Von 1979 bis 1989 lieferten sie beispiellose Bilder von Jupiter, Saturn, Uranus und Neptun sowie von deren Satelliten und Ringen. Anders als Pioneer, deren drehende Fotometer nur grobe Bilder erstellen konnten, ist Voyager mit zwei Kameras ausgestattet: einer von geringerer Auflösung mit Weitwinkel- und einer hochauflösenden mit Teleobjektiv. Der amerikanische Astronom Carl Sagan ließ außen auf jeder Sonde goldbeschichtete Kupferscheiben von 30 cm Durchmesser mit Bildern und Tönen von der Erde anbringen. Die Voyager sind mit einer Reisegeschwindigkeit von bis zu 145.000 km/h die am weitesten entfernten, von Menschen geschaffenen Objekte im All.

PERSONEN

Die Mehrzahl der Bilder in diesem Buch stammen von erd- oder raumgestützten Teleskopen großer Institutionen, einige der faszinierendsten aber gelangen mit allgemein verfügbarer Ausrüstung.

FRED ESPENAK ist Astrophysiker am Goddard Space Flight Center der NASA in Greenbelt, Maryland, wo er die Atmosphäre von Planeten studiert. Er ist auch als „Mr. Eclipse" bekannt, da er Webmaster der offiziellen NASA Eclipse Site ist: http://sunearth.gsfc.nasa.gov/eclipse. Als anerkannter Astrofotograf veröffentlichte er Prognosen für Mond- und Sonnenfinsternisse bis zum Jahr 2035.

BILL und **SALLY FLETCHER** arbeiten für gewöhnlich auf den Gipfeln der White Mountains in der kalifornischen Sierra Nevada. Sie erstellen Vollfarbaufnahmen, indem sie hochempfindliche oder feinkörnige Schwarz-Weiß-Filme durch Rot-, Grün- und Blaufilter belichten. Ihre astrofotografischen Arbeiten wurden unter anderem von „National Geographic", „Astronomy, Sky & Telescope" sowie Carl Sagans „Pale Blue Dot" publiziert. Siehe auch: www.scienceandart.com.

STEFAN SEIP ist Berater für Informationstechnologie in Stuttgart, Deutschland. Er ist aber auch Weltreisender in Sachen Astrofotografie. Sein bevorzugtes Arbeitsgebiet ist jedoch – der Schwarzwald. Stets um Authentizität bemüht, meint er, dass effiziente Astrofotografie immer ein Liebesspiel von Kunst, Physik, Fotografie sowie chemischer und digitaler Nachbearbeitung ist. Siehe auch: www.astromeeting.de.

AXEL MELLINGER ist wissenschaftlicher Mitarbeiter der Applied Condensed Matter Physics Gruppe an der Universität Potsdam. Der prominente Astrofotograf machte innnerhalb von drei Jahren von verschiedensten Plätzen der Erde 51 Aufnahmen des Sternenhimmels und entwickelte anschließend eine Software zur Erstellung eines nahtlosen „All-Sky-Bildes" der Milchstraße im Bereich des sichtbaren Lichts. Mellinger arbeitet mit einer Minolta SRT-101 sowie einer XD-5 Kamera mit 28 mm Linse, Rücken an Rücken auf ein Super Polaris DX montiert. Siehe auch: http://home.arcor-online.de/axel.mellinger/.

Mars Exploration Rover

GLOSSAR

Asteroid
Felsiges Objekt, kleiner als ein Planet, das um die Sonne kreist. Die meisten Asteroiden findet man im „Asteroidengürtel" zwischen Mars und Jupiter. Vermutlich eine Art planetarer Müll aus den Anfängen unseres Sonnensystems.

Atmosphäre
Gashülle, welche die Oberfläche (bzw. den Mantel) eines Sterns, Planeten oder Mondes umgibt.

Aurora
Fluoreszierende Gaswolke oberhalb der Magnetpole eines Planeten. Auroras entstehen, wenn die Ionen des Sonnenwinds mit den Atomen in der oberen Planetenatmosphäre zusammenstoßen. Auf der Erde werden sie Aurora Borealis (Nordlicht) bzw. Aurora Australis (Südlicht) genannt und entstehen aus geladenen Sauerstoff- und Stickstoffatomen.

Barnard (B)
Präfix zur Objektnummerierung von Dunkelnebeln im Barnard-Katalog. Der Pferdekopf-Nebel trägt zum Beispiel die Nummer B 33.

Bauch, galaktischer
Kugelförmiger Bereich aus alten Sternen, Gas und Staub im Zentrum von Spiral-Galaxien.

Blauer Überriese
Der massereichste aller großen, heißen, hellen Sterne. Die extremen Temperaturen lassen ihn blau strahlen.

Chromosphäre
Etwa 10.000 km dicke Schicht der Atmosphäre unserer Sonne zwischen Photosphäre und Corona. Die Chromosphäre besteht hauptsächlich aus Wasserstoff, ist heißer als die Photosphäre, aber kühler als die Corona.

Corona
Äußerste, gasförmige Schicht der Atmosphäre unserer Sonne. Mit freiem Auge kann man die Corona nur sehen, wenn die Sonnenmitte – etwa bei einer Sonnenfinsternis – verdeckt ist. Die Corona strahlt allerdings stark im ultravioletten und Röntgenbereich.

Coronaler Loop
Riesiger Plasmabogen, der sich zwischen zwei entgegengesetzt gepolten Sonnenflecken auf der Oberfläche der Sonne entlang magnetischer Feldlinien bis weit in die Corona erhebt.

Coronale Masseneruption (CME)
Heftige Eruption solaren Plasmas, das von der Sonnenoberfläche bis weit in die obere Atmosphäre geschleudert wird und sich von dort mit hoher Geschwindigkeit durchs All bewegt.

Doppelsternsystem
Zwei Sterne, die, durch Gravitationskräfte zusammengehalten, um ein gemeinsames Massezentrum rotieren.

Dunkelnebel
Undurchsichtige Wolke aus Gas und Staub, die das sichtbare Licht dahinter blockiert und als Schattensilhouette im interstellaren Raum erkennbar ist.

Dunkle Materie
Materie, die aufgrund des Fehlens jeglicher elektromagnetischer Strahlung nicht beobachtet werden kann. Nicht erklärbare Gravitationskräfte in Galaxienhaufen und galaktischen Halos sowie die Krümmung des Raums durch Gravitationslinsen lassen das Vorhandensein dieser Materie annehmen.

Eklipse (Finsternis)
Phänomen, bei dem sich ein Himmelskörper vor einen anderen schiebt, der dadurch ganz oder teilweise verdeckt wird. Bei einer Sonnenfinsternis verdeckt der Mondschatten auf manchen Teilen der Erde die Sonne, bei einer Mondfinsternis wird der Mond durch den Erdschatten verdunkelt. Sonnenfinsternisse treten meist um Neumond, Mondfinsternisse um Vollmond auf.

Elefantenrüssel
An den Grenzen mancher Nebel bilden sich hohe Säulen, wenn die UV-Strahlung naher Sterne das Gas im Nebel verbrennt. Innerhalb des Nebels halten dichte Staub- und Gaswolken der verzehrenden Strahlung stand und schirmen die Materie dahinter ab. Gemeinsam mit dieser Materie formen sie ein einem Rüssel ähnliches Gebilde.

Elektromagnetische Strahlung
Energie, die das Universum als Wellen elektrischer oder magnetischer Strahlen, auch „Licht" genannt, durchquert. Die Wellenlängen reichen von kurzwelligen Röntgen- bis zu extrem langwelligen Radiostrahlen. Mit freiem Auge erkennbar ist das „sichtbare Licht".

Elektromagnetisches Spektrum
Das gesamte Spektrum elektromagnetischer Strahlung reicht (von kurz nach lang) von Gamma-, Röntgen- und UV-Strahlung über das sichtbare und Infrarotlicht bis zu Mikro- und Radiowellen.

Elektron
Negativ geladenes Elementarteilchen mit extrem wenig Masse, das durch Elektromagnetismus an den Atomkern gebunden ist. Kann durch einen Energieschub aus dem Atom herausbrechen und zu einem „freien Elektron" werden.

Emissionsnebel
Glühende Staub- und Gaswolke, wird durch UV-Strahlung von Sternen im Inneren oder in der Nähe mit Energie geladen und zum Leuchten gebracht.

Ereignishorizont
Äußerste Grenze eines Schwarzen Lochs. Materie, die diese Grenze überschreitet, könnte der Anziehungskraft des Schwarzen Lochs nur mit Über-Lichtgeschwindigkeit entkommen.

Flare
Plötzlicher, heftiger Ausbruch solarer Energie, oft in der Nähe von Sonnenflecken und im Zusammenhang mit Coronalen Masseneruptionen.

Galaktische Scheibe
Flache, um das Zentrum rotierende, scheibenförmige Region einer Galaxie mit jungen Sternen, Gas und Staub. Die Scheibe enthält den Großteil der stellaren Masse einer Galaxie. Die Lage von Objekten kann mit über, unter oder in der Scheibe beschrieben werden.

Galaktischer Halo
Runder Hof ober- und unterhalb der Scheibe einer Spiral-Galaxie, der Nebelhaufen, schwach leuchtende Sterne, Dunkle Materie und wenig Gas enthält.

Galaktischer Kern
Zentrum einer Galaxie mit einem Durchmesser von einigen Lichtjahren, in dessen Innerem sich meist ein supermassives Schwarzes Loch befindet.

Galileische Monde
Die vier größten Monde Jupiters – Io, Europa, Callisto und Ganymed. Von Galileo im Jahr 1610 mit Hilfe eines Teleskops entdeckt.

Globule
Dunkle Wasserstoffwolke, oft die Geburtsstätte neuer Sterne.

Gravitation (Schwerkraft)
Alle Objekte des Universums ziehen einander an. Nach Isaac Newton ist diese Anziehungskraft umso größer, je größer die Masse der Objekte und je geringer ihre Entfernung ist. Albert Einstein beschrieb die Krümmung des Raums zwischen massereichen Objekten als Effekt der Gravitation.

Gravitationslinse
Massereiches Himmelsobjekt, etwa eine große Galaxie oder ein Galaxienhaufen, das das Licht dahinter liegender Objekte ablenkt, wodurch diese vergrößert oder mehrfach zu sehen sind.

Hawkingstrahlung
Das Vakuum des Alls enthält virtuelle Paare von Materie- und Antimaterieteilchen, die einander neutralisieren. Trifft sich ein solches Paar am Ereignishorizont eines Schwarzen Lochs, kann es sein, dass das Materieteilchen entweicht, während das Antimaterieteilchen in das Schwarze Loch fällt. In diesem Fall muss das Schwarze Loch einen Teil seiner Materie aufwenden, um das Teilchen zu neutralisieren, wodurch es selbst an Masse verliert und sich – so die Theorie von Stephen Hawking – nach und nach auflöst.

Herbig-Haro (HH) Objekt
Interstellare Gas-Nebel, die durch Materieausstöße von Protosternen ionisiert werden, wobei das Gas erwärmt und für uns sichtbar wird.

Hydrogen-Alpha (H-alpha)
Licht im roten Bereich des sichtbaren Lichts, das bei der Wasserstoff-zu-Helium-Fusion ausgesandt wird. Auch die Chromosphäre unserer Sonne strahlt Licht dieser Wellenlänge aus.

IC
Präfix der Ordnungszahlen im Index der nicht-stellaren astronomischen Objekte.

Interstellare Materie (Masse)
Gase und Staub zwischen den Objekten einer Galaxie.

Ionen (geladene Teilchen)
Atomare Teilchen mit positiver (Proton) bzw. negativer (Elektron) Ladung.

Jets
Materialausstoß von einem kompakten und energiereichen Objekt. Die Jets brechen typischerweise als schmale Strahlen in entgegengesetzter Richtung entlang der Rotationsachse des Himmelskörpers aus.

Kernfusion
Vereinigung zweier Atomkerne zu einem einzigen größeren Kern. Die dabei freigesetzte Energie erhitzt einen Stern. Die einfachste Form ist die Wasserstoff-zu-Helium-Fusion, weitere Fusionsprozesse führen zu immer schwereren Elementen. Die Kernfusion erfordert hohe Temperaturen und hohen Druck, wie sie typischerweise im Inneren eines Sterns vorherrschen.

Komet
Kleines Himmelsobjekt mit meist nur wenigen Kilometern Durchmesser aus Fels und Eis, das sich in exzentrischem Orbit um die Sonne bewegt. Kommt ein Komet der Sonne nahe, bildet sich durch die Wärme um den Kometenkern ein Coma aus Staub und Gas. Die

Sonneneinstrahlung lässt den Staub und die Gase ins All entweichen, der typische Kometenschweif entsteht.

Kosmische Strahlung
Elektromagnetische Strahlung, die das gesamte Universum in jeder Richtung fast gleichmäßig ausfüllt. Die Strahlung ist am stärksten im Mikrowellenbereich und gilt als Nachhall des Urknalls.

Krater
Annähernd kreisförmige Vertiefung mit aufgeworfenem Rand in der Oberfläche eines Planeten oder Mondes, hervorgerufen durch den Aufprall eines Asteroiden oder Meteoriten, oft auch durch vulkanische Aktivität.

Kuiper-Gürtel
Region am äußersten Rand des Sonnensystems, die eisige, kometenähnliche Körper beherbergt. Der Kuiper-Gürtel liegt in derselben Ebene wie die Planetenbahnen und erstreckt sich vom Orbit Neptuns (4,5 Mrd. km von der Sonne entfernt) bis zur etwa 30fachen Distanz. Pluto gilt als das größte Objekt im Kuiper-Gürtel.

Lichtgeschwindigkeit
Geschwindigkeit, mit der sich elektromagnetische Strahlung durch luftleeren Raum bewegt – ca. 299.800 km/s.

Lichtjahr
Entfernung, die das Licht im Vakuum innerhalb eines Jahres zurücklegt – ca. 9,5 Billionen km.

Local Group
Gruppe von Galaxien in unmittelbarer Nachbarschaft der Milchstraße. Es gibt etwa 30 Galaxien, die kleiner sind als unsere Milchstraße, die Andromeda-Galaxie ist die einzige andere große Galaxie der Local Group.

M
Präfix der Objektnummerierung im Messier-Katalog der Galaxien, Sternhaufen und Nebel.

Magnetfeld
Kraftfeld um magnetisierte Objekte, manchmal hervorgerufen durch ringförmig verlaufende elektrische Ströme. In den Magnetfeldern, welche Sonne oder Erde umgeben, sind Nord- und Südpol durch magnetische Feldlinien verbunden.

Magnetische Feldlinien
Imaginäre Linien, die der Bewegung und Stärke eines Magnetfelds folgen. Elektrisch geladene Teilchen werden von der Kraft des Magnetfelds an die Feldlinien gebunden, können jedoch entlang dieser Linien frei wandern.

Nebel
Diffuse Wolke aus interstellarem Staub und Gasen.

Neutronenstern
Kompakter Stern von extrem hoher Dichte, entsteht aus dem Kern eines Sterns, wenn dieser nach einer Supernova unter dem Einfluss der Gravitation in sich kollabiert. Neutronensterne bestehen fast zur Gänze aus Neutronen und haben bei einem Durchmesser von 5 – 20 km etwa die dreifache Masse der Sonne.

NGC
Präfix der Ordnungszahlen im New General Katalog nicht-stellarer astronomischer Objekte.

Oort'sche Wolke
Ringförmiger Bereich um unser Sonnensystem, vermutlich die Heimstätte der Kometen. Sie umfasst mit einer Ausdehnung von ca. 1,5 Lichtjahren etwa ein Drittel der Distanz zum der Sonne nächstgelegenen Stern Proxima Centauri.

Ozonschicht
Schicht in der oberen Erdatmosphäre mit etrem hoher Ozonkonzentration (dreiatomiger Sauerstoff O_3), die die Erde vor den UV-Strahlen der Sonne schützt.

Photosphäre
Sichtbare Oberfläche eines Sterns, auch der Sonne.

Planetarischer Nebel
Glühende Gashülle um einen alternden Stern, die dieser beim Übergang von einem Roten Riesen zu einem Weißen Zwerg freisetzt. Die vielfältigen Formen planetarischer Nebel lassen auf die Vorgänge in dem Stern rückschließen.

Plasma
Vierter Aggregatzustand, in dem die Partikel superheißer Gase elektrisch geladen sind. Die Materie innerhalb eines Sterns sowie der Großteil jener überall im All verstreuten Masse sind Plasmateilchen.

Proton
Elementarteilchen mit positiver Ladung. Atomkerne bestehen aus Protonen.

Protostern
Erstes Stadium der Entstehung eines Sterns vor Einsetzen der Kernfusion.

Protuberanz
Wolkenartiges, durch Gaseruption entstandenes Gebilde in der Atmosphäre der Sonne mit geringerer Temperatur und höherer Dichte als ihre Umgebung, sodass sie am Rand der Sonnenscheibe hell, gegen den Hintergrund der Scheibe jedoch dunkel erscheinen.

Pulsar
Schnell drehender Neutronenstern, der, einem Leuchtturm ähnlich, starke elektromagnetische Strahlung aussendet, sodass der Stern regelmäßig zu pulsieren scheint.

Reflexionsnebel
Wolke aus Gas und Staub im interstellaren Raum, sichtbar nur durch Reflexion des Lichts eines nahen Sterns.

Retrograde Rotation
Atypische Achsrotation einiger Planeten und Monde entgegen ihrer Umlaufbahn.

Roter Riese
Alter, großer, kühler Stern. Ein Stern wird zum Roten Riesen, wenn die Kernfusion im Inneren alle Wasserstoffatome verbraucht hat und der Wasserstoff im äußeren Bereich fusioniert.

Schockwelle
Durch plötzlichen Druckunterschied, zum Beispiel durch eine heftige Explosion, ausgelöste Welle.

Schwarzes Loch
Himmelsobjekt mit kaum Volumen und unendlicher Dichte. Seine Anziehungskraft ist so stark, dass ihm innerhalb eines bestimmten Abstands nichts, nicht einmal Licht, entkommt. Es entsteht, wenn ein Stern mit mehr als der zehnfachen Masse unserer Sonne kollabiert und als Supernova explodiert. Im Zentrum der meisten Galaxien befindet sich vermutlich ein supermassives Schwarzes Loch mit der Masse von einer Million oder mehr Sternen.

Singularität
Zentrum eines Schwarzen Lochs, wo die Materie zu unendlicher Dichte bei fast keinem Volumen komprimiert ist.

Sol
Marstag, etspricht 24 Stunden, 39 Minuten und 35 Sekunden auf der Erde.

Solarer Zyklus
Etwa elf Jahre dauernder Rhythmus der Sonnenaktivität, hervorgerufen durch die Verwirbelung und Neuanordnung ihres Magnetfelds. Die Häufigkeit von Sonnenflecken, Flares, Loops und CMEs ist diesem Zyklus unterworfen.

Sonnenfleck
Temporärer Fleck in der Photosphäre, der dunkler ist als seine Umgebung, da er ein starkes Magnetfeld umgibt, das das Gebiet abkühlt.

Sonnenwind
Ununterbrochener Fluss geladener Partikel, die mit einer Geschwindigkeit von Millionen Stundenkilometern von der Sonne in den interplanetaren Raum geschleudert werden.

Sternbild (Konstellation)
Eine Gruppe von Sternen in einem figuralen Bild angeordnet, die nach antiken Gottheiten, Helden oder Tieren benannt werden. Über das gesamte Firmament verteilt gibt es 88 astronomisch genau definierte Sternbilder mit exakten Grenzen.

Supernova
Explosion am Lebensende eines massereichen Sterns. Der starke Energieausstoß lässt die sich ausdehnenden Gas für Wochen oder Monate um vieles heller leuchten.

Supernova Remnant (SNR)
Überrest einer Supernova, glühende Gaswolke, die sich langsam ausdehnt.

Tektonische Platten
Klar erkennbare, bewegliche Platten, die die Landmassen in der Kruste eines Planeten, so auch der Erde, bilden.

Terrestrischer Planet
Auch: Gesteinsplanet. Die vier terrestrischen Planeten unseres Sonnensystems – Merkur, Venus, Erde und Mars – bestehen zum Großteil aus Fels.

Treibhauseffekt
Sonnenlicht, das auf die Atmosphäre eines Planeten trifft, wird zum Teil reflektiert, in Infrarotstrahlung umgewandelt oder durchdringt und erwärmt die Atmosphäre. Einige Gase (z. B. CO_2) in der Atmosphäre verhindern, dass das Licht, welches von der Planetenoberfläche reflektiert wird, ins All zurückstrahlt, der Planet erwärmt sich.

Überriese (Superriese)
Stern mit dem 100- bis 1000fachen Durchmesser unserer Sonne.

Urknall („Big Bang")
Jene elementare Explosion, die nach aktuellen Theorien zur Entstehung des Universums führte.

Wellenlänge
Abstand zwischen dem höchsten und tiefsten Punkt einer Welle.

Weißer Zwerg
Der heiße Überrest eines Sterns von der Größe unserer Sonne. In diesem letzten Stadium hat der Stern seinen nuklearen Treibstoff verbraucht und sich zu geringem Volumen verdichtet.

INDEX

A
Abell 1689 (Galaxienhaufen), 160–161
Adrastea (Jupitermond), 102
Advanced Camera for Surveys (ACS; Hubble-Weltraumteleskop), 162–163, 173, 175
AGN *siehe:* Aktive Galaktische Nuklei
Akna Montes (Venus), 82
Aktive Galaktische Nuklei (AGN), 150–151
All, 160–171
    Farben im Universum, 172–173
    GEMS Survey, 162–63
    Gravitationslinsen, 160–161, 178
    Hubble Ultra Deep Field, 168–169
    Hydrogen Survey Map, 164–165
    Infrarot-Zirrus, 166–167
    WMAP, 170–171
Allgemeine Relativitätstheorie, 48, 161
Alnitak, 11
AM 0644-741 (Galaxie), 154–155
Amalthea (Jupitermond), 102
Amazonas (Brasilien), 89
Andromeda-Galaxie, 147
Anglo-Australisches Observatorium, 10–11, 174
Aphrodite Terra (Venus), 82
Apollo 11 Raumschiff, 120, 174
Apollo 12 Raumschiff, 74–75
Apollo 17 Raumschiff, 119, 122–123
Armstrong, Neil, 120
Asteroid, 96–97, 117, 178
Asteroidengürtel, 96
Astronauten, 74, 120, 122–123
Atlantis Chaos (Mars), 94
Atmosphäre, 178
Ätna (Erde), 89
Atomteilchen, geladene, 178
AU Microscopium, 76
Aurora Australis (Südlicht), 64–65, 88
Aurora Borealis (Nordlicht), 64–65, 88
Auroras, 63–65, 88, 178

B
Balken-Spiral-Galaxie, 148–49, 167
Balken, stellare, 162
Barnard (B) Bezeichnung, 178
Barnards Merope, 20–21
Bean, Alan, 74
Bell Laboratories (Crawford Hill), 164–165, 174
Betelgeuse (Alpha Orionis), 11, 50–51
Bildbearbeitung, 172–73
Blaue Überriesen, 29, 30, 40–41, 178
Blasen-Nebel, 17, 19
Brauner Zwerg, 38–39
Bauch, galaktischer, 178

C
C/2001 Q4 (Komet; Neat), 114–115
Callisto (Jupitermond), 99, 178
Canes Venaticorum Gruppe, 150
Cassini 'sche Teilung (Saturn), 104
Cassini-Huygens, 98–99, 104–107, 117, 136–139, 173, 176
Centaurus, 76–77
Cepheus (Sternbild; Zepheus), 16
Cernan, Eugene, 122–123
Chandra Röntgenobservatorium, 29, 46–49, 157, 175
Chaos, 86
Charitum Montes (Mars), 91–92
Charon (Mond Plutos), 112–113
Chromosphäre (Sonne), 58–59, 178
Clementine Sonde, 176, 184
CMEs (Coronale Massenerruptionen), 57, 62–63, 68, 70, 178
Coma Berenices, 158–159
Cordelia (Mond von Uranus), 109
Corona, 57, 60–61, 178
Coronale Loops, 62–63, 178
Coronale Masseneruption *siehe:* CMEs
Cygnus (Sternbild; Schwan), 32–33

D
Deimos (Marsmond), 93, 117
Dennis, Brian R., 68
Dichteunterschied, 146–147
Dickinson-Krater (Venus), 83
Doppelstern-System, 178
Dunkle Materie, 9, 161, 165, 178
Dunkelnebel, 10, 22–23, 178

E
Eagle-Krater (Mars), 93
Eier-Nebel, 24–25
Einhorn (Sternbild; Monoceros), 23
Einstein, Albert, 48, 161, 178
Eklipse (Finsternis), 72–75, 178
Elefantenrüssel, 14, 16–17, 178
Elefantenrüssel-Nebel, 16–17, 178
Elektromagnetische Strahlung, 178
Elektromagnetisches Spektrum, 172–173, 178
Elektronen, 178
Elemente, Entstehung der, 42
Elliptische Galaxie, 145, 146, 149
Emissionsnebel, 10, 16–18, 178
Endurance-Krater (Mars), 93
Erdbeben, 88
Erde, 54, 56, 73–75, 76, 86–89, 96, 102, 119, 140, 172, 178, 179, 184
Erdenschein, 184
Ereignishorizont, 48, 178
Eros (Asteroid), 96–97
Eskimo-Nebel, 24, 26
ESO 510-G13 (Galaxie), 154
Espenak, Fred, 72–73, 177
Europa (Jupitermond), 99, 117, 130–133, 178
Europäische Südsternwarte VLT, 34–35, 109, 148–149, 154, 174

F
Farbbild, Erstellung, 172–173
Feuersturm-Nebel, 30–31
Flammender Baum (Nebel), 11
Flares, solare, 57, 63, 68–69, 178
Fletcher, Bill and Sally, 12, 177
Fornax, 148–149, 162–163, 168–169

G
Gaia, 86
Galaktische Scheibe, 178
Galaxie, 142–159
    Abell 1689, 160–161
    Alter der, 168–169
    AM 0644-741, 154–155
    Andromeda-Galaxie, 147
    Anzahl, 7
    Aufbau, 9
    Canes Venaticorum Gruppe, 150
    Elliptische, 145, 146, 149
    ESO 510-G13, 154
    Entstehung, 145–147
    Farbe der Sterne in, 172
    Gekrümmte, 154
    Größe, 145
    Halo, 36, 178
    Hubble Ultra Deep Field, 168–169
    Irreguläre, 150
    Lentikulare (Linsen-), 153
    Local Group, 9, 145, 179
    M 82, 152–153
    NGC 1316, 149
    NGC 1365, 148–149
    NGC 2787, 153
    NGC 3079, 150–151
    NGC 3370, 144–145
    NGC 4449, 150
    NGC 4622, 155
    NGC 4676 A und B, 158–159
    NGC 5194, 146–147
    Ring-, 154–155
    Rotation, 36
    Seyfert-, 150–151
    Scheibe, 178
    Sombrero-Galaxie, 142–143
    Spiral-, 144–145, 146–151, 155, 167, 178
    Starburst-, 152–153
    Stephans Quintett, 6–7
    Verkehrt drehende, 155
    Zentrum, 179
    Zwerg-, 146, 150
    Siehe auch: Milchstraße
Galileo/Galileische Monde, 99, 178
Galileo Sonde, 102–103, 118–119, 126–127, 130–133, 176
Ganymed (Jupitermond), 99, 117, 134–135, 178
Gekrümmte Galaxie, 154
Gemini Observatorium, 6–7, 174
GEMS Survey (Galaxy Evolution from Morphology and SEDs), 162–163
Globule, 14–15, 32, 178
Gravitation (Schwerkraft), 178
Gravitationslinse, 160–161, 178
Green Bank (National Radio Astronomy Observatorium), 164–165, 174
Große Magellan'sche Wolke, 150
Großer Orion-Nebel, 11–12
Großer Roter Fleck (Jupiter), 100–101
Gusev-Krater (Mars), 92

H
Halley'scher Komet, 114
Halo, galaktischer, 36, 178
H-alpha (Hydrogen-Alpha), 179
Hat Creek (Universität von Kalifornien), 164–165, 174
Haufen (Stern-), 36–37
Hawking, Stephen, 48
Hawkingstrahlung, 48, 178
Helix-Nebel, 52–53
Herbig-Haro (HH) Objekt, 34–35, 179
Herschel, William, 109
Hintergrundstrahlung, kosmische, 178
Hooke, Robert, 100
Hubble, Edwin, 145
Hubble-Weltraumteleskop, 175
    Ausrüstung:
        Kameras, 175
    Bilder, Untersuchungen, Beweise:
        Auroras, 65
        Blaue Überriesen, 40–41
        Braune Zwerge, 38–39
        Galaxien, 142–146, 150–155, 158–163
        Ganymed, 134
        GEMS Survey, 162–163
        Gravitationslinsen, 160–161
        Lichtechos, 44–45
        Nebel, 18–23, 24–27, 30–31
        Planetenbildende Scheiben, 76
        Pluto, 112–113
        Rote Riesen, 50–51
        Schwarze Löcher, 48
        Sternhaufen, 36–37
        Supernovae, 28–29, 42–43
        Thackeray's Globule, 14–15
        Titan, 136
        Ultra Deep Field, 168–169
        Uranus, 108–109
        Weiße Zwerge, 52–53
Huygens, Christiaan, 136
Huygens Sonde, 104–107, 136–139, 173, 176
Hydra, 154
Hydrogen-alpha (H-alpha), 179
Hydrogen Map, 164–165

I
IC (Index Katalog) Bezeichnung, 179
Infrarot-Zirrus, 166–167
Interstellare Materie, 10, 179
Io (Jupitermond), 99, 116–117, 126–129, 178
Ionen, 178
Irreguläre Galaxie, 150
Ishtar Terra (Venus), 82

J
Jets (Gas/Materie), 34–35, 58, 179
Jungfrau (Sternbild; Virgo), 142–143
Jupiter, 65, 76, 98–103, 116–117, 126–135, 140, 172, 173, 178

K
Kanadisch-Französisches-Hawaii Teleskop (CFHT), 12–13, 16–17, 23, 146–147, 174
Kasei Vallis (Mars), 95
Kassiopeia (Sternbild), 17
Keck (W. M.) Observatorium (Hawaii), 109

Kernfusion, 32, 35, 51, 54, 56, 179
Kitt Peak, 152–153, 174
Kleine Magellan'sche Wolke, 150
Komet, 114–115, 178
Konus-Nebel, 22–23
Krater, 83, 92, 93, 178
Krebs-Nebel, 46–47
Kugelsternhaufen, 36–37
Kuiper-Gürtel, 113, 139, 179

L

Landsat 7 Satellit, 88–89, 175
Licht
  Elektromagnetische Strahlung, 178
  Ereignishorizont, 48
  Gravitationslinse, 160–161, 178
  Schall, 173
  sichtbares/unsichtbares, 56, 173, 178
  Sonnen-, 54, 56
  Urknall, 170–171
  Siehe auch: All
Lichtecho, 44–45
Lichtgeschwindigkeit, 179
Lichtjahr, 179
Linsen-Galaxie (lentikuläre G.), 153
Local Group, 9, 145, 179
Lockman, Jay, 164
LRV (Lunar Rover), 122–123
Lunar Orbiter IV, 120–21, 174, 176
Lunar Rover (LRV), 122–123

M

M (Messier Katalog) Bezeichnung, 179
M 82 (Galaxie), 152–153
Magellan'sche Wolken, 150
Magellan Sonde, 80–83, 176
Magnetfeld/Feldlinien, 179
Mare Orientale (Mond), 120–121
Maria („Meere" – Mond), 118–119, 120–121
Mariner 10 Sonde, 78–79, 176
Mars, 76, 90–95, 117, 124–125, 172, 173, 179
Mars Exploration Rovers (MERs), 92–93, 173, 177
Mars Express, 94–95, 176
Mars Global Surveyor Raumschiff, 90–91, 176–177
Mauna Loa (Erde), 92
Mäuse, die (NGC 4676 A und B; Galaxien), 158–159
Meer der Heiterkeit (Mond), 122–123
Meer der Stille (Mond), 120
Melas Chasma (Mars), 94
Mellinger, Axel, 177
Merkur, 76, 78–79, 80, 84
Meridiani Planum (Mars), 93
Merope, 20–21
MER (Mars Exploration Rover), 92–93, 173, 177
Meteor(Meteorit), 96, 102
Methan, 92
Metis (Jupitermond), 102
Milchstraße
  Balken in der, 149
  Balken-Galaxie, 167
  Größe, 147
  Lage des Sonnensystems, 8–9
  Local Group, 145, 179
  Magellan'sche Wolken, 150
  Rote Zwerge in, 30
  Sternhaufen in, 36
  Wasserstoff, 164–165
  Zentrum, 156–157
  Zwerg-Galaxien in, 146
Mikrowellen-Hintergrundstrahlung, 178
Mini-Spirale (Milchstraße), 157
Miranda (Mond des Uranus), 109
Mond (Erde), 72–73, 118–123, 178, 184–185
Monde, 116–141
  Adrastea, 102
  Amalthea, 102
  Anzahl von, 117
  Asteroiden als, 117
  Atmosphäre auf, 117
  Callisto, 99
  Charon, 112–113
  Cordelia, 109
  Deimos, 93, 117
  Europa, 99, 117, 130–133
  Galileische, 99, 178
  Ganymed, 99, 117, 134–135
  Io, 99, 116–117, 126–129
  Landsat 7, 88–89, 175
  Metis, 102
  Miranda, 109
  MSX, 4–5, 166–167, 175
  Oberon, 109
  Phobos, 93, 117, 124–125
  Phoebe, 138–139
  Portia, 109
  Puck, 109
  Terra, 86–89, 175
  Thebe, 102
  Titan, 104, 105, 117, 136–137, 140
  TRACE Satellit, 62–63, 68, 175
  Triton, 111, 140–141
  Siehe auch: Mond (Erde)
Mondfinsternis, 73–75, 178
Monoceros (Sternbild; Einhorn), 23
Monocerotis, 44–45
MSX Satellit, 4–5, 166–167, 175

N

N 44C (Nebel), 16, 18
National Radio Astronomy Observatorium, Green Bank, 164–65, 174
NEAR Shoemaker Sonde, 96–97, 177
Nebel, 10–29
  Blasen-Nebel, 17, 19
  Definition, 179
  Dunkelnebel, 10, 22–23, 178
  Eier-Nebel, 24–25
  Elefantenrüssel-Nebel, 16–17, 178
  Emissions-, 10, 16–18, 178
  Eskimo-Nebel, 24, 26
  Feuersturm-Nebel, 30–31
  Flammender Baum, 11
  Globule, 14–15, 32, 178
  Helix-Nebel, 52–53
  Herbig-Haro (HH) Objekte, 179
  Konus-Nebel, 22–23
  Krebs-Nebel, 46–47
  N 44C, 16, 18
  Orion Nebelkomplex, 10–12
  Planetarischer, 24–27, 33, 52, 179
  Pferdekopf-Nebel, 10–11, 13, 14
  RCW 49, 76–77
  Rotes Rechteck, 24–25
  Reflexions-, 10, 20–21, 23, 179
  Schlangen-Nebel, 23
  Schlüsselloch-Nebel, 18
  sterbende Sterne, 24
  Stundenglas-Nebel, 24, 26–27
  Supernova Remnant, 28–29, 179
  Zusammensetzung, 10
  Siehe auch: Sterne, Geburt
Neptun, 76, 110–111, 140–141, 172
Neutraler Wasserstoff, 164–165
Neutronenstern, 32–33, 40, 46–47, 179
New Horizons Mission, 112
Newton, Isaac, 178
NGC (New General Katalog)
  Bezeichnung, 179
  NGC 1316 (Galaxie), 149
  NGC 1365 (Galaxie), 148–149
  NGC 2787 (Galaxie), 153
  NGC 3079 (Galaxie), 150–151
  NGC 3370 (Galaxie), 144–145
  NGC 4449 (Galaxie), 150
  NGC 4622 (Galaxie), 155
  NGC 4676 A und B („Die Mäuse"; Galaxien), 158–59
  NGC 5194 (Galaxie), 146–147
Stickstoff, Farbe, 172
Nova, 42, 44
NRAO Radioteleskop (National Radio Astronomy Observatorium, Green Bank), 164–165, 174
Nuklei, galaktische (Kerne), 179

O

Oberon (Mond des Uranus), 109
Offene Sternhaufen, 36–37
Olduvai Schlucht (Tansanien), 89
Olympus Mons (Mars), 92
Omega Centauri, 36–37
Oort'sche Wolke, 114, 179
Ophiuchus (Schlangenträger; Sternbild), 23
Orion Nebelkomplex, 10–12
Ozonschicht, 179

P

Palomar Schmidt Teleskop, 36–37, 47, 174
Parkes Radioobservatorium, 164–165, 174
Partikel, geladene, 178
Pele (Io), 117, 128–129
Pferdekopf-Nebel, 10–11, 13, 14
Phobos (Marsmond), 93, 117, 124–125
Phoebe (Saturnmond), 138–139
Photosphere (Sonne), 179
Pioneer 10 Raumschiff, 173
Pioneer 11 Raumschiff, 136
Planetarischer Nebel, 24–27, 33, 52, 179
Planeten, 76–115
  Begriff, 76
  Entstehung, 29, 76
  Farbe, 172–173
  terrestrische, 179
  Siehe auch: Erde; Jupiter; Mars; Merkur; Neptun; Pluto; Saturn; Uranus; Venus
Planetenscheibe, 76–77
Plasma, 56, 63, 68, 173, 179
Pleiaden, 20, 36
Pluto, 76, 111, 112–113
POLAR Sonde, 64, 175
Polarlichter, 63–65, 88, 178
  Siehe auch: Aurora Australis; Aurora Borealis
Portia (Mond des Uranus), 109
Protonen, 179
Protostern, 32, 34–35, 179
Protuberanz (Sonne), 70–71, 179
Puck (Mond des Uranus), 109
Pulsar, 46–47, 179

Q

Quantentheorie, 48

R

RCOS Truss (Ritchey-Chretien Zero Expansion Astro-Sitall Optics) Teleskop, 150, 174
RCW 49 (Nebel), 76–77
Reflexionsnebel, 10, 20–21, 23, 179
Relativitätstheorie, Allgemeine, 48, 161
Retrograde Rotation, 179
Richat-Struktur (Wüste Sahara), 89
Rigel, 40
Ring-Galaxie, 154–155
Rio Negro (Brasilien), 89
Ritchey-Chretien Zero Expansion Astro-Sitall Optics (RCOS Truss) Teleskop, 150, 174
Rotes Rechteck (Nebel), 24–25
Roter Riese/Überriese, 50–52, 179
Roter Zwerg, 30

S

Sagan, Carl, 177
Sagittarius (Sternbild; Schütze), 156–157
Sagittarius A* (Schwarzes Loch), 156–157
Sagittarius Zwerg (Irreguläre Galaxie), 146
Sahara (Erde), 80, 89
Saturn, 65, 76, 104–107, 117, 136–139, 140
Sauerstoff, Farbe, 172
Scheibe, galaktische, 178
Scheibe, planetenbildende, 76–77
Schiaparelli, Giovanni, 91
Schlangen-Nebel, 23
Schlangenträger (Ophiuchus; Sternbild), 23
Schlüsselloch-Nebel, 18
Schmitt, Harrison, 122–123
Schockwelle, 179
Schütze (Sternbild; Sagittarius), 156–157
Schwan (Sternbild; Cygnus), 32–33

INDEX **181**

Schwarzer Zwerg, 52
Schwarzes Loch
    Aktive Galaktische Nuklei, 150
    Bildung, 32, 40, 48, 178
    Definition, 178
    Entdeckung, 48
    Ereignishorizont, 48, 178
    Gase aus, 48–49
    Milchstraße, 9, 156–157
    Objekte, hineinfallende, 48
    Sagittarius A*, 156–157
    Singularität, 179
    im Zentrum von Galaxien, 157
Schwedisches 1m Solar Teleskop (SST), 58, 66–67, 174
Schwefel, Farbe, 172
Schwerkraft (Gravitation), 178
Seip, Stefan, 84–85, 177
Seyfert-Galaxie, 150–151
Sher 25 (Überriese), 40–41
Shuttle Radar Topography Mission, 175
Singularität, 179
SIR-C/X-SAR System, 175
SOHO Raumschiff, 54–59, 68–71, 175
Sol, 179
Sonne, 54–75
    Aurora, 63–65
    Chromosphäre, 58–59, 178
    Corona, 57, 60–61, 178
    Coronale Loops, 62–63, 178
    Coronale Masseneruption, 57, 62–63, 68, 70, 178
    Entstehung, 54
    Erde-Sonne Beziehung, 54
    Eklipse (Finsternis), 72–75, 178
    Flares, 57, 63, 68–69, 178
    Größe, 54
    Lebenszyklus/-spanne, 40, 51, 57
    Licht der, 54, 56
    Magnetische Aktivität, 56–63, 66–71, 179
    Kernfusion, 54, 56
    Protuberanz, 70–71, 179
    Sonnenflecken, 63, 66–67, 179
    Sonnenwind, 179
    Sonnenzyklus, 179
    Temperatur, 33, 54–57, 60
    Umlaufbahn, 54
    Zusammensetzung, 54, 165
Sonnensystem
    Alter, 8–9
    Asteroiden, 96–97
    Kometen, 114–115, 178
    Entstehung, 29, 76
    Siehe auch: Sonne; Erde; Jupiter; Mars; Merkur; Neptun; Pluto; Saturn; Uranus; Venus
Sonnenwind, 179
Sonnenzyklus, 179
Sombrero-Galaxie, 142–143
Spikulen, 58
Spiral-Galaxie, 144–145, 146–151, 155, 167, 178
    Siehe auch: Milchstraße
Spitzer Weltraumteleskop, 17, 32–33, 76–77, 175
Squyres, Steven, 92
Starburst-Galaxie, 152–153

Stardust Raumschiff, 114, 177
Stern, 30–53
    Balken, stellarer, 162
    Blauer Überriese, 29, 30, 40–41, 178
    Doppelsternsystem, 178
    Ende, 24
    Farben, 30, 172–173
    Geburt, 10, 20, 30–32, 34–35, 76, 164–165
    Größe, 30
    Haufen, 36–37
    Lebenszyklus, 30, 32, 51
    Lichtecho, 44–45
    Masse, 30, 32
    Neutronen-, 32–33, 40, 46–47, 179
    Nova, 42, 44
    Protostern, 32, 34–35, 179
    Pulsar, 46–47, 179
    Roter Riese/Überriese, 50–52, 179
    Supernova, 32, 42–44, 51, 165, 178, 179
    (*siehe auch:* Schwarzes Loch)
    Temperatur, 30
    Zwerge, 30, 33, 38–39, 42, 52–53, 179
    Siehe auch: Sonne
Sternbild (Konstellation), 178
Sternhaufen, 36–37
Stephans Quintett, 6–7
Stickney (Phobos), 124
Stier (Sternbild; Taurus), 36
Strahlung, elektromagnetische, 178
Stundenglas-Nebel, 24, 26–27
Supernova Remnant (SNR), 28–29, 179
Supernova, 32, 42–44, 51, 164–165, 179
    Siehe auch: Schwarzes Loch
Super-/Überriese, 29, 30, 40–41, 50–51, 178, 179

T

Taurus (Sternbild; Stier), 36
Taurus-Littrow Tal (Mond), 122–123
Technicolor-Verfahren, 172
Tektonische Platten, 88, 134, 179
Terra (Mond), 120
Terra Meridiani (Mars), 92
Terra Satellit, 86–89, 175
Thackeray, A. D., 14
Thackerays Globule, 14–15
Thebe (Jupitermond), 102
Thera (Europa), 133
Thrace (Europa), 133
Tinjar Vallis (Mars), 94
Titan (Saturnmond), 104, 105, 117, 136–137, 140
Trabant
    Siehe: Monde
TRACE Satellit, 62–63, 68, 175
Transit, 84–85
Trapezsterne, 11–12, 39
Treibhauseffekt, 178
Triton (Mond von Neptun), 111, 140–141

U

Ultra Deep Field, 168–169
Universum,
    Alter/Lebenszyklus, 170–171
Universität von Kalifornien (Berkeley), Hat Creek, 164–165, 174
Uranus, 76, 108–109, 172
Urknall, 170–171, 178

V

Valles Marineris (Mars), 93–94
Venus, 76, 80–85
Verkehrt drehende Galaxie, 155
Viking Lander, 173
Viking Orbiter, 124–125, 176, 177
Virgo (Sternbild; Jungfrau), 142–143
Virtuelle Partikel, 48
VLT (Europäische Südsternwarte), 34–35, 109, 148–149, 174
Voyager 1 Raumschiff, 7, 102, 128–129, 136, 177
Voyager 2 Raumschiff, 100–101, 110–111, 134–136, 140–141, 177
Vulkanausbruch, 88–89, 117, 128–129

W

Wasserstoff
    Farbe, 172
    Himmelskarte, 164–165
    Siehe auch: Kernfusion
Wellenlänge, 173, 179
    Siehe auch:
    Licht, sichtbares/unsichtbares
Weißer Zwerg, 42, 52–53, 179
Wild 2 (Komet), 114
Wild, Paul, 114
Wind, Sonnen-, 179
Wisconsin-Indiana-Yale (WIYN) Teleskop, 114–115, 174
WIYN (Wisconsin-Indiana-Yale) Teleskop, 114–115, 174
WMAP (Wilkinson Microwave Anisotropy Sonde), 170–171, 175–176, 177
Wolf-Rayet Sterne, 16

Y

Yhokoh Raumschiff, 60–61, 176

Z

Zepheus (Sternbild – Cepheus), 16
Zwerg-Galaxie, 146, 150

0–9

2Mass Teleskop, 8–9, 156–157, 174

BILD-NACHWEIS

Bildbearbeitung:
Will Hopkins, Hopkins/Baumann und Michael Soluri, Soluri Space
Anglo-Australisches Observatorium:
© Anglo-Australian & Royal Edinburgh Observatory/David Malin Images, 10–11
Apollo 12 / Apollo 17: NASA/JSC, 74–75, 119, 122–123
Kanadisch-Französisches-Hawaii Teleskop:
© Kanadisch-Französisches-Hawaii Teleskop – J. C. Cuillandre/Coelum, 12 (oben), 13, 16, 23 (rechts), 146–147 (großes Bild), 174
Cassini-Huygens:
NASA/JPL, 98–99, 104–105, 106–107, 116–117, 136–137, 138–139
Chandra X-Ray Observatory:
NASA/CXC/SAO, 29 (rechts), 46–47 (großes Bild, mit Hubble), 47 (Röntgenbild), 48–49, 157 (oben), 175
Clementine: SDIO/NASA, 184
Compton Gamma Ray Observatory:
NASA, 172 (Gammastrahlen-Aufnahme)
Cosmic Background Explorer:
NASA, 173 (Infrarot)
Fred Espenak: © Fred Espenak, 72–73
Europäische Südsternwarte:
© Europäische Südsternwarte, 34–35, 109 (oben), 148–149
Bill and Sally Fletcher:
© Bill and Sally Fletcher/Science and Art, 12 (unten)
Galileo: NASA/JPL, 102 (mit Voyager 2), 103, 118, 126–127, 130–131, 132–133, 134
Gemini Observatorium:
© Association of Universities for Research in Astronomy, Inc., 6–7
Hubble-Weltraumteleskop: NASA/ESA, 1, 2–3, 14–15, 18–19, 20–21, 22–23 (großes Bild), 24–25, 26–27, 28–29 (großes Bild), 30–31, 36–37 (großes Bild), 38–39, 40–41, 42–43, 44–45, 46–47 (großes Bild, mit Chandra), 50–51, 52–53, 65, 76 (links), 108–109 (großes Bild), 112–113, 142–143, 144–145, 146 (oben), 150–151 (Mitte und großes Bild), 152–153 (großes Bild, mit WIYN), 153 (oben), 154–155, 158–159, 160–161, 162–163 (mit GEMS), 168–169
International Ultraviolet Explorer:
NASA, 172 (UV-Aufnahme)
Johns Hopkins Universität/Applied Physics Laboratory (JHUAPL):
NASA/Goddard Space Flight Center, Universität von Iowa, Johns Hopkins Universität/Applied Physics Laboratory, 64 (mit POLAR und Terra)
Keck Observatorium:
W. M. Keck Observatorium, 47 (Infrarot)
Landsat 7: NASA/GSFC, 89 (oben rechts, mit Shuttle Radar Topography Mission)
Lunar Orbiter IV:
NASA/GSFC, 120–121, 174
Magellan: NASA/JPL, 80–81, 82–83
Mariner 10: NASA/JPL, 78–79
Mars Exploration Rovers: NASA/JPL, 92–93, 177
Mars Express:
ESA/DLR/FU Berlin, 94–95, 176

Mars Global Surveyor:
NASA/JPL/MSSS, 90–91

Max-Planck-Institut für Astronomie:
GEMS © Max-Planck-Institut für Astronomie
(mit Hubble-Weltraumteleskop), 162–163

Axel Mellinger:
© Axel Mellinger, 172–173

MSX Satellite:
AFRL/BMDO, 4–5, 166–167

National Optical Astronomy Observatorium:
© NOAO/AURA/NSF, 180–183, 150 (links);
© NOAO/AURA/NSF/WIYN Consortium, Inc.,
Alle Rechte vorbehalten, 114–115 (großes
Bild), 152–153 (großes Bild, mit Hubble-
Weltraumteleskop)

NEAR Shoemaker:
NASA/JHUAPL, 96–97

NRAO: © National Radio Astronomy
Observatorium (NRAO/AUI/NSF),
47 (Radiowellen-Aufnahme), 164–165,
173 (Radiowellen-Aufnahme)

Palomar Schmidt Teleskop:
Palomar Schmidt Teleskop/NASA,
36 (links), 47 (Echtlicht-Aufnahme)

POLAR: NASA/GSFC/NOAA,
64 (mit JHUAPL und Terra)

Roentgen Satellite:
NASA/GSFC, 172 (Röntgen-Aufnahme)

Stefan Seip: © Stefan Seip, 84–85

Shuttle Radar Topography Mission:
NASA/JPL/NGA, 88 (oben links),
89 (oben rechts mit Landsat)

SOHO: SOHO (ESA & NASA), 54–55, 56–57,
58–59 (großes Bild), 68–69 (großes Bild),
70–71, 175

Spitzer Weltraumteleskop: NASA/JPL–
Caltech, 17, 32–33, 76–77 (großes Bild)

Stardust: NASA/JPL, 114 (oben), 177

Schwedisches 1M Solar Teleskop:
© Königlich Schwedische Akademie der
Wissenschaften/ Lockheed Martin Solar &
Astrophysics Laboratory, 58 (oben);
© Königlich Schwedische Akademie der
Wissenschaften, 66–67

Terra: NASA/GSFC, 64 (mit JHUAPL
und POLAR); NASA/GSFC, 86–87;
NASA/JPL, 88–89 (unten links und rechts)

TRACE: NASA/Lockheed Martin Solar
Advanced Laboratory, 62–63, 68 (unten)

2MASS: 2MASS/UMass/IPAC–Caltech/
NASA/NSF, 8–9, 47, 156–157 (großes Bild)

2001 Mars Odyssey:
NASA/JPL, 94 (6 Bilder)

Viking: NASA/JPL/GSFC, 124–125, 176

Voyager: NASA/JPL, 100–101, 102,
110–111, 128–129, 134–135, 140–141

WMAP: NASA/WMAP Science Team,
170–171, 173 (Mikrowellen-Aufnahme),
177

Yohkoh: ISAS–Japan/NASA/LMSAL, 60–61

DANK

Dieses Buch hätte nicht geschrieben
werden können ohne die großzügige
Unterstützung und die wertvollen
Ratschläge von Wissenschaftlern und
Weltraumexperten, die uns halfen, die
Natur des Universums zu verstehen.

George Coyne, SJ/Direktor, Vatikan
Observatorium

Christopher Corbally, SJ/Vize-Direktor,
Vatikan Observatorium Forschungsgruppe

Tom Pelly, Graduate Assistant von Professor
Stephen Hawking, Department of Applied
Mathematics and Theoretical Physics,
Universität Cambridge

Orlando Figueroa, Deputy Associate
Administrator for Programs, Science
Mission Directorate, NASA

Ellis D. Miner, Ph.D., JPL Science Division/
Co-director NASA Solar System Exploration
Education and Public Outreach Forum

Nicola J. Fox, Ph.D., Living with a Star/
Geospace Project Scientist, Johns Hopkins
Universität/Applied Physics Laboratory

**Jet Propulsion Laboratory/Kalifornien
Institute of Technology:** Franklin O'Donnell,
Publications, Office Manager; Carolina
Martinez, Guy Webster, Alan Buis, Whitney
Clavin, Jane Platt, Charli Schuler, mit zu-
sätzlicher Unterstützung von Phil Christensen,
Noel Gorelick, Ken Edgett u. Brian Cooper

Europäische Südsternwarte: Education and
Public Relations Department: Elisabeth
Völk, Sekretariat; Henri Boffin, Ph.D., Editor;
Ed Janssen, Grafik; Hans-Hermann Heyer,
Fotograf/Filmentwicklung

Steele Hill, Ph.D., SOHO Medienexperte,
NASA/Goddard Space Flight Center

Zoe Frank und **Karel Schrijver**, Ph.D., Lockheed Martin Solar & Astrophysics Lab

Charles L. Bennett, Ph.D., Chefwissen-
schaftler WMAP, NASA/Goddard Space Flight
Center

Felix J. Lockman, Ph.D., Wissenschaftler,
National Radio Astronomy Observatorium,
Green Bank

Stephan D. Price, Ph.D., Division Scientist,
VSB/Space Vehicles Directorate Air Force
Research Laboratory

Michael Skrutskie, Ph.D., Principal
Investigator, 2MASS

Jean-Charles Cuillandre, Ph.D., Astronom,
Canada-France-Hawaii Telescope Corporation

Brian R. Dennis, Ph.D, Astrophysiker, Solar
Physics Branch, Laboratory for Astronomy
and Solar Physics, NASA/Goddard Space
Flight Center

David Watkins, Ph.D., Program Manager,
Laboratory-Directed Research & Development,
Los Alamos National Laboratory

Paul D. Spudis, Planetenforscher, Johns
Hopkins University/Applied Physics
Laboratory

W. Butler Burton, Ph.D., Observatorium der
Universität Leiden, National Radio
Astronomy Observatory

Boris Häußler, Ph.D. Student, GEMS,
Max-Planck-Institut für Astronomie

Alan Bean, Künstler, vierter Mensch, der den
Mond betreten hat (APOLLO 12)

Michael J. Mumma, Ph.D., Chefwissen-
schaftler, Planetary Research Laboratory for
Extraterrestrial Physics, Direktor des
Goddard Center for Astrobiology, NASA/GSFC

Mats Löfdahl, Ph.D., und **Dan Kiselman**,
Ph.D., Institut für Solarphysik, Königlich
Schwedische Akademie der Wissenschaften

Bart De Pontieu, Ph.D., Lockheed Martin
Solar & Astrophysics Lab

NASA/Johnson Space Center: Eileen M.
Hawley, Direktor/Öffentlichkeitsarbeit;
David Youngman und Steve Nesbitt, Büro
Öffentlichkeitsarbeit; Michael Gentry und
Susan D. Erskin, Zentrum Medienforschung;
Mary Wilkerson, Leiterin Still Imagery
Repository; Juan R. Zamora, Wissen-
schaftliche Bilder; Edward B. Wilson,
Abteilung Television und Fotografie; Cayce
Cox, Rodney Dowell, Warren Harold, Rob
Ingram, Abteilung Fotografie

National Space Science Data Center:
Jay S. Friedlander, Laboratorium für
Visualisierung; Leon Kosofsky/Lunar
Orbiter; Dave Williams, Ph.D., Wissenschaft-
ler, Arbeitsgebiet Planetary Acquisition;
Michael H. Carr, Ph.D./Viking Orbiter,
NASA/Goddard Space Flight Center

Kathie Coil, Programmkoordinator, NOAO
Office of Public Affairs & Educational Outreach

Robert L. Hurt, Ph.D., Wissenschaftler,
Gebiet Bildbearbeitung, Spitzer Science
Center

Peter Edmonds, Ph.D., Wissenschaftler,
Gebiet Chandra Press, Chandra X-ray
Observatorium/Universität Harvard

Nadia Imbert-Vier, European Space Agency,
Production Iconographique et Multimédia,
Division de la Communication

Peter Michaud, Public Information and
Outreach Manager, The Gemini Observatory

David Herring, Earth Sciences Directorate,
Education and Public Outreach, Committee
Coordinator, NASA/Goddard Space Flight
Center

Loren W. Acton, Ph.D., Department of
Physics, Universität Montana

Robert Simmon, Earth Sciences Directorate,
Visualizer, NASA/Goddard Space Flight
Center

Robin J. Barnes, Space Department, John
Hopkins University/Applied Physics
Laboratory

Rachel Somerville, Ph.D., Astronomin, wissenschaftliche Archivarin, Space Telescope
Science Institute

Mary Ann Hager, Data Manager, Lunar and
Planetary Institute

Margaret Persinger, Kennedy Space Center

Helen Worth und **Kristi Marren**, Büro für
Öffentlichkeitsarbeit, Johns Hopkins Uni-
versität/Applied Physics Laboratory

Charles Blue, Büro für Öffentlichkeitsarbeit,
National Science Foundation

Lee Shapiro, Ph.D., Leiter, Education and
Public Outreach, National Radio Astronomy
Observatory

Lynda Seaver, Lawrence Livermore
National Laboratory

Lynn Chandler, Büro für Öffentlichkeitsarbeit, Earth Observing System,
NASA/Goddard Space Flight Center

Barbara Poppe und **Daniel C. Wilkinson**,
Space Environment Center, National
Oceanic and Atmospheric Administration

Adrienne Wasserman, Astrogeology Team,
U.S. Geological Survey

Von ganzem Herzen danken wir all jenen,
die uns nahe stehen und die wir schätzen
und lieben gelernt haben, für ihre Geduld,
ihr Verständnis und ihre Unterstützung.

Caroline Herter und Debbie Berne
Emerson Bruns, Esq.

FÜR SOLURI & NOLLETTI:
Andre, Patrick and Gabriel Soluri
Joseph F. und Jane E. Soluri
Albert A. Nolletti
David Stefanou
Gene Lynch
Kevin Fuscus
East 87th Street Tribe
Charles Arnold, Jr.
Roger Remington
Ernst Both
Frank Able

FÜR HOPKINS/BAUMANN:
Jerry und Kay Baumann
Sarah Hopkins
David und Polly Hopkins
Tom und Leslie Baumann
Turner und Carlene Hopkins
Martha Hopkins
Nick und Michael Baumann
Nick und Maddy Hopkins
Ira Mothner
Linda Fennimore
Stella Sands
R. Smith Schuneman
Lois Dolphin, BVM
Sr. Jeannine Percy, OSM

ERDENSCHEIN

Die Sprache des Himmels ist mit Hilfe von Licht und dem Fehlen von Licht zu entschlüsseln. Je besser wir den Himmel verstehen lernen, desto mehr erfahren wir von dem, was das All verbirgt. Das Licht der Sterne erzählt uns über große Entfernungen von längst vergangenen Zeiten und Orte tiefster Dunkelheit, wo sich kein Funkeln regt, enthüllen manchmal mehr als die hellste Supernova.

Unser Bild zeigt die hellsten aller Himmelskörper: Der Mond verdeckt einen Teil der aufgehenden Sonne, dahinter schimmert rosa die Venus. Die Objekte sind uns vertraut, der Blickwinkel ist es nicht, denn die Aufnahme dieses leuchtenden Dreigestirns stammt nicht von der Erde, sondern von der Raumsonde Clementine.

Doch wo ist die Erde? Einen Hinweis liefert der helle Streifen rechts auf dem Mond. Da dieser Teil des Mondes unmöglich von der Sonne angestrahlt werden kann, muss es der „Erdenschein" sein – das Sonnenlicht, das von der Erde (oder genauer gesagt von den Wolken in der Atmosphäre der Erde) reflektiert wird. Die Erde muss sich also irgendwo außerhalb des rechten Bildrands befinden. Diesen Erdenschein können wir auch wahrnehmen, wenn die Sonne nur einen Teil des Mondes beleuchtet. Neben der hellen Sichel erkennen wir ganz schwach den Rest der Mondscheibe im Glanz des Erdenscheins.

Diese Reflexion gewinnt in der Astronomie zunehmend an Bedeutung, könnte es doch gelingen, einen ähnlichen Abglanz in anderen Teilen des Universums aufzuspüren – vielleicht die verräterische Spur anderer, der Erde ähnlicher Planeten, weit außerhalb der Grenzen des Sonnensystems.

SONNENAUFGANG UND VENUS ÜBER DEM MOND

DER ERDENSCHEIN BELEUCHTET DIE RECHTE SEITE DES MONDES

ECHTLICHT-AUFNAHME (FARBVERSTÄRKT)

MONDSONDE CLEMENTINE

2.358 KM ENTFERNT VON CLEMENTINE

5. MÄRZ 1994

384.403 KM VON DER ERDE ZUM MOND